新文科·普通高等教育电子商务专业系列规划教材

西安交通大学 XI'AN JIAOTONG UNIVERSITY “十四五”规划教材

总主编 李琪

Java编程基础

主编 崔敬东 黄焱 缪峰

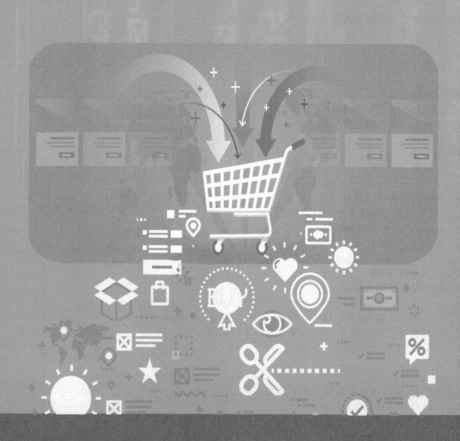

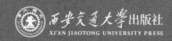

西安交通大学出版社
XI'AN JIAOTONG UNIVERSITY PRESS

内容简介

本书以 Java SE Development Kit 8 和 NetBeans IDE 8.2 为教学和实验平台，从结构化、过程化、面向对象、泛型以及函数式等编程范式及其应用的角度，讲解 Java 编程的理论基础、Java 7 和 Java 8 的新特性，以及 Java API 核心技术及其应用。

本书内容包括 Java 应用程序的开发过程、使用 NetBeans IDE 开发 Java 应用程序、基本类型、变量、运算符和表达式、程序流程图与结构化编程范式、类与对象基础、继承性、封装性和多态性、数组、Java 类库、抽象类和接口、泛型、Lambda 表达式和流、Java 语言中的编程范式、集合框架、异常处理、正则表达式与模式匹配、数据输出输入等。

图书在版编目(CIP)数据

Java 编程基础 / 崔敬东，黄焱，缪峰主编. — 西安 ：西安交通大学出版社，2022.7(2024.1 重印)
ISBN 978-7-5693-1973-6

Ⅰ. ①J… Ⅱ. ①崔… Ⅲ. ①JAVA 语言—程序设计 Ⅳ. ①TP312.8

中国版本图书馆 CIP 数据核字(2020)第 116446 号

书　　名 Java 编程基础
Java BIANCHENG JICHU
主　　编 崔敬东　黄　焱　缪　峰
责任编辑 韦鸽鸽
责任校对 刘莉萍
封面设计 任加盟

出版发行 西安交通大学出版社
(西安市兴庆南路 1 号　邮政编码 710048)
网　　址 http://www.xjtupress.com
电　　话 (029)82668357　82667874(市场营销中心)
(029)82668315(总编办)
传　　真 (029)82668280
印　　刷 西安日报社印务中心

开　　本 787mm×1092mm　1/16　**印张** 20　**字数** 502 千字
版次印次 2022 年 7 月第 1 版　2024 年 1 月第 2 次印刷
书　　号 ISBN 978-7-5693-1973-6
定　　价 58.00 元

如有印装质量问题，请与本社市场营销中心联系。
订购热线：(029)82665248　(029)82667874
投稿热线：(029)82664840
读者信箱：xj_rwjg@126.com

前　言

Java 是一门随着互联网快速发展的编程语言，同时与 C、C++、JavaScript 等编程语言相互借鉴且彼此促进，并广泛地应用于 WEB 应用开发。近十年，在 TIOBE、PYPL、RedMonk 和 IEEE Spectrum 等编程语言榜单上，Java 始终位居前三。为此，很多高校都在不同专业开设有 Java 编程的相关课程。

结合 Java 语言的特点、新特性及教学现状，本教材在内容的选取和组织上努力做到以下 3 点。

1. 以编程范式为视角和主线，逐步构建章节内容。在美国 *Computer Science Curricula* 2013 课程指南以及国外计算机科学的基础教学中，普遍强调多编程范式（Multi-paradigm Programming）的讲解、分析和比较。Java 就是一门支持多种范式的编程语言。为此，本教材按照不同编程范式的实现难易，并结合 Java 语言，先后引入结构化、过程化、面向对象、泛型，以及函数式等编程范式的内容。这样，能够帮助学生建立多编程范式的概念，理解不同编程范式的性质和作用，掌握不同编程范式在 Java 程序设计中的应用场景和实现方法。

2. 补充 Java 语言的新特性及应用例题。近十多年，随着版本不断升级，越来越多的 Java 语言新特性得到应用。为此，本教材不仅增加了 Java 7 和 Java 8 中的新特性——如 Java 7 中的创建泛型实例时的自动类型推断、try-with-resources 语句、单个 catch 子句同时捕获多种类型的异常，Java 8 中的接口中的默认方法与静态方法、函数式接口和 Lambda 表达式、方法引用、Stream API，而且针对这些新特性并结合实际应用给出详细的例题，进而扩展教学活动的视野。

3. 循序渐进地展开关键知识点。如果在课程教学初期就过早地向学生展示太多和较难的术语或概念，不仅容易使学生分散注意力、抓不住重点，而且让学生在学习初级阶段难以理解和掌握。为此，本教材对章节内容及其前后安排进行了反复推敲、慎重遴选和精心安排，并力图做到"先易后难，不提前向学生展示太多和较难的知识点，仅仅使用已经介绍过的知识点来解决一些应用问题"。这样，即使学生没有接触过其他任何一门编程语言，也能引导学生从编程的最基础知识开始，逐渐掌握更多、更全面的 Java 编程技能。

本教材注重理论基础、核心技术与典型应用的结合，力求概念简洁、前后章节呼应、代码规范、深入浅出、突出应用、配套资源齐备。通过本教材的讲授与学习，能够帮助学生逐步理解结构化、过程化、面向对象、泛型，以及函数式等编程范式，掌握 Java API 核心技术及其典型应用，为今后学习 Java Web 开发技术奠定必备基础。

本教材面向电子商务、信息管理与信息系统、计算机科学与技术、软件工程、网络工程、信息安全、物联网工程等相关专业，可作为"程序设计基础""面向对象程序设计""Java

程序设计”和“高级程序设计”等课程的教材，尤其适用于各类Java初学者的教学或自学。

本教材由西华大学崔敬东、黄焱和西南政法大学缪峰主编。此外，本教材的出版还得到西安交通大学出版社有关工作人员的大力支持。在此向他们表示诚挚的感谢！

欢迎各类高校老师、同学和其他读者选用本教材，敬请各位对书中内容提出批评意见或改进建议。如果授课教师在本教材的使用过程中还有其他需求，亦可通过QQ号807085581与作者联系。

崔敬东

2022年5月于成都

目　　录

第 1 章 Java 应用程序的开发过程

Java 应用程序的开发离不开 Java 开发工具包(Java Development Kit,JDK)的支持。

Java 应用程序的开发至少需要经过编辑(Edit)、编译(Compile)和运行(Run)3 个步骤。

1.1 Java 开发工具包

目前,Java 开发工具包由 Oracle 公司免费提供,并支持以下 3 种平台上的 Java 开发。

1. 微型版 Java 平台(Java Platform, Micro Edition,Java ME),该平台适用于移动和嵌入式设备、移动电话、个人数字助手、电视机顶盒和打印机的 Java 应用程序开发。

2. 标准版 Java 平台(Java Platform, Standard Edition,Java SE),该平台适用于桌面系统上的 Java 应用程序开发。

3. 企业版 Java 平台(Java Platform, Enterprise Edition,Java EE),该平台适用于企业级的 Java 应用程序开发。

目前,Java SE 的 JDK 有 Java SE 8 和 Java SE 11 两种 LTS(Long-Time Support)版本,每种版本的 JDK 安装程序有多次的更新支持。只需注册,即可从"https://www.oracle.com"免费下载这些 JDK 安装程序。对于不同的操作系统以及同一操作系统的不同版本,Java SE 的 JDK 安装程序也有所不同。例如,JDK 安装程序的文件名 jdk-8u181-windows-i586.exe 表示 Java SE 8 版本 JDK 安装程序的第 181 次更新,可安装于 32 位的 Windows 操作系统。JDK 安装程序的文件名 jdk-8u221-windows-x64.exe 则表示 Java SE 8 版本 JDK 安装程序的第 221 次更新,可安装于 64 位的 Windows 操作系统。

1.2 安装 Java SE Development Kit

本教材使用的 JDK 是 Java SE Development Kit 8u221,即 Java SE 8 版本 JDK 安装程序的第 221 次更新,且安装于 64 位的 Windows 10 操作系统。因此,选择 JDK 安装程序 jdk-8u221-windows-x64.exe。

Java SE Development Kit 的安装过程十分轻松。如图 1-1 所示,只要按照安装向导指定的步骤,在每一步骤的对话框中单击"下一步"按钮即可。

注意:如图 1-1 所示,在安装过程中需记录设置的安装路径(目标文件夹),如"C:\Program Files\Java\jdk1.8.0_221"。

成功安装 JDK(假设安装在 C 盘)之后,在文件夹"C:\Program Files\Java\jdk1.8.0_221\bin"中就有一些常用的 Java 应用程序开发工具。

1. javac.exe:Java 编译器。Java 编译器主要负责将 Java 源程序文件(.java 文件)转换为字节码文件(.class 文件)。

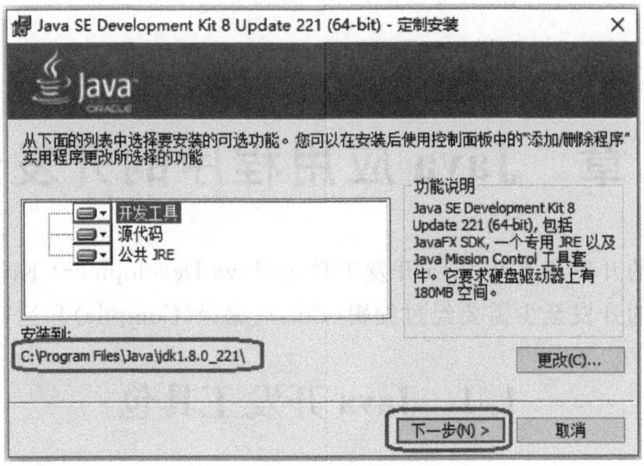

图 1-1　JDK 的安装向导界面之一

2. java.exe:Java 解释器。运行 Java 应用程序需要使用 Java 解释器。Java 解释器主要负责对字节码文件(.class 文件)的解释和执行。

3. jdb.exe:Java 程序调试工具。使用 Java 程序调试工具,可以在 Java 源程序中设置断点(Breakpoint)、监视变量的值,也可以逐行执行 Java 源程序中的代码。

1.3　设置系统变量

在"命令提示符"窗口中可以使用 JDK 开发 Java 应用程序,但首先需要重新设置系统变量 Path。在 Windows 10 操作系统中设置系统变量 Path 的具体过程和操作步骤如下。

1. 在 Windows 桌面上右击"此电脑",在弹出的快捷菜单中选择"属性"命令;在打开的窗口中单击"高级系统设置",在弹出的"系统属性"对话框中选择"高级"选项卡,单击"环境变量"按钮,会弹出如图 1-2 所示的"环境变量"对话框。

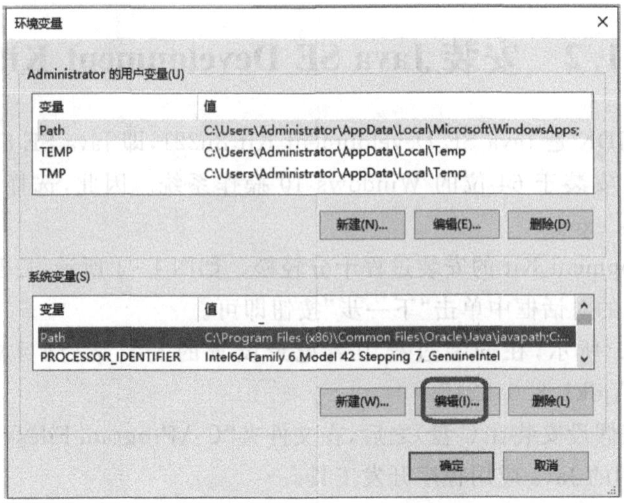

图 1-2　"环境变量"对话框

2. 在“系统变量”列表框中选择系统变量 Path，单击“编辑”按钮，会弹出“编辑环境变量”对话框。如图 1－3 所示，单击“新建”按钮，将“C:\Program Files\Java\jdk1.8.0_221\bin”加入列表中。然后单击“确定”按钮，返回“环境变量”对话框。

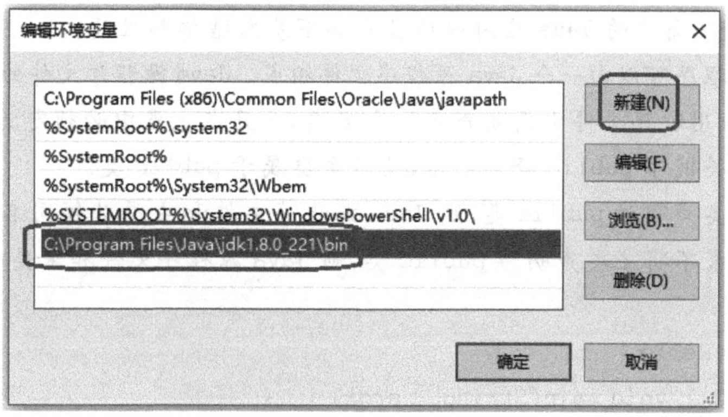

图 1－3　设置系统变量 Path

在“环境变量”对话框中单击“确定”按钮，返回“系统属性”对话框。在“系统属性”对话框中单击“确定”按钮，关闭该对话框，即可保存系统变量 Path 的设置。

注意：在文件夹“C:\Program Files\Java\jdk1.8.0_221”中又有 bin、include、jre 和 lib 等子文件夹，这些子文件夹是开发和运行 Java 应用程序所必需的内容。

1.4　开发 Java 应用程序的一般过程

重新设置系统变量 Path 后，即可在“命令提示符”窗口中使用 JDK 开发 Java 应用程序。如图 1－4 所示，开发 Java 应用程序一般包括编辑(Edit)、编译(Compile)和运行(Run)3 个步骤。

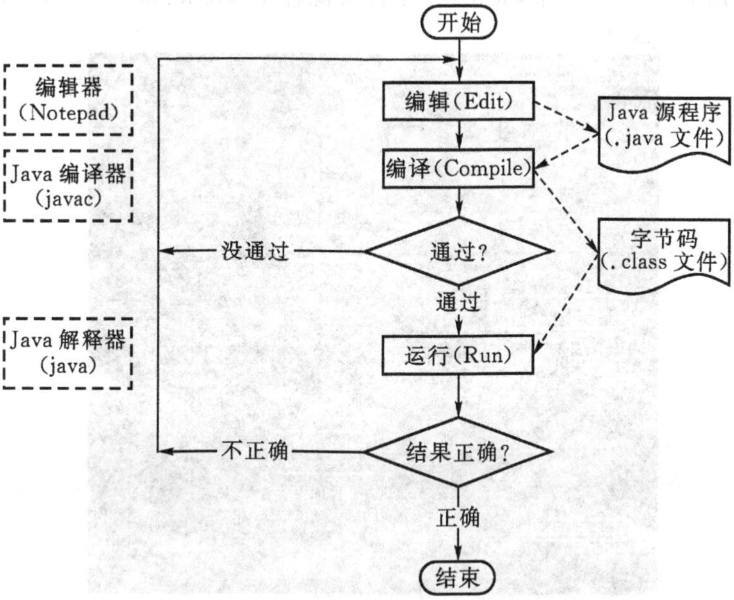

图 1－4　开发 Java 应用程序的一般过程

1. 编辑Java源程序。可以使用Windows附件中的记事本(Notepad)输入并编辑如下Java程序代码：

```
// 单行注释。这是一个简单的Java应用程序。
/* 多行注释。简单的Java应用程序具有如下基本结构和性质：
(1)Java应用程序可以由一个Java源程序文件组成。Java源程序文件的扩展名为.java。
(2)在Java应用程序文件中需要声明一个主类,并且在主类中必须定义main方法。
(3)可以使用关键字public修饰主类,此时主类属于public类。
(4)如果将主类声明为public类,则Java源程序文件和主类必须同名(包括字母大小写也必须相同)。如果不将主类声明为public类,则Java源程序文件和主类可以不同名。
*/
public class Hello {
  public static void main(String[] args) {
    System.out.println ("Hello Java!");
  }
}
```

然后,将上述代码以文件名Hello.java保存在D或E盘上。

2. 编译Java源程序。使用JDK中的Java编译器(javac.exe)能够对Java源程序(.java文件)进行编译。具体过程和操作步骤如下：

(1)单击Windows界面左下角的“开始”菜单,选择“Windows系统|命令提示符”命令,即可打开“命令提示符”窗口。在“命令提示符”窗口中,用户可以使用DOS命令行与计算机进行交互。

(2)如图1-5所示,在“命令提示符”窗口中输入DOS命令“dir H*”,然后单击回车键(Enter),即可列出以H打头的文件清单。接着,输入DOS命令“javac Hello.java”,然后单击回车键,即可使用Java编译器(javac.exe)对Java源程序(Hello.java文件)进行编译。

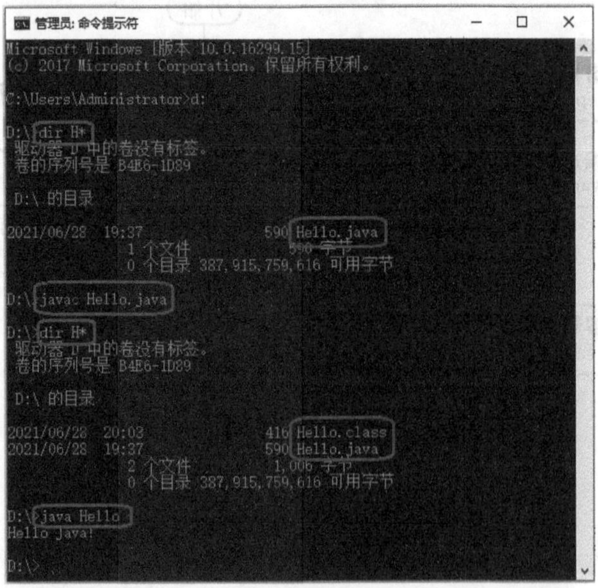

图1-5　编译Java源程序

对于 Java 源程序中的语法错误(例如,左右括号不配对),Java 编辑器将给出相应的错误提示。根据语法错误提示,需要重新编辑 Java 源程序文件(修改 Java 源程序中的代码),然后保存并重新编译 Java 源程序。直至 Java 源程序中不存在语法错误,此时,Java 编译器将根据 Java 源程序生成字节码文件(.class 文件),相应的文件名为 Hello.class。

3. 运行 Java 应用程序。使用 JDK 中的 Java 解释器(java.exe)能够对字节码文件(.class 文件)进行解释,同时执行其中的语句和代码,即运行 Java 应用程序。具体过程和操作步骤如下:在"命令提示符"窗口中输入 DOS 命令"java Hello",然后单击回车键,即可使用 Java 解释器(java.exe)对字节码文件(Hello.class 文件)进行解释,并执行 Java 应用程序中的语句和代码。

运行 Java 应用程序,如果不能得到预期和正确的结果,则表明 Java 源程序中还存在拼写错误或逻辑错误。例如,实际输出的是"Hello Java!",而希望输出的是"Hello World!"。此时,需要查找并修改源程序中的拼写错误或逻辑错误,重新编辑和编译 Java 源程序,然后再次运行 Java 应用程序,直至得到预期和正确的程序运行结果。

注意:

1. Java 语言的程序执行模式是半编译半解释型,即首先使用 Java 编译器(javac.exe)将 Java 源程序(.java 文件)转换为字节码文件(.class 文件),然后由 Java 解释器(java.exe)对字节码文件(.class 文件)进行解释执行。

2. Java 解释器又称 Java 虚拟机(Java Virtual Machine,JVM),是一个专门解释和执行 Java 字节码的特殊程序。JVM 就像一个虚拟的计算机,可以在实际的计算机上仿真模拟计算机的各种功能。

3. 即使删除 Java 源程序文件(Hello.java),也依然能够成功运行 DOS 命令"java Hello"。实际上,DOS 命令"java Hello"中的"Hello"指的即是字节码文件 Hello.class。

1.5 Java 应用程序的基本结构和性质

下面进一步分析上一节中的 Java 应用程序,该 Java 应用程序的文件名是 Hello.java,程序代码如下:

```
// 单行注释。这是一个简单的 Java 应用程序。
/* 多行注释。简单的 Java 应用程序具有如下基本结构和性质:
(1)Java 应用程序可以由一个 Java 源程序文件组成。Java 源程序文件的扩展名为 java。
(2)在 Java 应用程序文件中需要声明一个主类,并且在主类中必须定义 main 方法。
(3)可以使用关键字 public 修饰主类,此时主类属于 public 类。
(4)如果将主类声明为 public 类,则 Java 源程序文件和主类必须同名(包括字母大小写
也必须相同)。如果不将主类声明为 public 类,则 Java 源程序文件和主类可以不同名。
 */
public class Hello {
  public static void main(String[] args) {
    System.out.println ("Hello Java! ");
  }
}
```

注意：

1. 在本例中，Java 应用程序即由一个 Java 源程序文件组成，并将主类 Hello 声明为 public 类，因此该 Java 源程序文件名必须是 Hello. java。

2. 在 Java 源程序中，使用符号“//”可以添加单行注释，而使用前后配对的“/ * ”和“ * /”符号可以添加多行注释。

3. 在任何一种程序设计语言的源程序中，注释(Comments)非常有用。注释可以帮助编程者自己在日后或他人理解程序的结构或代码的含义和功能。在源程序中的适当位置添加清晰和简明的注释，是一个程序设计工作者的必备素质和良好习惯。

4. 在 Java 应用程序中，如果不将主类声明为 public 类，则 Java 源程序文件和主类可以不同名。但是编译 Java 源程序文件后，将生成与主类同名的字节码文件。

第 2 章　使用 NetBeans IDE 开发 Java 应用程序

在 JDK 基础上可以建立集成开发环境(Integrated Development Environment,IDE)。与在"命令提示符"窗口中使用 JDK 开发 Java 应用程序有很大不同,IDE 提供了一个可以与程序员轻松交互的图形用户界面(Graphical User Interface,GUI)。在 IDE 中,程序员能够更方便地编辑(Edit)、编译(Compile)、运行(Run)和调试(Debug)Java 源程序。

2.1　Java IDE 软件简介

在 JDK 基础上,有很多公司提供免费或需要付费的 Java IDE 软件。常见的 Java IDE 软件有 NetBeans、Eclipse 和 MyEclipse。

本教材使用的 Java IDE 软件是 NetBeans IDE 8.2。

2.2　安装 NetBeans IDE

成功安装 Java SE Development Kit 之后,即可安装 NetBeans IDE。NetBeans IDE 的安装程序可以从"https://netbeans.apache.org"免费下载。与 Windows 操作系统和 Java SE Development Kit 8u221 相对应,NetBeans IDE 安装程序的文件名是 netbeans-8.2-javase-windows.exe。

NetBeans IDE 的安装过程十分轻松。如图 2-1 所示,只要按照安装向导指定的步骤,在每一步骤的对话框中单击"下一步"按钮即可。

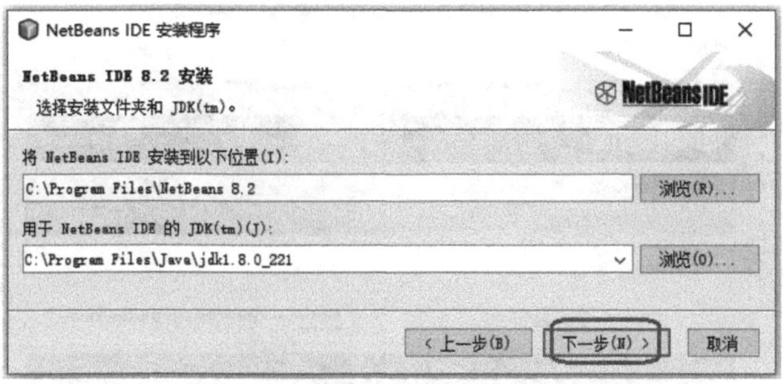

图 2-1　NetBeans IDE 的安装向导界面之一

注意:如图 2-1 所示,安装向导会自动设置 NetBeans IDE 的安装文件夹,并自动识别用于 NetBeans IDE 的 JDK 及其所在文件夹。一般情况下,无须修改这两个文件夹。

如图 2-2 所示,安装程序会在桌面上创建 NetBeans IDE 图标及其快捷方式。双击该图标,即可启动 NetBeans IDE。

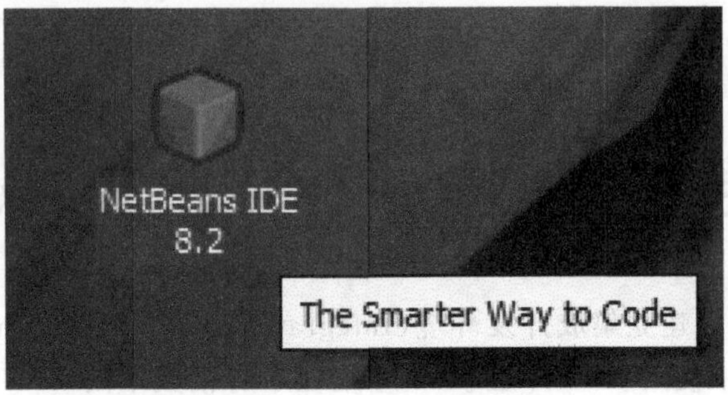

图 2-2　启动 NetBeans IDE 的图标及其快捷方式

2.3　在 NetBeans IDE 中开发 Java 应用程序

与在“命令提示符”窗口中使用 JDK 开发 Java 应用程序有较大不同，在 NetBeans IDE 中开发 Java 应用程序，首先需要创建 Java 项目和 Java 主类，然后编辑和编译 Java 源程序，最后运行 Java 应用程序。

2.3.1　创建 Java 项目

创建 Java 项目的具体过程和操作步骤如下：

1. 启动 NetBeans IDE。在 Windows 操作系统环境下，执行“开始 | NetBeans | NetBeans IDE 8.2”命令，或者在 Windows 操作系统桌面上双击 NetBeans IDE 图标，即可启动 NetBeans IDE。如图 2-3 所示，NetBeans IDE 软件提供了一个图形用户界面和集成开发环境。在其中，程序员能够通过执行菜单命令以及键盘和鼠标操作完成开发 Java 应用程序的任务。

图 2-3　NetBeans IDE 软件界面

2. 启动新建项目向导。在菜单栏中选择“文件 | 新建项目”命令，将启动新建项目向导。

3. 设定项目类型。如图 2-4 所示，在新建项目向导的“类别”列表中选择“Java”，在“项目”列表中选择“Java 应用程序”。然后，单击“下一步”按钮。

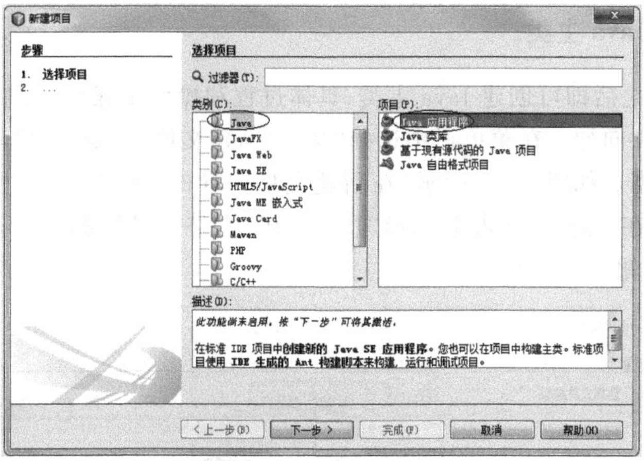

图 2-4　设定项目类型

4. 设定项目名称和位置。如图 2-5 所示，在“新建 Java 应用程序”向导的“项目名称”文本框中输入“JavaApplication”，即可设定项目名称；在“项目位置”文本框中输入“D:\”，即可设定项目文件夹“D:\JavaApplication”；取消“创建主类”选项。然后，单击“完成”按钮。

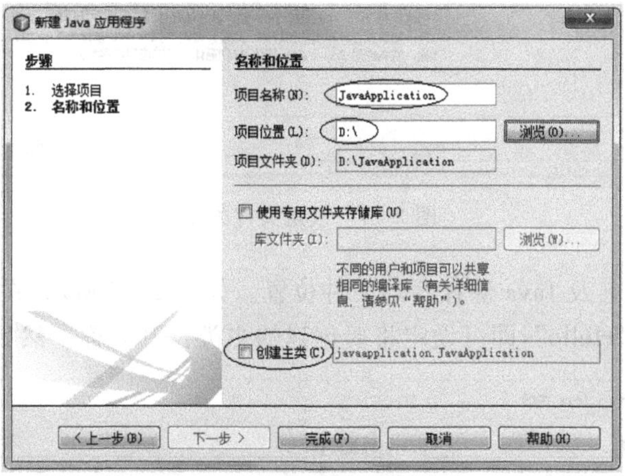

图 2-5　设定项目名称和位置

如图 2-6 所示，新建项目向导将自动创建项目文件夹 JavaApplication 及其若干子文件夹。一般情况下，NetBeans IDE 会自动选择子文件夹 src 保存 Java 源程序文件。

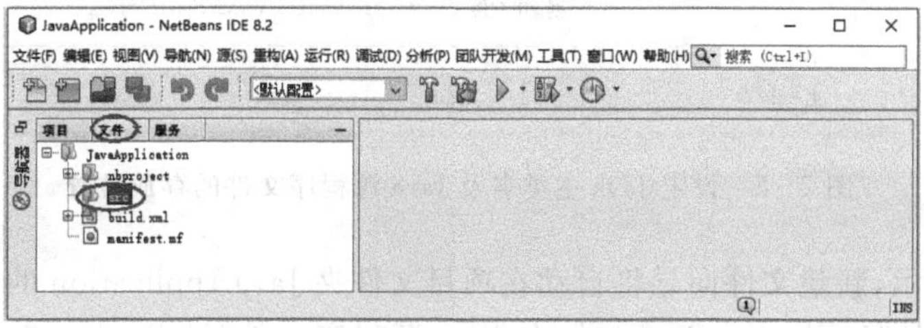

图 2-6　项目文件夹及其子文件夹

2.3.2 创建 Java 主类

创建 Java 项目之后即可创建 Java 主类，具体过程和操作步骤如下：

1. 启动新建文件向导。在菜单栏中选择“文件|新建文件”命令，将启动新建文件向导。

2. 设定文件类型。如图 2-7 所示，在新建文件向导的“项目”下拉列表中选择已建项目“JavaApplication”，在“类别”列表中选择“Java”，在“文件类型”列表中选择“Java 主类”。然后，单击“下一步”按钮。

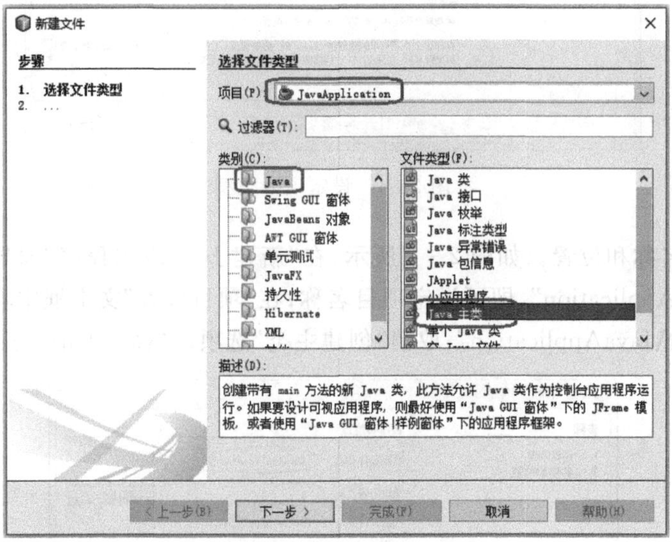

图 2-7 设定文件类型

3. 设定 Java 主类名及 Java 源程序的文件位置。如图 2-8 所示，在新建 Java 主类向导的“类名”文本框中输入“Hello”，即可设定将要创建的主类及其名称。然后，单击“完成”按钮。

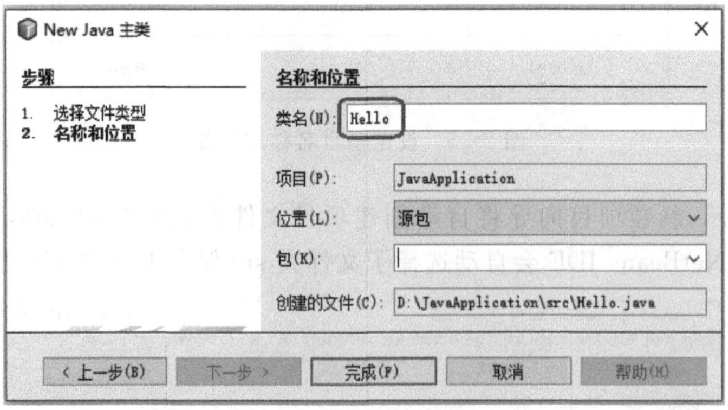

图 2-8 设定 Java 主类名及 Java 源程序文件的存放位置

如图 2-9 所示，新建文件向导将自动在项目文件夹 JavaApplication 的子文件夹 src 中创建 Java 源程序文件“Hello.java”。同时，在 Java 源程序文件“Hello.java”中自动生成基本的程序代码，并且 NetBeans IDE 将主类 Hello 自动设置为 public 类——正如 1.5 节所述，Java

源程序文件必须和其中的 public 类同名。

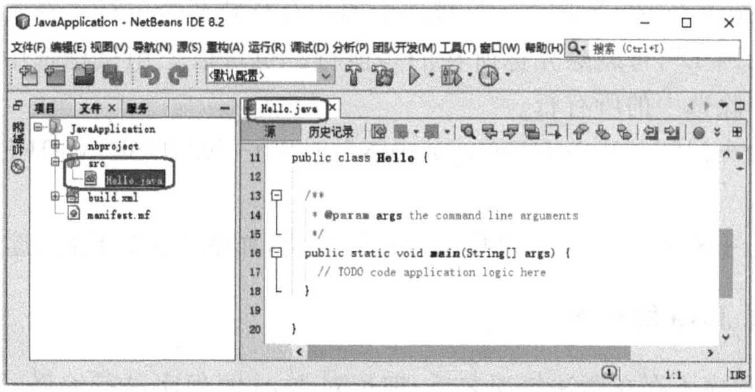

图 2 - 9　Java 源程序文件及其中的部分程序代码

2.3.3　编辑 Java 源程序

如图 2 - 10 所示，NetBeans IDE 提供了一个源程序编辑器。在源程序编辑器中可以输入或修改 Java 源程序及其代码。如果 Java 源程序中存在语法错误，则在源程序编辑器中会立即显示相应的错误提示符号。

在一个 Java 源程序文件中可以声明一个或多个类（Class），并且 Java 程序代码必须写在一个类中。

如图 2 - 10 所示，在 Java 源程序文件“Hello.java”中定义了 Hello 类，并且在其中定义了 main 方法。因此，Hello 类是一个主类（Main Class），并且是一个 public 类。

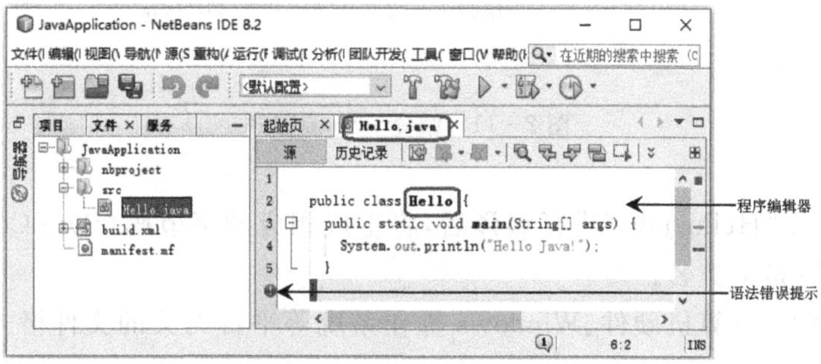

图 2 - 10　编辑 Java 源程序

一个 Java 应用程序必须且只能包含一个主类。

注意：

1. Java 语言是区分字母大小写的（Case-sensitive）。所以，Java 应用程序的文件名“Hello”与主类名“Hello”必须完全相同，包括大小写字母。

2. NetBeans 编辑器中的常用快捷操作如下：

在一个方法内部（如 main 方法），先输入“sout”，再按“Tab”键，即可生成 System.out.println ("");。

按组合键“Ctrl+/”，可将光标所在的当前行转换为单行注释或取消注释。也可以先用鼠标选中若干行，再按组合键“Ctrl+/”，可将选中的所有行转换为单行注释或取消注释。

按组合键“Ctrl+E”，可删除光标所在的当前行。也可以先用鼠标选中若干行，再按组合键“Ctrl+E”，可删除选中的所有行。

按组合键“Alt+MOUSE_WHEEL_DOWN”或“Alt+MOUSE_WHEEL_UP”，可缩小或放大代码字号。

按组合键“Alt+Shift+F”可以对代码进行格式化，如整齐排版代码、逐级缩进。

2.3.4　编译 Java 源程序

确认 Java 源程序不存在语法错误之后，即可对 Java 源程序进行编译。如图 2－11 所示，在菜单栏中选择“运行 | 编译文件”命令，即可编译 Java 源程序，同时将在项目文件夹 JavaApplication 中依次创建两级子文件夹 build 和 classes。

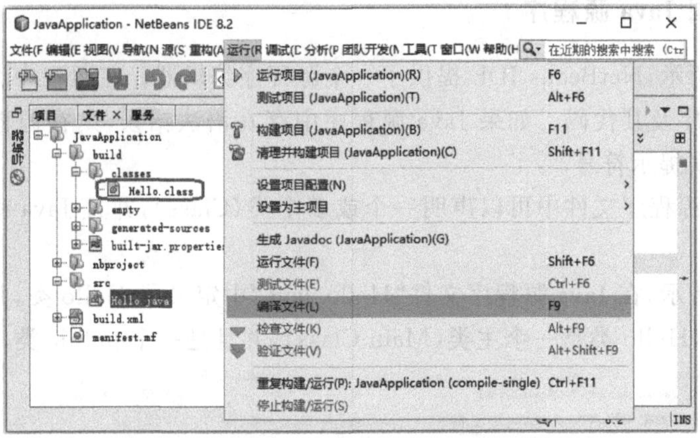

图 2－11　编译 Java 源程序

对 Java 源程序“Hello.java”进行编译后，将生成相应的字节码(Byte Code)文件“Hello.class”，其中 Hello 是主类名。

字节码是一种与计算机硬件、Windows 操作系统等平台无关的文件格式，可以在不同的平台上传输和运行。

注意：

1. 字节码文件的扩展名是.class。
2. 在 Java 语言中，字节码文件又称虚拟机代码(Virtual Machine Code)。

2.3.5　运行 Java 应用程序

在对 Java 源程序“Hello.java”进行编译并确认 Java 源程序不存在语法错误之后，即可运行 Java 应用程序。如图 2－12 所示，在菜单栏中选择“运行 | 运行文件”命令，将运行 Java 应用程序并在 NetBeans IDE 窗口下方的“输出”窗格中显示“Hello Java!”。

在程序编辑器中单击鼠标右键，然后在弹出的菜单中选择“运行文件”命令，或者直接使用组合键“Shift+F6”，也可以运行 Java 应用程序。

运行 Java 应用程序的过程又可进一步分解为以下几个子步骤：

1. Java 装载器将. class 字节码文件装入内存。

2. Java 字节码检验器对. class 字节码文件中的代码进行安全检查。如果字节码文件中的代码不违背 Java 的安全性，则将继续运行 Java 应用程序；否则，将终止 Java 应用程序的运行。

3. Java 解释器对. class 字节码文件中的代码进行解释，并执行 Java 应用程序中的语句和代码。

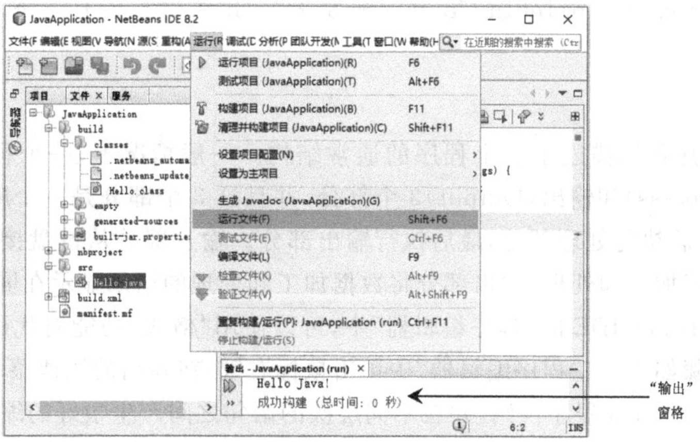

图 2－12　运行 Java 应用程序

2.4　在 NetBeans IDE 中调试 Java 应用程序

在 NetBeans IDE 中，不仅能够编辑、编译和运行 Java 应用程序，而且能够通过调试(Debug)查找和发现 Java 源程序中的拼写错误或逻辑错误。

2.4.1　在 Java 项目中创建第二个 Java 应用程序

在同一个 Java 项目中，可以创建多个 Java 应用程序。参照 2.3 节中创建主类、编辑源程序的过程和步骤，创建主类名为 IPO、文件名也为 IPO 的 Java 应用程序，其中的 Java 程序代码如下：

```
// 为了使用 java.util 包中的 Scanner 类，需要导入 java.util 包
import java.util. * ;

public class IPO {
    public static void main(String [ ] args) {
        int a, b, c;
        Scanner scanner = new Scanner (System. in);

        // 输入 (Input)
        System. out. println (" 请用键盘输入两个整数，然后单击回车键：");
        a = scanner. nextInt ( );
        b = scanner. nextInt ( );
```

```
        // 处理 (Process)
        c = a + b;

        // 输出 (Output)
        System.out.println ("a = " + a + "  b = " + b + "  c = " + c);
    }
}
```

上述 Java 程序代码描述了一个程序的通常结构。一般情况下，一个程序依次包含输入(Input)、处理(Process)和输出(Output)3 个部分，并且这 3 个部分是一个顺序结构——首先执行输入部分，然后执行处理部分，最后执行输出部分。输入部分从键盘接收数据，处理部分对输入的数据进行加工和处理，输出部分将数据加工和处理的结果显示在屏幕上。

注意：在 NetBeans IDE 的“程序编辑器”中，可以使用“格式”功能对代码进行格式化。具体过程和操作步骤如下：在“程序编辑器”中单击鼠标右键，在弹出的快捷菜单中选择“格式”命令，即可快捷地排版 Java 程序代码，并在不同层次的语句之间产生很好的缩进效果。

2.4.2 在 NetBeans IDE 中调试 Java 源程序

通过调试(Debug)可以查找和发现 Java 源程序中的拼写错误或逻辑错误。调试程序的主要方法有设置断点(Breakpoint)、监视变量的值等。在 NetBeans IDE 中调试 Java 源程序的具体过程和操作步骤如下：

1. 设置断点。如图 2 - 13 所示，在程序编辑器窗口的左侧，单击语句“System. out. println(……)；”、语句“c = a + b；”和语句“System. out. println(……)；”左侧的行号，即可在这 3 条语句上设置断点。这样，一旦开始调试程序，在这 3 个断点处 Java 应用程序将自动暂停运行。

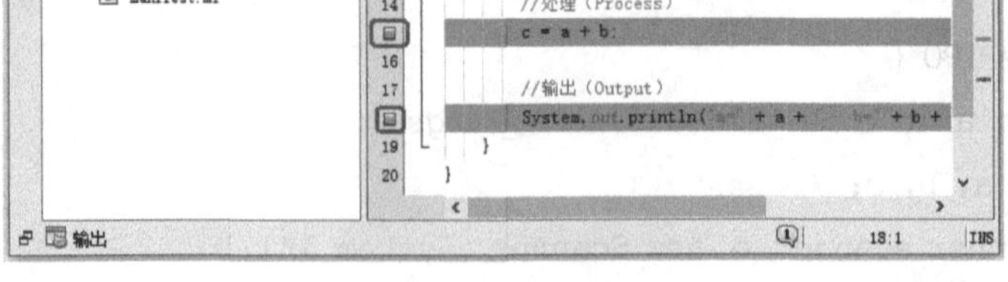

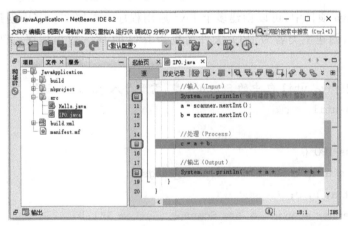

图 2 - 13 设置断点

2. 启动调试。在菜单栏中执行“调试|调试文件”命令(或使用组合键“Ctrl＋Shift＋F5”)，将启动 Java 程序调试工具，并开始对 Java 应用程序进行调试。由于预先在语句“System. out. println(……)；”上设置了断点，因此当执行到该语句时 Java 程序自动暂停运行。

3. 继续运行 Java 应用程序。在菜单栏中执行“调试|继续”命令(或使用快捷键“F5”)，Java 程序将从语句“System. out. println(……)；”继续运行，执行该语句将在“输出”窗格中显示输入数据的提示信息“请用键盘输入两个整数，然后单击回车键：”，并继续执行下一条语句“a=scanner. nextInt()；”。

4. 使用键盘输入两个整数。如图 2-14 所示，当执行到语句“a=scanner. nextInt()；”时，Java 程序的运行又将暂停，等待用户输入整数。用键盘输入两个整数(在两个整数之间输入一个空格)，然后单击回车键，Java 程序又会继续运行。由于预先在语句“c = a + b;”上设置了断点，因此当执行到该语句时 Java 程序再次自动暂停运行。

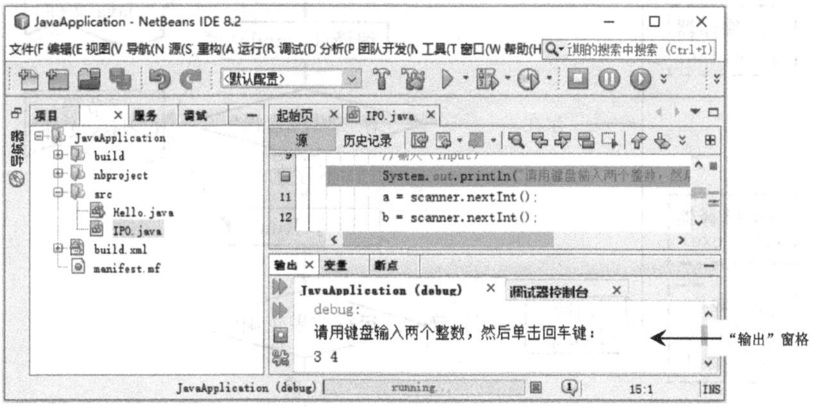

图 2-14　用键盘输入两个整数

5. 继续运行 Java 应用程序。在菜单栏中执行“调试|继续”命令(或使用快捷键“F5”)，Java 程序将从语句“c = a + b;”继续运行，该语句将变量 a 和变量 b 相加的结果赋值给变量 c。然后，Java 程序继续运行。由于预先在语句“System. out. println(……)；”上设置了断点，因此当执行到该语句时，Java 程序第 3 次自动暂停运行。

6. 监视变量的值。在菜单栏中执行“窗口|调试|监视”命令，会在 NetBeans IDE 窗口右下方显示“监视”窗格。如图 2-15 所示，在“监视”窗格的“名称”列中依次输入变量名 a、b 和 c，即可查看变量 a、b 和 c 的数据类型并监视这些变量的值。

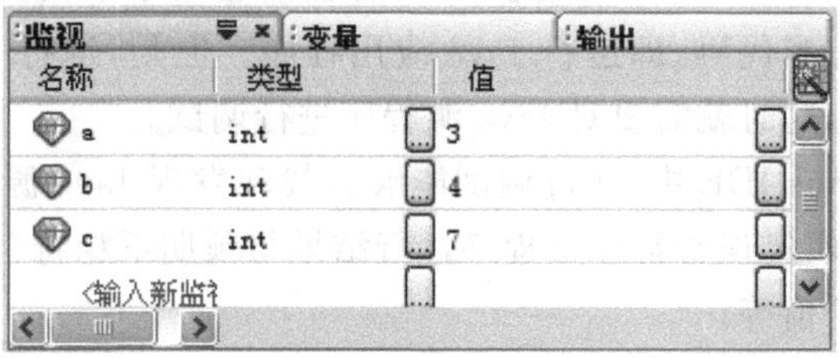

图 2-15　在“监视”窗格中监视变量的值

7. 继续运行 Java 应用程序。在菜单栏中执行“调试|继续”命令(或使用快捷键“F5”)，Java 程序将从语句“System. out. println(……)；”继续运行，执行该语句将在“输出”窗格中显示变量 a、b 和 c 的值。最后，Java 程序运行结束。

2.5 在 NetBeans IDE 中开发 Java 应用程序的过程

如图 2-16 所示，在 NetBeans IDE 中开发 Java 应用程序的过程主要包括编辑、编译、运行和调试 4 个步骤。

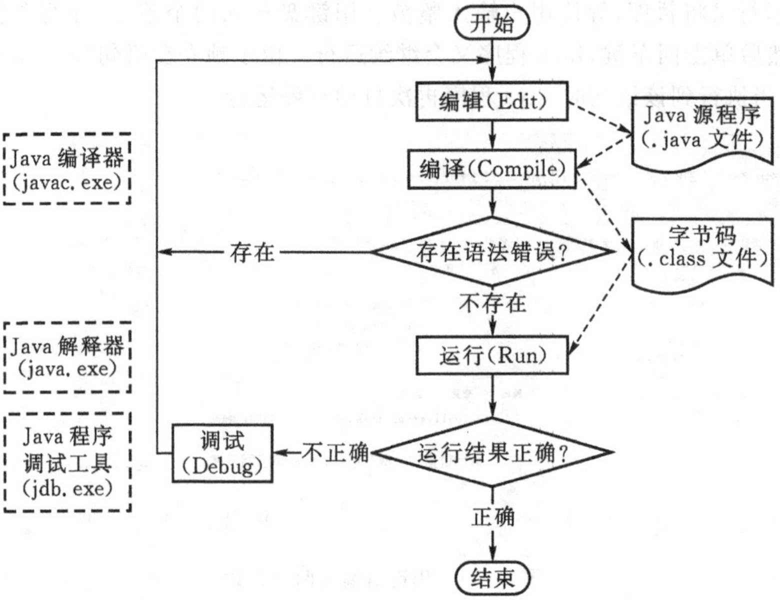

图 2-16 在 IDE 中开发 Java 应用程序的完整过程

1. 编辑。在 NetBeans IDE 中，使用程序编辑器可以编辑 Java 源程序(.java 文件)。实际上，程序编辑器还能够随时检查 Java 源程序中的语法错误，并给出相应的错误提示。常见的语法错误有左右括弧不匹配、语句后面漏掉分号、使用全角标点符号等。

2. 编译。在 NetBeans IDE 中，调用 Java 编译器可以将 Java 源程序(.java 文件)转换为字节码文件(.class 文件)，并能发现 Java 源程序中的更多语法错误。

3. 运行。在 NetBeans IDE 中，调用 Java 解释器能够对字节码文件(.class 文件)进行解释，同时执行其中的语句和代码，即运行 Java 应用程序。但是，运行 Java 应用程序并不意味着能够得到预期的结果，这时就需要对 Java 源程序进行调试。

4. 调试。在 NetBeans IDE 中，通过调试能够查找和发现 Java 源程序中的拼写错误或逻辑错误。拼写错误或逻辑错误常常导致程序运行结果与预期不相符合。调试程序的主要方法有设置断点、监视变量的值等。

注意：经过调试，可以发现 Java 源程序中的一些拼写错误或逻辑错误，但不能保证发现 Java 源程序中的所有错误。从这个意义上讲，任何程序和软件都会存在错误，不存在没有错误的程序和软件，只是说，程序和软件中的某些错误还没有被发现。

经过调试，排除在 Java 源程序中发现的拼写错误或逻辑错误后，Java 应用程序才可能基本正确地运行。

第3章　基本类型、变量、运算符和表达式

基本类型(Primitive Types)、变量(Variables)、运算符(Operator)和表达式(Expression)是Java语言的基础。

本章各例的程序代码均保存在文件名为Demo.java的Java源程序文件中,其中的程序代码采用如下格式:

```
public class Demo {
    public static void main(String [ ] args) {
        ......
        在此处添加或替换各例中的Java程序代码
        ......
    }
}
```

3.1　基本类型

数据是程序的必要组成部分,也是程序处理的对象。不同的数据有不同的类型,不同类型的数据有不同的存储方式和使用方法。在Java语言中,数据类型(Data Type)分为基本类型(Primitive Type)和引用类型(Reference Type)。本章首先介绍基本类型。

Java语言提供8种基本类型,表3-1列出了定义基本类型所使用的关键字(Keywords)和字面值(Literals)的表示形式。

表3-1　Java语言的基本类型及其关键字和字面值

<table>
<tr><th>类　型</th><th>关键字</th><th>占用内存空间</th><th>备　注</th></tr>
<tr><td rowspan="5">整型</td><td>byte</td><td>8 bits</td><td rowspan="4">用途:表示和处理整数
字面值:0b11111(二进制)、0B11111(二进制)、037(八进制)、31(十进制)、0x1f(十六进制)、0X1f(十六进制)
在字面值中使用下划线作为分隔符:0B1_1111、1_000_000</td></tr>
<tr><td>short</td><td>16 bits</td></tr>
<tr><td>int</td><td>32 bits</td></tr>
<tr><td>long</td><td>64 bits</td></tr>
<tr><td>char</td><td>16 bits</td><td>用途:表示和处理单个字符(含汉字)　字面值:'0''a''空'</td></tr>
<tr><td rowspan="2">浮点型</td><td>float</td><td>32 bits</td><td rowspan="2">用途:表示和处理浮点数(实数)
字面值:1.2345f(float)、1.2345(double)、1.2345d(double)</td></tr>
<tr><td>double</td><td>64 bits</td></tr>
<tr><td>布尔型</td><td>boolean</td><td></td><td>可能取值:true、false</td></tr>
</table>

注意：

1. byte、short、int 和 long 所表示和处理的整数范围依次增大。

2. 在整数的字面值前使用 0b 或 0B 表示二进制(Binary)，在整数的字面值前使用数字 0 表示八进制(Octal)，在整数的字面值前使用 0x 或 0X 表示十六进制(Hexadecimal)。否则，整数表示十进制(Decimal)。

3. char 类型是一种特殊的整型，专门用来表示和处理单个字符(含汉字)。

4. float 类型的字面值必须以 f 结尾，如 1.2345f。

5. double 类型的字面值可以用也可以不用 d 结尾。例如，1.2345 和 1.2345d 都表示 double 类型的字面值。

6. boolean 类型的数据只有两个值，即布尔值 true 和 false。

3.2 局部变量

在程序中需要使用变量(Variables)存储和表示可以变化的数据。与数据的基本类型和引用类型相对应，Java 语言中的变量分为基本类型变量和引用类型变量。本章只介绍基本类型变量。

在运行 Java 程序时，JVM 会为每个变量分配相应的内存空间。在 JVM 为基本类型变量分配的内存空间中，可以直接存储并改变程序运行需要使用的数据。

在 Java 程序中，可以通过变量类型、变量名和变量值 3 要素描述一个变量。

根据变量在 Java 源程序中出现的位置，又可以将变量分为局部变量(Local Variables)、形式参数(Formal Parameters)、实例变量(Instance Variables)和类变量(Class Variables)4 种。

本章首先介绍局部变量。局部变量只能在一个方法内定义和使用。

【例 3-1】 基本类型和局部变量。Java 程序代码如下：

```
int iB = 0B1_1111, iO = 037, iD, iH;
iD = 31;    iH = 0x1f;  //此行有 2 条赋值语句
System.out.println (" iB = " + iB + "  iO = " + iO + "  iD = " + iD + "
iH = " + iH);

float f = 12.3456789f;
double d = 12.3456789;

System.out.println ("f = " + f + "  d = " + d);
```

程序运行结果如下：

```
iB = 31  iO = 31  iD = 31  iH = 31
f = 12.345679  d = 12.3456789
```

注意：

1. 第 2 行输出表明，double 类型比 float 类型能够存储小数部分更多的有效数字。实际上，计算机中的 float 和 double 类型不仅只能存储小数部分有限的有效数字，而且即使对于小数部分有效数字很少的十进制数，在 float 和 double 类型中也往往无法精确地表示和存储。

2. Java 是一种静态类型(Statically-typed)语言——在 Java 源程序中，所有变量在使用或被赋值之前都必须先定义并指定其类型。

3. 如图 3-1 所示，在语句“System.out.println ("f = " + f + " d = " + d);”中，第 1 个引号与第 2 个引号匹配，第 3 个引号与第 4 个引号匹配，一对匹配引号中的文本照原样输出。此外，该语句中的加号“+”是字符串连接运算符，表示其前后的信息将连续输出。

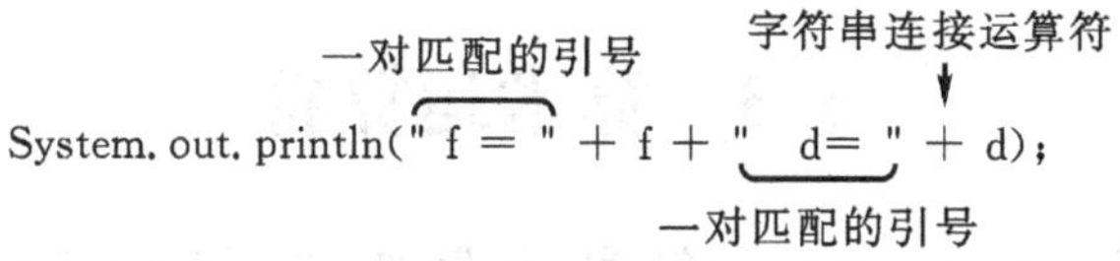

图 3-1　匹配的引号

【例 3-2】 char 类型的变量与 Unicode 编码。Java 程序代码如下：

```
char c1, c2, c3, c4, c5, c6;

c1 = 97; c2 = '\u0061'; c3 = 'a';  //'\u0061'表示十六进制形式的 Unicode 编码
//(int)c1 是一种强制类型转换，将变量 c1 中的 char 型数据强制转换为十进制形式的 int 型整数
System.out.println ("变量 c1 的值 =" + (int)c1 + "对应的字符 =" + c1);
System.out.println ("变量 c2 的值 =" + (int)c2 + "对应的字符 =" + c2);
System.out.println ("变量 c3 的值 =" + (int)c3 + "对应的字符 =" + c3);
c4 = 31354; c5 = '\u7a7a'; c6 = '空'; // 汉字“空”的 Unicode 编码即是'\u7a7a'(十六进制)
System.out.println ("变量 c4 的值(Unicode 编码的十进制形式) =" + (int)c4 + "对应的字符 =" + c4);
System.out.println ("变量 c5 的值(Unicode 编码的十进制形式) =" + (int)c5 + "对应的字符 =" + c5);
System.out.println ("变量 c6 的值(Unicode 编码的十进制形式) =" + (int)c6 + "对应的字符 =" + c6);
```

程序运行结果如下：

```
变量 c1 的值 = 97  对应的字符 = a
变量 c2 的值 = 97  对应的字符 = a
变量 c3 的值 = 97  对应的字符 = a
变量 c4 的值(Unicode 编码的十进制形式) = 31354 对应的字符 = 空
变量 c5 的值(Unicode 编码的十进制形式) = 31354 对应的字符 = 空
变量 c6 的值(Unicode 编码的十进制形式) = 31354 对应的字符 = 空
```

注意：

1. char 类型是一种特殊的整型，专门用来表示和处理单个字符（含汉字）。实际上，char 类型的变量能够存储单个字符（含汉字）的 Unicode 编码。

2. 在语句“System. out. println(… ＋ (int)c1 ＋ … ＋ c1)”中，“(int)c1”输出的是字符 c1 对应的 Unicode 编码的十进制形式，c1 输出的是字符本身。

3. 使用字面值表示单个字符时，必须使用英文输入状态中的单引号，如'a' '空'。

3.3 算术运算符

算术运算符（Arithmetic Operators）包括“ ＋ ”（加）、“－”（减）、“ * ”（乘）、“/”（除）和“%”（求余）。

注意：运算符“%”的两侧应该是整型数据。

使用算术运算符，可以构成算术表达式。例如，表达式“10%3”表示 10 除以 3 的余数。

3.4 赋值运算符

赋值运算符（Assignment Operator）用符号“ ＝ ”表示。

使用赋值运算符可以对变量赋值。例如：

```
iVar0 = 037;
```

注意：赋值运算符的左边通常是变量，右边可以是字面值、其他变量或表达式。

【例 3－3】 不使用第 3 个变量，直接交换两个变量 x 和 y 的值。Java 程序代码如下：

```
int x, y;
x = 2;    y = 3;                          //此行有 2 条赋值语句
x = x + y;    y = x - y;    x = x - y;    //此行有 3 条赋值语句
System.out.println ("x = " + x + "    y = " + y);
```

程序运行结果如下：

```
x = 3  y = 2
```

表 3－2 说明了在顺序执行各条赋值语句过程中，变量 x 和 y 值的变化情况。

表 3－2 变量 x 和 y 值的变化情况

变量值	赋值语句			
	x ＝ 2; y ＝ 3;	x ＝ x ＋ y;	y ＝ x － y;	x ＝ x － y;
x	2	5	5	3
y	3	3	2	2

3.5 自增、自减运算符

在整型变量的前面或后面可以使用自增运算符(Increment Operator)“ ++ ”和自减运算符(Decrement Operator)“--”。

自增、自减运算符的主要作用是使整型变量的值增加 1 或减少 1。例如：

```
++ i,-- i   在使用 i 之前,先使变量 i 的值增加(减少)1
i ++ ,i --  在使用 i 之后,再使变量 i 的值增加(减少)1
```

3.6 复合的赋值运算符

在赋值运算符“ = ”之前使用算术运算符,可以构成复合的赋值运算符。例如：

```
a + = 3;       等价于    a = a + 3;
x * = y + 8;   等价于    x = x * (y + 8);
x % = 3;       等价于    x = x % 3;
```

由此可见,当赋值运算符左边的变量在赋值运算符右边也作为第 1 个操作数参与运算时,可以使用复合的赋值运算符。

【例 3-4】 使用自增、自减运算符和复合的赋值运算符。Java 程序代码如下：

```
int a, b, c;

a = 1;          b = 2;      c = 3;
a - = b*b;      b% = c;     c = (++ b) - c;

System.out.println ("a = " + a + "  b = " + b + "  c = " + c);
```

程序运行结果如下：

```
a = -3  b = 3  c = 0
```

3.7 类型转换

在 Java 程序中,可以有条件地将一种基本类型的数据赋值给另一种基本类型的变量。前一种类型称为源类型,后一种类型称为目标类型。将源类型数据赋值给目标类型变量的过程也称为类型转换。

3.7.1 自动类型转换

在类型转换中,如果源类型与目标类型都属于整型或浮点型,而且目标类型所表示的数值范围大于源类型所表示的数值范围,就可以进行自动类型转换。例如,将 byte 类型变量中的整数赋值给 short、int 或 long 类型的变量，就可以进行自动类型转换。类似地，将 float 类型变量中的浮点数赋值给 double 类型的变量，也可以进行自动类型转换。

图 3－2 说明了基本类型之间的自动转换。其中，6 个实心箭头表示无信息丢失的转换，3 个虚线箭头表示可能有精度损失的转换。

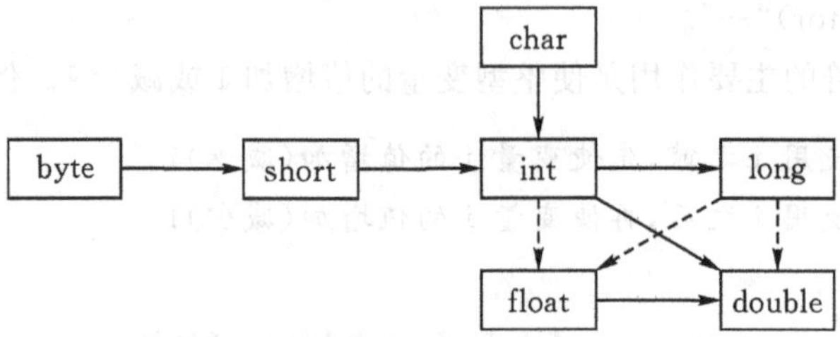

图 3－2　基本类型之间的自动转换

3.7.2　强制类型转换

在类型转换中，如果目标类型所表示的数值范围小于源类型所表示的数值范围，则不能进行自动类型转换，只允许使用强制类型转换将源类型数据赋值给目标类型的变量。

强制类型转换经常出现在赋值语句中，其基本语法格式如下：

```
target-type-variable = (target-type) source-type-value;
```

与图 3－2 中箭头相反的类型转换相同，都需要使用强制类型转换。但如果源类型的数值超出目标类型所表示的数值范围，则目标类型的变量将得到一个完全不同的数值。

【例 3－5】 类型转换。Java 程序代码如下：

```
    byte b1 = 123;
    short s1, s2 = 1025;
    s1 = b1;            //自动类型转换
    b1 = (byte) s2;     //强制类型转换，且变量 s2 的值(1025)超出变量 b1 所表示的
数值范围
    System.out.println ("b1 = " + b1 + "  s1 = " + s1 + "  s2 = " + s2);

    double d = 1.2345678912345;
    float f = (float) d;  //强制类型转换，且有精度损失
    System.out.println ("f = " + f + "  d = " +d);

    char c = 'a';
    int i1, i2 = 98;
    i1 = c;             //自动类型转换，将变量 c 所存储字符的 Unicode 编码作为数
值赋值给 int 型变量 i1
    c = (char) i2;      //强制类型转换，以 int 型变量 i2 中的数值作为 Unicode 编
```

码，并将对应的字符赋值给 char 型变量 c

```
    System.out.println ("c = " + c + "  i1 = " + i1 + "  i2 = " + i2);

    double d4 = 1.23456789;
    byte b4 = (byte) d4;
    System.out.println ("b4 = " + b4);

    int i5 = 123456789;
    float f5 = i5;          //自动类型转换，但有精度损失
    System.out.println ("f5 = " + f5);

    int deno = 2;
    float term;
    term = 1 / deno;
    System.out.println (" term = " + term);
    term = 1.0f / deno;
    System.out.println (" term = " + term);
```

程序运行结果如下：

```
b1 = 1  s1 = 123  s2 = 1025
f = 1.2345679  d = 1.2345678912345
c = b  i1 = 97  i2 = 98
b4 = 1
f5 = 1.23456792E8
term = 0.0
term = 0.5
```

注意：

1. 变量 b1 属于 byte 类型，占 8 bits；变量 s2 属于 short 类型，占 16 bits，所以只能通过强制类型转换将变量 s2 中的整数 1025 赋值给变量 b1。如图 3－3 所示，由于 byte 类型能够表示的整数范围是－128～127，而整数 1025 超出了 byte 类型变量 b1 能够表示的整数范围，变量 b1 只能保留整数 1025 二进制表示中的低 8 位（而舍弃高 8 位），所以最后变量 b1 中的整数不是 1025，而是 1。

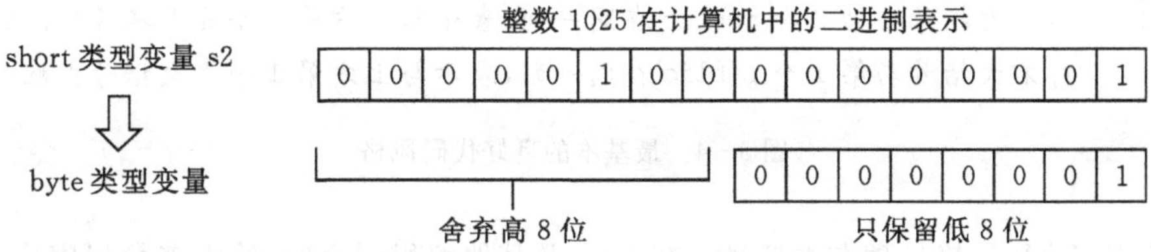

图 3－3　short 类型向 byte 类型的强制类型转换

2. 由于 float 类型所表示的数值范围比 double 类型所表示的数值范围小，所以只能使用强制类型转换将变量 d 中的浮点数赋值给变量 f。此外，由于 float 类型的变量 f 比 double 类型的变量 d 占用较少的存储空间，因此变量 f 能够存储的有效数字比变量 d 要少。

3. 在强制类型转换中，由于必须指定目标类型，所以强制类型转换也称显式类型转换。相应地，自动类型转换也称为隐式类型转换。

4. 将 double 型变量 d4 中的浮点数 1.23456789 赋值给 byte 型变量 b4 时，不仅需要使用强制类型转换，而且转换之后会截去浮点数中的小数部分，只保留整数部分。

5. 虽然 float 类型所表示的数值范围比 int 类型所表示的数值范围大，可以使用自动类型转换将 int 型变量 i5 中的整数 123456789 赋值给 float 型变量 f5，但由于 float 类型能够存储的有效数字比 int 类型要少，所以会发生精度损失。

6. 在算术表达式"1 / deno"中，参与运算的字面值 1 和变量 deno 都是 int 类型，所以算术表达式 "1 / deno" 的值是整数 0，然后通过自动类型转换将算术表达式 "1 / deno"的值(整数 0)赋值给 float 类型的变量 term。因此，第 1 次输出的变量 term 的值是 0.0。

7. 在算术表达式"1.0f / deno"中，参与运算的字面值 1.0f 是 float 类型，所以算术表达式"1.0f / deno"的值是实数 0.5，然后通过赋值语句将算术表达式"1.0f / deno"的值(0.5)赋值给 float 类型的变量 term。因此，第 2 次输出的变量 term 的值是 0.5。

3.8 良好的代码风格之一

良好的代码风格不仅可以增强代码的可读性，也能体现编程者的最基本素质。如图 3-4 所示，以下几条代码书写及排版规则有助于培养最基本的良好代码风格。

```
public class Demo {                                  //规则 1
    public static void main(String[] args) {         //规则 1
        int x = 2, y = 3;                            //规则 3
            //规则 6
        System.out.println("x = " + x + " y = " + y);
            //规则 6
        x += y;              //规则 3、4
        y = x - y;           //规则 3、4
        x -= y;              //规则 3、4
            //规则 6
        System.out.println("x = " + x + " y = " + y);    //规则 3、4、5
    }  //右大括号与第 2 个 public 在同一列，表示与上方第 2 个左大括号匹配(规则 1、2)
}      //右大括号与第 1 个 public 在同一列，表示与上方第 1 个左大括号匹配(规则 1、2)
```

规则 2

图 3-4 最基本的良好代码风格

1. 使用 K&R 风格处理左大括号。在 Java 及其他编程语言中，绝大多数程序代码都是组织在前后匹配的左右大括号中，一对左右大括号定义了一个代码块。代码块之间可以存在多级的嵌套关系。Kernighan 和 Ritchie 在《*The C Programming Language*》一书中建议，在处理大括号时使用较为紧凑的格式，将左大括号留在上一行的末尾。

2. 对代码行进行缩进并上下对齐。在一个代码块中，每行代码首先使用空格(而不是 Tab 控制符)进行缩进，通常比上一级代码块多缩进 2 个或 4 个空格。

3. 在运算符前后各加一个空格。

4. 如无需节省空间，一行只写一条语句。

5. 左小括号与右边相邻字符之间不出现空格；类似地，右小括号与左边相邻字符之间也不出现空格。

6. 对代码块中的语句按功能相似性进行分组，功能不同的语句组之间使用空行隔离。

注意：

1. K&R 风格又称行尾风格或 Kernighan 风格。在 K&R 风格中，左大括号留在上一行的末尾，而右大括号独占一行。除 K&R 风格外，有些程序员也使用 Allmans 风格。Allmans 风格又称独行风格或微软风格，即左、右大括号各自独占一行。在 K&R 风格中，代码相对紧凑、节省篇幅，而 Allmans 风格适用于代码量比较少的时候。在这两种风格中，右大括号都是独占一行。图 3-5 为 K&R 风格和 Allmans 风格的对比。

```
public class Kernighan { //K&R 风格
    public static void main(String[] args) {
        ……
    }
}

public class Allmans //Allmans 风格
{
    public static void main(String[] args)
    {
        ……
    }
}
```

图 3-5　K&R 风格和 Allmans 风格的对比

2. 在 NetBeans IDE 的“程序编辑器”中，可以使用“格式”功能对代码进行格式化。具体过程和操作步骤如下：在“程序编辑器”中单击鼠标右键，在弹出的快捷菜单中选择“格式”命令，即可快捷地排版 Java 程序代码，并在不同层次的语句之间产生很好的缩进效果。由此可见，NetBeans IDE 实现了良好代码风格的自动化。此外，NetBeans IDE 推荐使用 K&R 风格处理左大括号。

第 4 章　程序流程图与结构化编程范式

在程序流程图(Program Flow Chart)中使用顺序结构(Sequential Structure)、选择结构(Selection Structure)和循环结构(Repetition Structure)3 种基本结构,可以描述数据处理过程,或表示程序中语句的执行过程。

4.1　程序流程图中的基本图形符号

图 4-1 列出了在程序流程图中使用的基本图形符号。

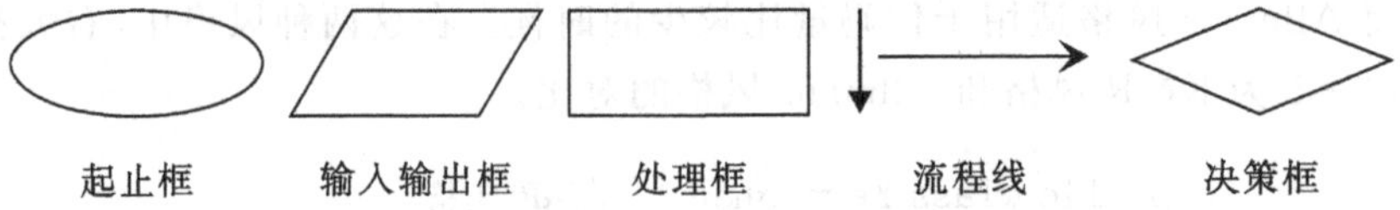

图 4-1　程序流程图中的基本图形符号

在程序流程图中,每种图形符号表示特定的含义或者完成特定的功能。

起止框表示程序的起始或终止。

输入输出框表示数据的输入或输出。例如,从键盘上接收基本类型数据,或将数据处理和加工结果显示在屏幕上。

处理框表示数据的处理、加工或转化。例如,对两个浮点数进行算术运算,然后赋值给一个 float 或 double 类型的变量。

流程线表示程序的执行过程或路径。

决策框表示条件判断。决策框只有一个入口,但可以有若干个可供选择的出口。在对决策框中定义的条件进行求值后,有且只有一个出口被激活。条件求值结果标识在某一出口路径的流程线上。

4.2　顺序结构

在程序流程图中,顺序结构(Sequential Structure)的表示形式如图 4-2 所示。其中左边是程序流程图的表示形式,右边是 N-S 流程图的表示形式。两种表示形式既是相互独立的,又是相互对应的。

如图 4-2(a)所示,在顺序结构中,程序从 a 点开始,先执行 A 处理框,再执行 B 处理框。之后,程序从 b 点离开顺序结构。

注意:图 4-2(a)中的处理框也可以替换为输入输出框。

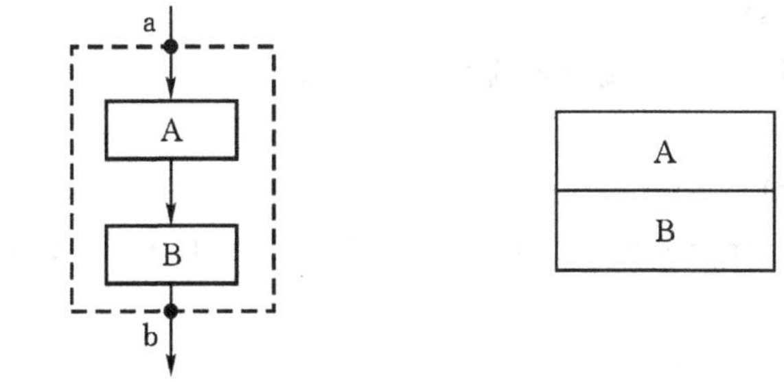

(a)程序流程图　　(b)N-S 流程图

图 4-2　顺序结构

【例 4-1】 顺序结构举例。图 4-3 分别以程序流程图和 N-S 流程图两种形式描述了一个程序的执行过程。

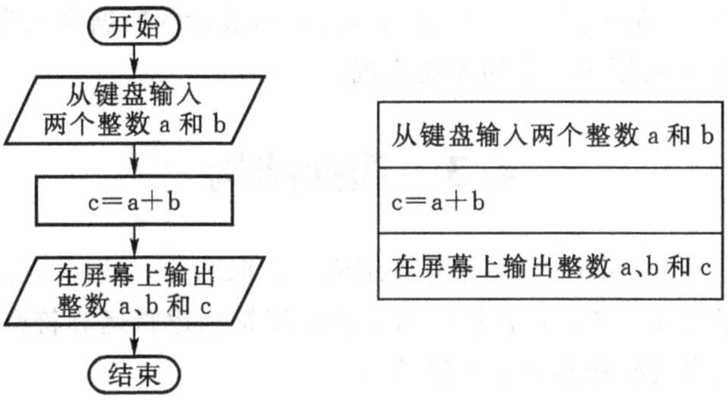

(a)程序流程图　　(b)N-S 流程图

图 4-3　顺序结构举例

与图 4-3 对应的 Java 程序代码如下：

```
//以下代码保存在 IPO.java 中
import java.util. * ;  //为了使用 java.util 包中的 Scanner 类，需要导入 java.util 包

public class IPO {
  public static void main(String [ ] args) {
    Scanner scanner = new Scanner(System.in);

    //输入(Input)，使用以下 3 条语句实现第 1 个输入输出框所表示的数据输入功能
    System.out.println(" 从键盘输入两个整数(两个整数之间输入一个空格)，然后单
                       击回车键：");

    int a = scanner.nextInt();
    int b = scanner.nextInt();
```

```
        //处理(Process)
        int c = a + b;  // 在需要时再定义变量 c

        //输出(Output)
        System.out.println ("a = " + a + "  b = " + b + "  c = " + c);
    }
}
```

程序运行结果如下：

```
从键盘输入两个整数(两个整数之间输入一个空格)，然后单击回车键：
2  4
a=2  b=4  c=6
```

注意：程序流程图中的一个输入输出框或处理框所表示的数据输入输出或数据处理功能，在 Java 程序中可能需要使用多条语句才能实现。

4.3 选择结构

选择结构(Selection Structure)又称分支结构或选取结构。使用选择结构，能够在不同条件下执行相应的数据处理任务。选择结构与关系运算符和逻辑运算符密切相关，并可进一步分为单分支、双分支、多层次和多分支 4 种类型。

4.3.1 关系运算符和逻辑运算符

选择结构中的条件通常是由关系运算符(Relational Operators)和逻辑运算符(Logical Operators)构成的布尔表达式。

1. 关系运算符(Relational Operators)

很多情况下，关系运算符用于比较整型或浮点型数据之间的大小，同时构成简单条件及其表达式，如表 4-1 所列。在 Java 语言中，简单条件表达式的值只能是布尔值，即 true 或 false。

表 4-1 关系运算符和简单条件表达式

关系运算符	含义	条件表达式(假设变量 x = 5,y = 8)	运算结果
==	是否等于	x == y	false
!=	是否不等于	x != y	true
>	是否大于	x > y	false
>=	是否大于等于	x >= y	false
<	是否小于	x < y	true
<=	是否小于等于	x <= y	true

2. 逻辑运算符(Logical Operators)

如表 4-2 所列,使用逻辑运算符可以将两个简单条件组合为复合条件。与简单条件表达式类似,复合条件表达式的值也只能是布尔值,即 true 或 false。

表 4-2　逻辑运算符和复合条件表达式

逻辑运算符	含义	条件表达式(假设变量 x = 6,y = 3)	运算结果
&&	与(AND)	(x < 10) && (y > 1)	true
||	或(OR)	(x == 5) || (y == 5)	false
!	非(NOT)	!(x == y)	true

由于简单条件表达式和复合条件表达式的值均是布尔值,因此两者又统称为布尔表达式(Boolean Expression)。

【例 4-2】 布尔表达式及其 Java 程序举例。代码如下,并找出其中的布尔表达式。

```
//以下代码保存在 BooleanExpression.java 中
public class BooleanExpression {
public static void main(String [ ] args) {
    int i = 1, j = 3;
    float f = 1.2f;

    boolean b = i = = j;  //关系运算符的优先级高于赋值运算符
    System.out.println ("b = " + b);

    b = i< = f;
    System.out.println ("b = " + b);

    b = (i< = f) && (f < = j);
    System.out.println ("b = " + b);

    b = ! ((i > f) || (f > j));
    System.out.println ("b = " + b);

    b = (i< = f) || (f < = j);
    System.out.println ("b = " + b);

    System.out.println(0.12345678912345678<0.123456789123456789);
  }
}
```

程序运行结果如下：

```
b = false
b = true
b = true
b = true
b = true
false
```

注意：由于计算机中的浮点型（包括 float 类型和 double 类型）只能存储小数部分有限的有效数字，以至于 0.12345678912345678 和 0.123456789123456789 在计算机中的表示和存储形式完全一致，从而导致简单条件表达式 0.12345678912345678 < 0.123456789123456789 的布尔值是 false。因此，当两个浮点数的整数部分相同且小数部分非常接近时，应该尽量避免直接比较这两个浮点数的大小。

4.3.2 使用 if 语句实现单分支选择结构

图 4-4 是单分支选择结构在程序流程图和 N-S 流程图中的表示形式。

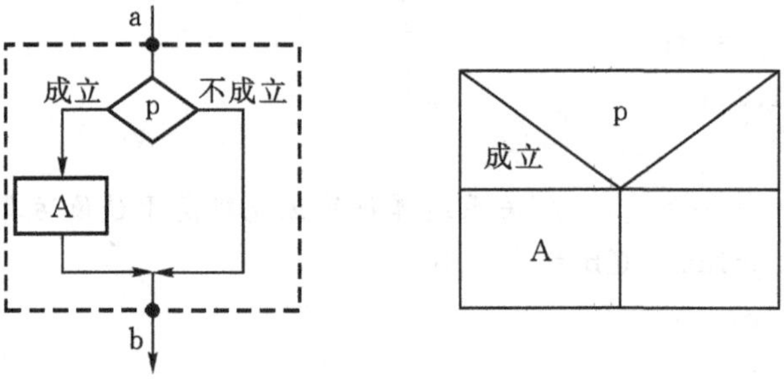

(a)程序流程图　　(b)N-S 流程图

图 4-4　单分支选择结构

如图 4-4(a)所示，在单分支选择结构中，程序从 a 点开始，然后在决策框处判断 p 条件是否成立。如果 p 条件成立，则执行 A 处理框；否则(p 条件不成立)，不进行任何处理。之后，程序从 b 点离开单分支选择结构。

在 Java 语言中，单分支选择结构可以使用 if 语句实现。if 语句的语法格式如下：

```
if (boolean-expression)
    statement | statement-block
```

其中，statement 表示一条语句，statement-block 表示用一对花括号"{"和"}"组合在一起的一组语句。这对花括号及其中的语句组统称语句块(Statement Block)。"|"表示或者——，或者是一条语句，或者是一个语句块。

【例 4-3】 单分支选择结构的程序流程图和 N-S 流程图及其 Java 程序举例。

1. 程序流程图和 N-S 流程图如图 4-5 所示。

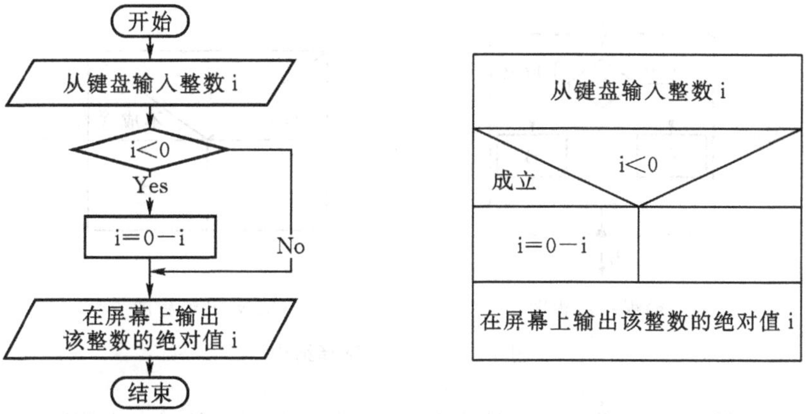

(a)程序流程图　　(b)N-S 流程图

图 4-5　单分支选择结构

2. 与图 4-5 对应的 Java 程序代码如下：

```
//以下代码保存在 AbsoluteIf.java 中
import java.util.*;

public class AbsoluteIf {
    public static void main(String [ ] args) {
        Scanner scanner = new Scanner(System.in);

        System.out.println ("请用键盘输入一个整数,然后单击回车键:");
        int i = scanner.nextInt();  //在赋值时再定义变量 i
        if (i < 0)
            i = 0-i;

        System.out.println ("该整数的绝对值是:" + i);
    }
}
```

程序运行结果如下：

```
请用键盘输入一个整数,然后单击回车键:
-12
该整数的绝对值是:12
```

4.3.3　使用 if-else 语句实现双分支选择结构

图 4-6 是双分支选择结构在程序流程图和 N-S 流程图中的表示形式。

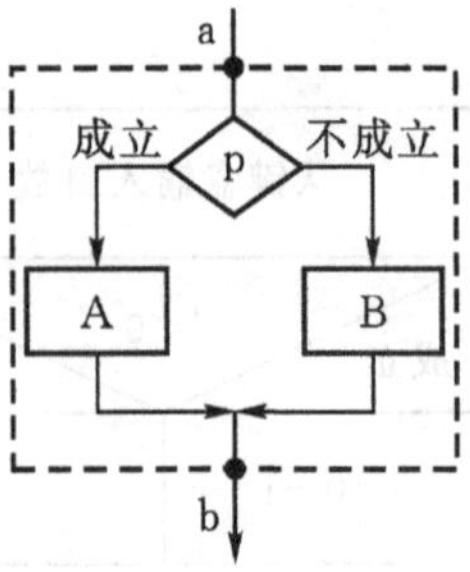

(a)程序流程图

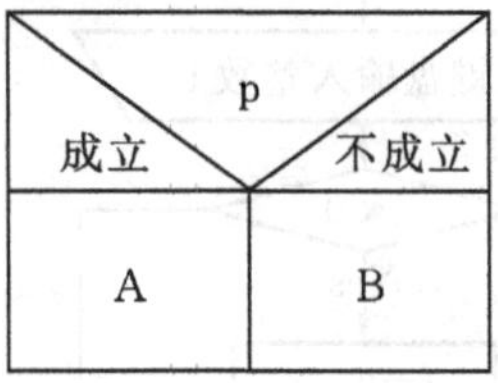

(b)N-S 流程图

图 4-6 双分支选择结构

如图 4-6(a)所示,在双分支选择结构中,程序从 a 点开始,然后在决策框处判断 p 条件是否成立。如果 p 条件成立,则执行 A 处理框;否则(p 条件不成立),执行 B 处理框。之后,程序从 b 点离开双分支选择结构。

双分支选择结构具有如下性质:

1. 无论 p 条件是否成立,程序都只能执行 A 处理框或 B 处理框之一,不可能既执行 A 处理框又执行 B 处理框。

2. 无论走哪一条路径,在执行完 A 处理框或 B 处理框之后,程序都从 b 点离开双分支选择结构。

3. 如果 B 处理框是空的,即不执行任何操作,双分支选择结构就退化为单分支选择结构。因此,单分支选择结构可视为双分支选择结构的特例。

在 Java 语言中,双分支选择结构可以使用 if-else 语句实现。if-else 语句的语法格式如下:

```
if (boolean - expression)
    statement | statement-block
else
    statement | statement-block
```

其中,statement 表示一条语句,statement-block 表示一个语句块。

【例 4-4】 双分支选择结构的程序流程图和 N-S 流程图及其 Java 程序举例。

1. 程序流程图和 N-S 流程图如图 4-7 所示。

2. 与图 4-7 对应的 Java 程序代码如下:

```
//以下代码保存在 AbsoluteIfElse.java 中
import java.util.*;

public class AbsoluteIfElse {
    public static void main(String [ ] args) {
        Scanner scanner = new Scanner(System.in);

        System.out.println("请用键盘输入一个整数,然后单击回车键:");
```

```
            int i = scanner.nextInt();  //在赋值时再定义变量 i

            if (i >= 0)
                System.out.println(" 这个整数的绝对值是:" + i);
            else {  //用一对花括号构成语句块
                i = -i;
                System.out.println(" 这个整数的绝对值是:" + i);
            }
        }
    }
```

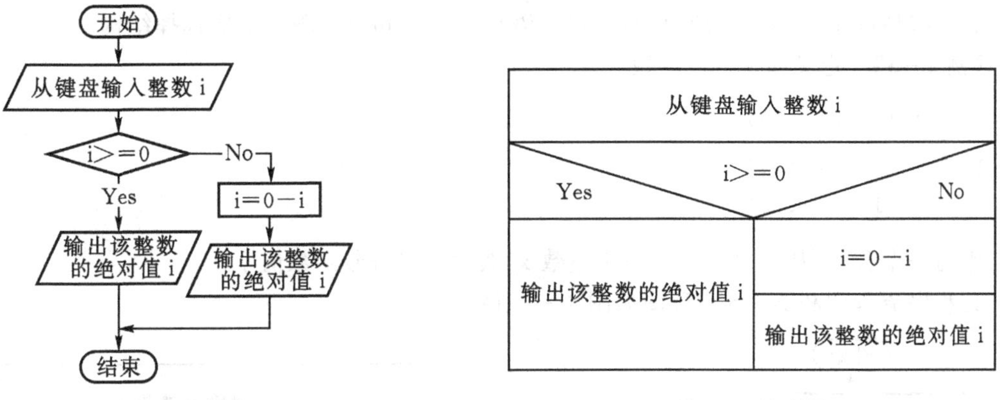

(a)程序流程图　　　　(b)N-S 流程图

图 4-7　双分支选择结构

注意：在 NetBeans IDE 的“程序编辑器”中，可以使用“格式”功能对代码进行格式化。具体过程和操作步骤如下：在“程序编辑器”中单击鼠标右键，在弹出的快捷菜单中选择“格式”命令，即可快捷地排版 Java 程序代码，并在不同层次的语句之间产生很好的缩进效果。

4.3.4　条件运算符

在 Java 语言中，条件运算符（Conditional Operator）不仅可以实现简单的双分支选择结构，而且经常和赋值运算符共同构成赋值语句，其基本语法格式如下：

```
variable = boolean_expression ? expression1 : expression2;
```

该赋值语句将根据布尔表达式 boolean_expression 的值有条件地给变量 variable 赋值。如果布尔表达式 boolean_expression 的值为 true，就将表达式 expression1 的值赋给变量 variable；如果布尔表达式 boolean_expression 的值为 false，就将表达式 expression2 的值赋给变量 variable。

在以下赋值语句中，max、n1 和 n2 都是 int 类型的变量

```
max = (n1 > n2) ? n1 : n2;
```

变量 max 将被赋予变量 n1 和 n2 中的较大值——如果 n1 大于 n2，布尔表达式“n1 > n2”的值为 true，就将变量 n1 的值赋给变量 max；如果 n2 大于或等于 n1，布尔表达式“n1 > n2”的值为 false，则将 n2 的值赋给变量 max。

上述赋值语句实际上等价于如下 if-else 语句：

```
if (n1 > n2)
    max = n1;
else
    max = n2;
```

4.3.5 使用嵌套的 if-else 语句或 if 语句实现多层次选择结构

在有些情况下，需要使用嵌套的 if-else 语句或 if 语句以实现多层次选择结构。

【例 4-5】 定义如下符号函数：

$$y = \begin{cases} 1 & (x > 0) \\ 0 & (x = 0) \\ -1 & (x < 0) \end{cases}$$

编写一个程序，从键盘上输入一个整数 x，然后输出符号函数值 y。

1. 程序流程图和 N-S 流程图如图 4-8 所示。

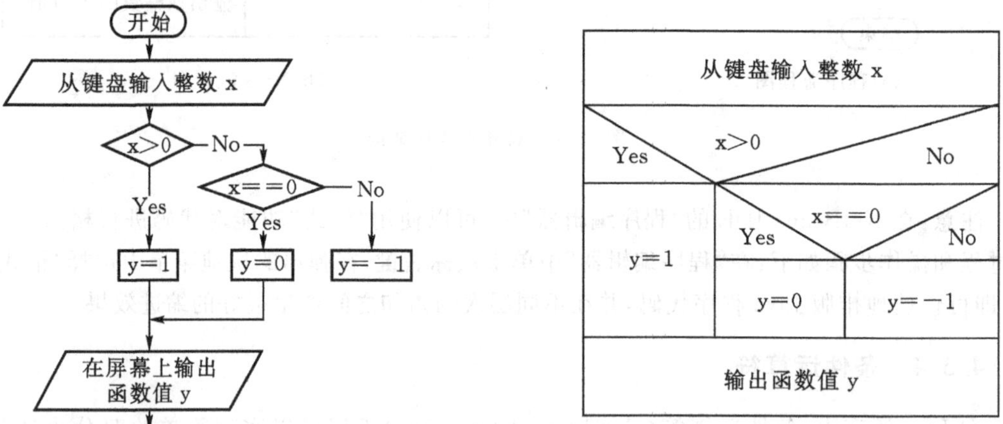

(a)程序流程图　　(b)N-S 流程图

图 4-8 多层次选择结构

上述程序流程图包括了两个双分支选择结构（x > 0 和 x == 0），并且第 2 个双分支选择结构（x == 0）嵌套在第 1 个双分支选择结构（x > 0）的 No 分支中。因此，这两个双分支选择结构之间就具有内、外层之间的嵌套关系。其中，第 2 个双分支选择结构（x == 0）处于内层，第 1 个双分支选择结构（x > 0）处于外层。

2. 与图 4-8 对应的 Java 程序代码如下：

```
//以下代码保存在 SignFunction.java 中
```

```
import java.util. * ;

public class SignFunction {
    public static void main(String [ ] args) {
        Scanner scanner = new Scanner(System.in);
        System.out.println (" 请用键盘输入一个整数,然后单击回车键:");
        int x = scanner.nextInt();  //在赋值时再定义变量 x

        int y;  //在多层次选择结构之前定义变量 y
        if (x > 0)
            y = 1;
        else
            if (x == 0)
                y = 0;
            else
                y = -1;

        System.out.println (" 这个整数的符号函数值是:" + y);
    }
}
```

注意:

1. 如图 4-8 所示的多层次选择结构包括 2 个双分支选择结构,共 3 个分支。由于其中的每一个分支都可能对变量 y 赋值,所以需要在多层次选择结构之前定义变量 y。

2. 在程序中编写嵌套的 if-else 语句时,应该注意 if 与 else 的配对关系,并将配对的 if 与 else 写在同一列上。

3. 从最内层开始,else 总是与它上面最近的(且尚未配对的)if 配对。

如有以下一段程序代码:

```
if ()
    if () statement1
else
    if () statement2
    else statement3
```

虽然其中的第 1 个 else 与第 1 个 if 在同一列上,但实际上是与第 2 个 if 配对的。因此,规范的书写格式应该是:

```
if ()
    if () statement1
    else
        if () statement2
```

```
else statement3
```

4.3.6 使用 switch 语句实现多分支选择结构

图 4-9 是多分支选择结构在程序流程图中的表示形式。

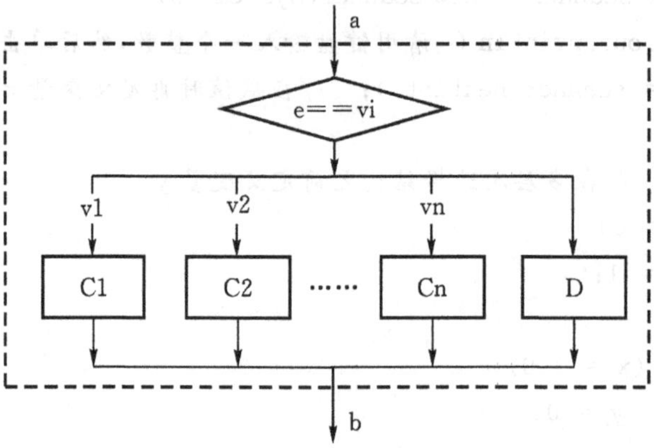

图 4-9 多分支选择结构

在如图 4-9 所示的多分支选择结构中，程序从 a 点开始，首先计算表达式 e 的值。然后将表达式 e 的值与每个常量 vi 依次进行比较。如果存在相等者，则执行对应的 Ci 处理框；否则(没有与表达式 e 的值相等的常量 vi)，执行 D 处理框。之后，程序从 b 点离开多分支选择结构。

注意：

1. 在多分支选择结构中，共有 n + 1 个分支，分别对应处理框 C1,C2,…,Cn 和 D。其中处理框 C1,C2,…,Cn 的执行需要比较表达式 e 的值与常量 vi 是否相等。

2. 在多分支选择结构中，每次只能执行处理框 C1,C2,…,Cn 和 D 中的一个。

在 Java 语言中，多分支选择结构可以使用 switch 语句实现。switch 语句的语法格式如下：

```
switch (expression) {
    case value_1: statement1;
        break;
    case value_2: statement2;
        break;
    ……
    case value_n: statementn;
        break;
    default: statement;
}
```

其中，表达式 expression 最终值的类型通常是 int 型或者是可以自动转换为 int 型的类型，如 byte、short 或 char。否则，必须进行强制类型转换。常量 value_i 应该与表达式

expression 的值具有相同的类型。

【例 4－6】 多分支选择结构及其 Java 程序举例。

```
//以下代码保存在 SwitchDemo.java 中

public class SwitchDemo {
    public static void main(String [ ] args) {
        int seasonNo = 1;
        switch (seasonNo) {
            case 0:
                System.out.println (" Spring" );
                break;
            case 1:
                System.out.println (" Summer" );
                break;
            case 2:
                System.out.println (" Autumn" );
                break;
            case 3:
                System.out.println (" Winter" );
                break;
            default:
                System.out.println (" Invalid season number" );
        }
    }
}
```

注意：每个 case 语句后面的 break 语句是不能省略的。在执行对应的分支处理后，break 语句能够确保立即离开多分支选择结构。如果省略 break 语句，程序将继续且直接执行下一个分支处理，而不会立即离开多分支选择结构。

4.4　循环结构

循环结构(Repetition Structure)又称重复结构，主要有 while 型和 do-while 型两种，分别使用 while 语句和 do-while 语句实现。此外，在 while 型循环结构的基础上，还可以派生出 for 型循环结构。

4.4.1　while 型循环结构

while 型循环结构又称当型循环结构，其在程序流程图和 N－S 流程图中的表示形式如图 4－10所示。

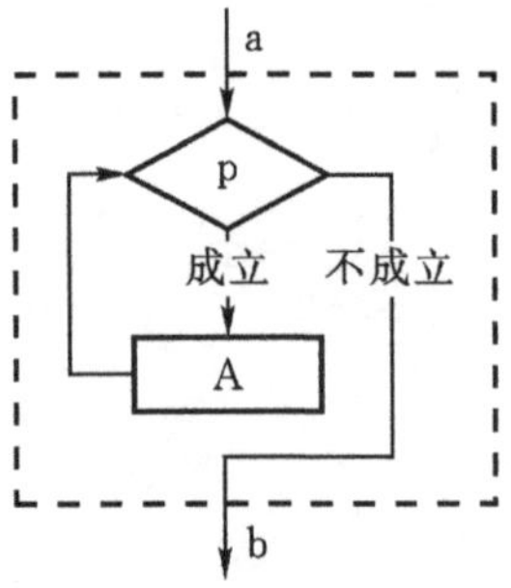

(a)程序流程图

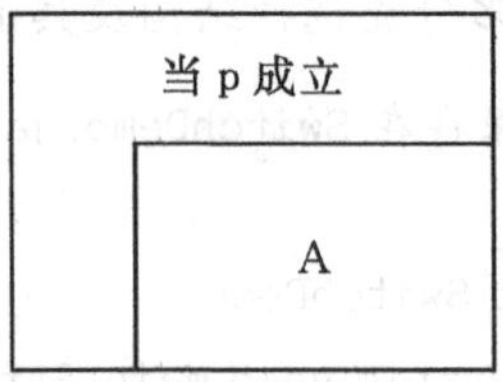

(b)N-S 流程图

图 4-10 while 型循环结构

如图 4-10(a)所示，在 while 型循环结构中，程序从 a 点开始。当给定的 p 条件成立时，程序执行 A 处理框。之后，再次判断 p 条件是否成立；如果 p 条件仍然成立，则再次执行 A 处理框……如此反复执行 A 处理框。当某一次 p 条件不成立时，程序不再执行 A 处理框，而是从 b 点离开 while 型循环结构。

在 Java 语言中，while 型循环结构可以使用 while 语句实现。while 语句的语法格式如下：

```
while (boolean_expression)
    statement | statement_block
```

其中，statement 或 statement_block 称为循环体，布尔表达式 boolean_expression 表示是否执行循环体的控制条件。

while 语句的执行过程如下：在每次循环开始之前判断一次布尔表达式 boolean_expression。如果布尔表达式 boolean_expression 的值为 true，就会反复执行循环体中的语句；如果布尔表达式 boolean_expression 的值为 false，while 语句的执行就会结束。

【例 4-7】 使用 while 型循环结构计算 5 的阶乘并编写 Java 程序。

1. 如图 4-11 所示，可以使用程序流程图和 N-S 流程图描述 5 的阶乘的计算过程。

2. 与图 4-11 对应的 Java 程序代码如下：

```
//以下代码保存在 WhileDemo.java 中
public class WhileDemo {
    public static void main(String [ ] args) {
        int t = 1;
        int i = 2;

        while (i < = 5) {
            t = t * i;
            i = i + 1;
        }

        System.out.println (" 5 的阶乘是：" + t);
    }
}
```

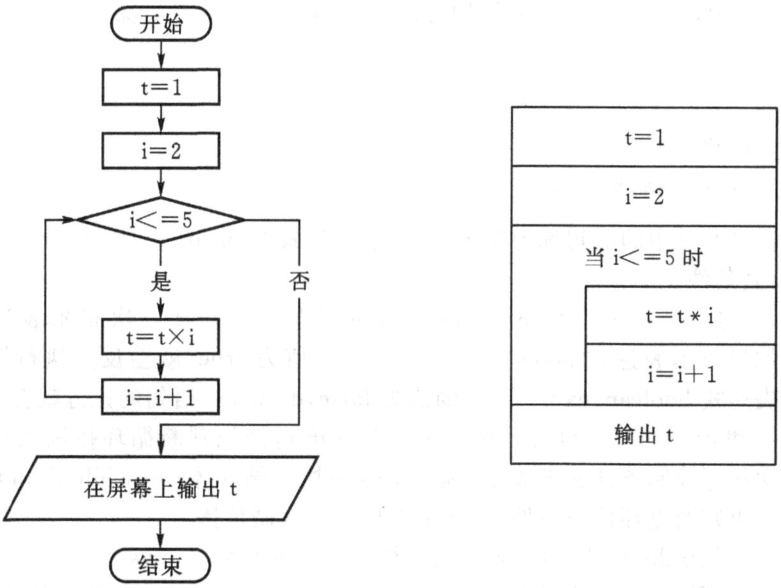

(a)程序流程图　(b)N-S 流程图

图 4-11　while 型循环结构举例

在上述 while 语句中，循环控制条件是由关系运算符构成的简单条件表达式"i < = 5"；循环体包括两条语句，执行其中的第 2 条语句"i = i + 1;"会修改变量 i 的值，且该变量也出现在循环控制条件中。因此，变量 i 称为循环控制变量，用来控制循环的次数。

4.4.2　do-while 型循环结构

do-while 型循环结构又称直到型循环结构，其在程序流程图和 N-S 流程图中的表示形式如图 4-12 所示。

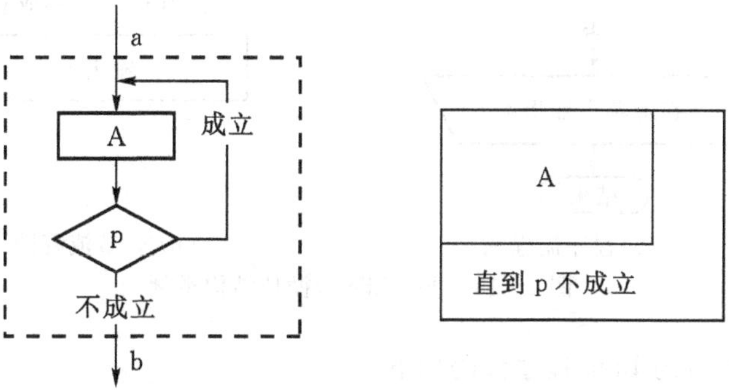

(a)程序流程图　(b)N-S 流程图

图 4-12　do-while 型循环结构

如图 4-12(a)所示，在 do-while 型循环结构中，程序从 a 点开始。首先执行一次 A 处理框，然后判断 p 条件是否成立。如果 p 条件成立，则再次执行 A 处理框，然后再次判断 p 条件；如果 p 条件仍然成立，则再次执行 A 处理框……如此反复执行 A 处理框，直到 p 条件不成立为止，此时程序不再执行 A 处理框，而是从 b 点离开 do-while 型循环结构。

在 Java 语言中，do-while 型循环结构可以使用 do-while 语句实现。do-while 语句的语法格式如下：

```
do {
    statements;
} while (boolean_expression);
```

其中，花括号及其中的语句称为循环体，布尔表达式 boolean_expression 表示是否执行循环体的循环控制条件。

do-while 语句的执行过程如下：在每次循环结束之后判断一次布尔表达式 boolean_expression。如果布尔表达式 boolean_expression 的值为 true，就会反复执行循环体中的语句；直到布尔表达式 boolean_expression 的值为 false，do-while 语句的执行就会结束。

while 语句和 do-while 语句的区别在于，while 语句是先判断循环控制条件再执行循环体，如果第 1 次循环控制条件就不成立，则一次也不执行循环体；do-while 语句是首先执行一次循环体，然后再判断循环控制条件，因此至少执行一次循环体。

【例 4-8】 使用 do-while 型循环结构计算 5 的阶乘并编写 Java 程序。

1. 如图 4-13 所示，可以使用程序流程图和 N-S 流程图描述 5 的阶乘的计算过程。

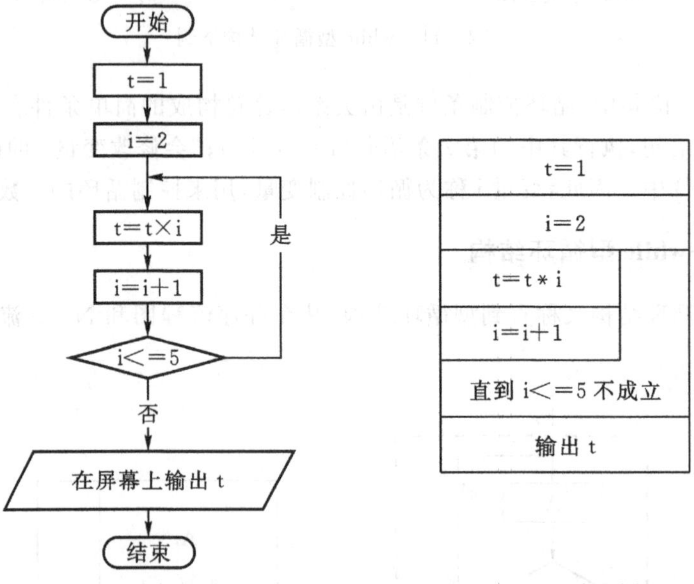

(a)程序流程图 (b)N-S 流程图

图 4-13 do-while 型循环结构举例

2. 与图 4-13 对应的 Java 程序代码如下：

```
//以下代码保存在 DoWhile.java 中
public class DoWhile {
    public static void main(String [ ] args) {
        int t = 1;
        int i = 2;

        do {
```

```
            t = t*i;
            i = i + 1;
        } while (i <= 5);

        System.out.println("5的阶乘是:" + t);
    }
}
```

在上述 do-while 语句中,循环控制条件是由关系运算符构成的简单条件表达式“i <= 5”;循环体包括两条语句,执行其中的第 2 条语句“i = i + 1;”会修改变量 i 的值,且该变量也出现在循环控制条件中。因此,变量 i 即是循环控制变量,用来控制循环的次数。

4.4.3　for 型循环结构

在 while 型循环结构的基础上,还可以派生出 for 型循环结构。

在 Java 语言中,for 型循环结构可以使用 for 语句实现。for 语句的语法格式如下:

```
for (初始化; 布尔表达式; 更新) 循环体
```

for 语句的执行过程如下:

1. 在初始化部分对循环控制变量赋初值。

2. 在循环控制变量的参与下,计算布尔表达式的值。若其值为 true,则执行循环体中的语句,然后执行下面第 3 步。若其值为 false,则结束循环,转到第 5 步。

3. 在更新部分改变循环控制变量的值。

4. 转回上面第 2 步继续执行。

5. 循环结束,执行 for 语句下面的语句。

图 4-14 对比了 while 型循环结构与 for 语句的执行过程。

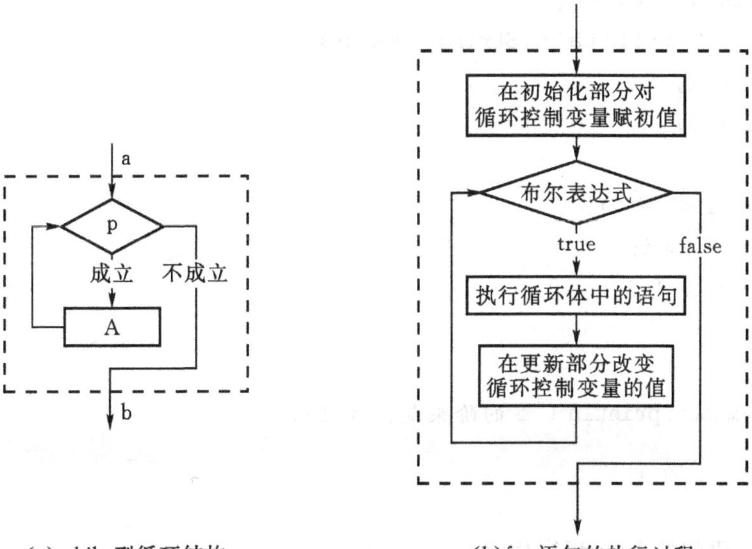

(a) while 型循环结构　　(b) for 语句的执行过程

图 4-14　while 型循环结构与 for 语句执行过程的对比

【思考题】在图 4－14(b)中，哪些部分对应 for 语句中的循环体？

图 4－15(a)和(b)中的程序流程图是完全一样的。但图 4－15(a)中的虚线部分是一个 while 型循环结构，而图 4－15(b)中的虚线部分则是一个 for 型循环结构。因此，该程序流程图可以分别使用 while 语句和 for 语句实现。

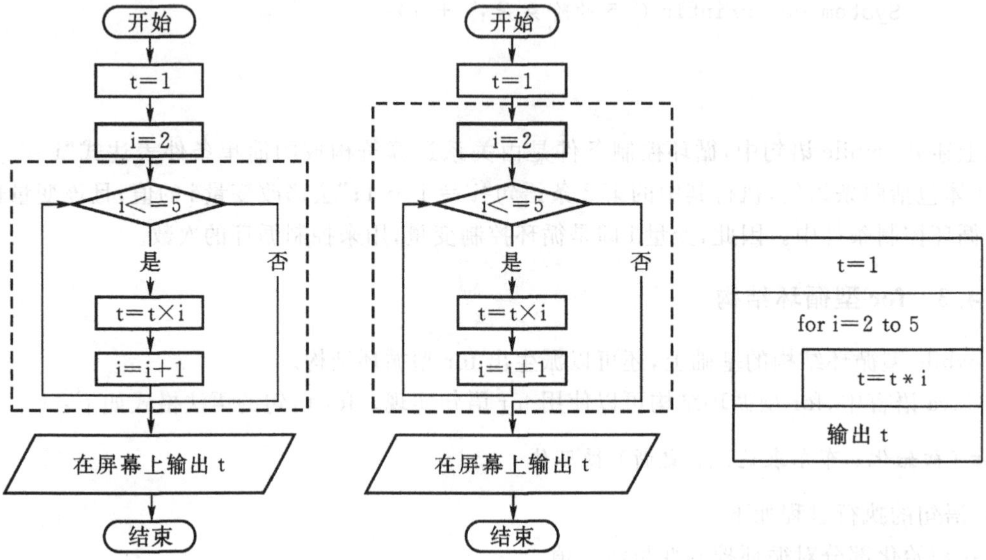

(a)while 型循环结构　(b)for 型循环结构　(c)for 型循环结构对应的 N-S 流程图

图 4－15　同一程序流程图可以采用不同的循环结构实现

【例 4－9】 分别使用 while 语句和 for 语句实现图 4－15 中的程序流程图。

1. 使用 while 语句的 Java 程序代码。

```
public class WhileDemo {
  public static void main (String [ ] args) {
    int t = 1;
    int i = 2;

    while (i < = 5) {
        t = t * i;
        i = i + 1;
    }

    System.out.println (" 5 的阶乘是:" + t);
  }
}
```

2. 使用 for 语句的 Java 程序代码。

```
public class ForDemo {
```

```
    public static void main (String [ ] args) {
        int t = 1;

        for (int i = 2; i < = 5; i ++)
            t = t*i;

        System.out.println (" 5 的阶乘是:" + t);
    }
}
```

与使用 for 型循环结构的图 4－15(b)对应的 N－S 流程图如图 4－15(c)所示。

实际上,for 语句多用于循环次数可以预先确定的情况。

【例 4－10】 使用 for 语句打印乘法表,并画出 N－S 流程图。

1. Java 程序代码如下:

```
//以下代码保存在 Multiplication.java 中
public class Multiplication {
    public static void main(String [ ] args) {
        for (int i = 1; i < = 9; i ++) {
            for (int j = 1; j < = i; j ++)
                System.out.print(j + " *" + i + " = " + j*i + "\t");
            System.out.println();
        }
    }
}
```

在上述代码中,有 2 个嵌套的 for 语句。外层的 for 语句“for(int i = 1;i < = 9;i ++)”使其中的循环体重复执行 9 次,每次打印乘法表的一行,然后使用语句“System.out.println();”换行;内层的 for 语句“for(int j = 1;j < = i;j ++)”对应乘法表的第 i 行,并使其中的循环体重复执行 i 次,每次打印第 i 行上的第 j 个等式。

注意:执行语句“System.out.print(j + " * " + i + " = " + j * i + "\t");”不会换行,这样执行内层的 for 语句可以在第 i 行上连续打印 i 个等式。其中的"\t"表示制表符,其作用是在垂直方向按列对齐上方和下方的等式。

2. 对应的 N－S 流程图如图 4－16 所示。

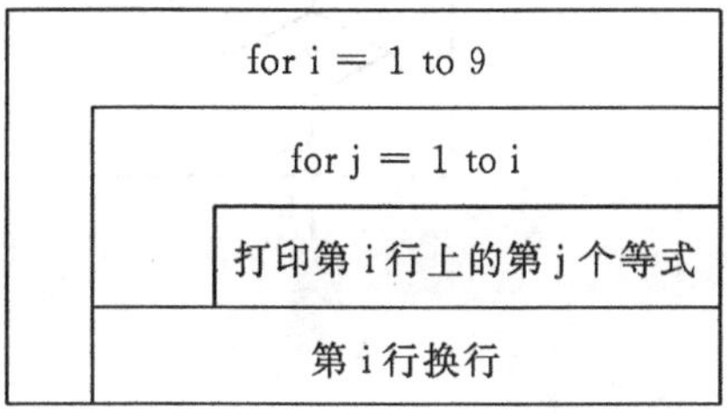

图 4－16　打印乘法表的 N－S 流程图

对于循环次数可以预先确定的情况,通常使用 for 型循环结构。例如,乘法表共有 9 行,其中第 i 行有 i 个等式。所以,外层 for 循环需要循环 9 次,每次对应乘法表的一行;对于第 i 次外层循环(在打印第 i 行时),内层 for 循环又需要循环 i 次,每次打印一个等式。因此,for 型循环又称确定性循环(Determinate Loop)。

注意：在 for 语句的初始化部分，既可以对循环控制变量赋初值，又可以对与循环控制变量同类型的其他变量赋初值。类似地，在 for 语句的更新部分，既可以改变循环控制变量的值，又可以改变其他变量的值。例如，以下 for 语句是能够通过编译并正常运行的：

```
for (int i = 0, n = 10, fact = 1; i <= n; fact *= i + 1, i ++)
    System.out.println (" The factorial of " + i + " is " + fact);
```

4.5 结构化编程范式

图 4-17 汇总了顺序结构、选择结构和循环结构 3 种基本结构的程序流程图。

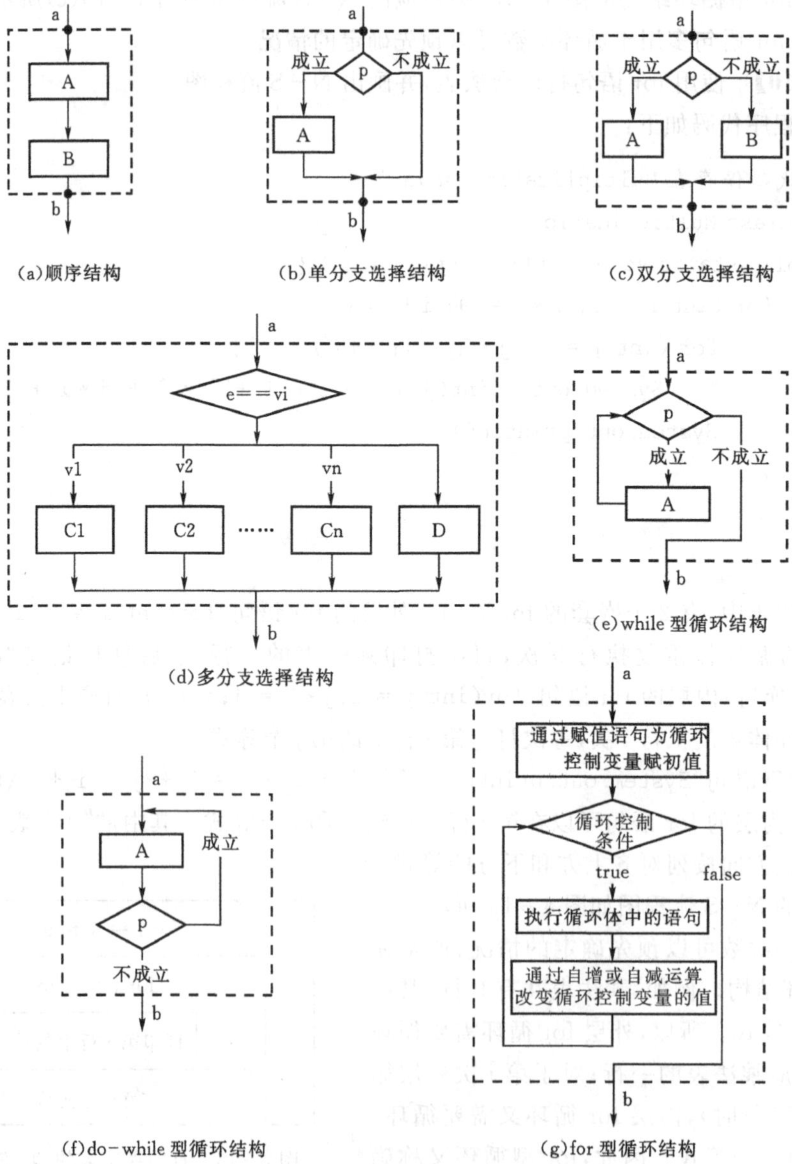

图 4-17 3 种基本结构的程序流程图汇总

如图 4 - 17 所示，无论是顺序结构、选择结构，还是循环结构，都具有以下共同特点：

1. 每种结构只有一个入口，即 a 点。注意，在 while 型循环结构（或 for 型循环结构）中，决策框有两个入口，而整个 while 型循环结构（或 for 型循环结构）只有一个入口。不要将决策框的入口与 while 型循环结构（或 for 型循环结构）的入口混淆。

2. 每种结构只有一个出口，即 b 点。注意，在选择结构或循环结构中，决策框有两个出口（分别表示条件成立和条件不成立），而整个选择结构或循环结构只有一个出口。不要将决策框的出口与选择结构或循环结构的出口混淆。

3. 在任何一种结构内，每个处理框（或输入输出框）都有机会被执行。对每个处理框（或输入输出框）来说，都应有一条从入口（a 点）到出口（b 点）的路径通过它。换言之，在一个程序流程图中，如果某个处理框（或输入输出框）永远没有机会被执行，则该程序流程图及其对应的源程序存在逻辑错误。

在如图 4 - 17 所示的各种程序流程图中，每个矩形处理框（A、B、C1、C2、……、Cn、D 等）又可以是一个更细的基本结构。因此，一个程序流程图可以看作若干个基本结构的组合或嵌套。

例如，图 4 - 18(a)中的程序流程图首先是一个顺序结构——由 A 和 B（虚线框表示）两个操作顺序组成。而虚线框 B 的内部又是一个 while 型循环结构。

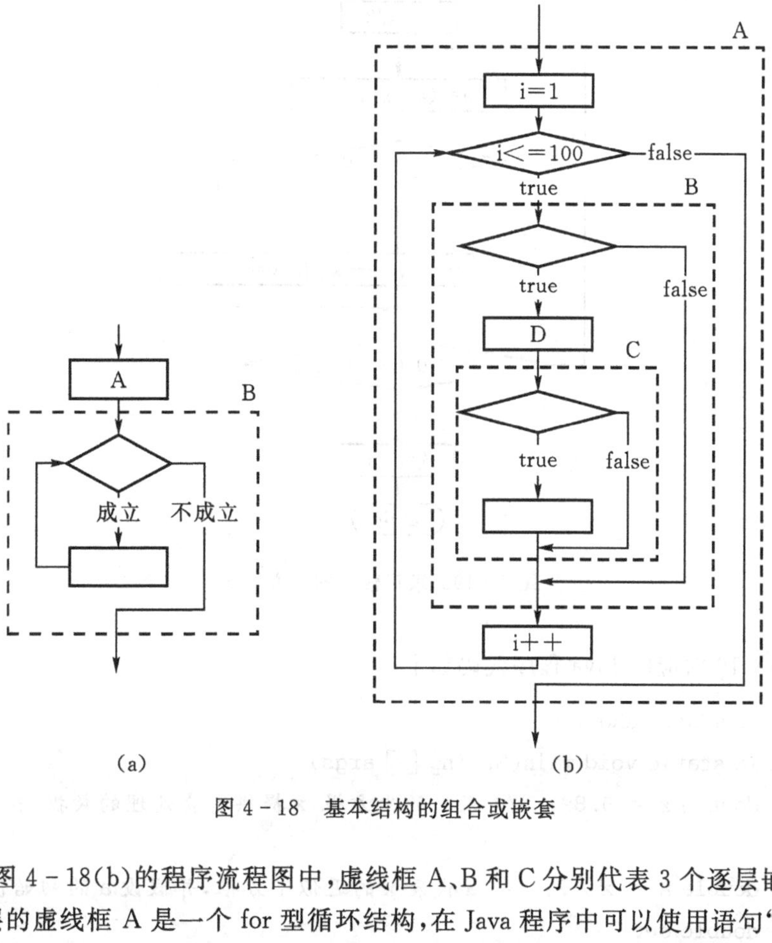

图 4 - 18　基本结构的组合或嵌套

又如，在图 4 - 18(b)的程序流程图中，虚线框 A、B 和 C 分别代表 3 个逐层嵌套的基本结构——最外层的虚线框 A 是一个 for 型循环结构，在 Java 程序中可以使用语句“for (i = 1;

i < = 100; i ++)"实现,该 for 型循环结构的循环体是中间层的虚线框 B;同时,中间层的虚线框 B 是一个单分支选择结构;最里层的虚线框 C 也是一个单分支选择结构。此外,处理框 D 和虚线框 C 所代表的单分支选择结构又构成了一个顺序结构,并且该顺序结构包含在虚线框 B 所代表的单分支选择结构之中。

在一个方法(比如 main 方法)中,由顺序结构、选择结构和循环结构 3 种基本结构按照一定次序组合、衔接或嵌套而构成的程序流程图,可以描述一般的数据处理任务和过程。相应的程序设计方法也被称为结构化编程范式(Structured Programming Paradigm),简称结构化程序设计。

【例 4 - 11】 求正数 x 的平方根 a。基本思想如下:首先假设 $a_0 = x/2$,然后根据迭代公式 $a_{n+1} = (a_n + x/a_n)/2$ 反复计算更接近的平方根 a_{n+1}(更接近的平方根介于 a_n 和 x/a_n 之间),直至误差(比如 $|a_{n+1} * a_{n+1} - x|$)足够小。

1. 根据上述求平方根的基本思想,可以使用如图 4 - 19 所示的程序流程图描述平方根的计算过程。

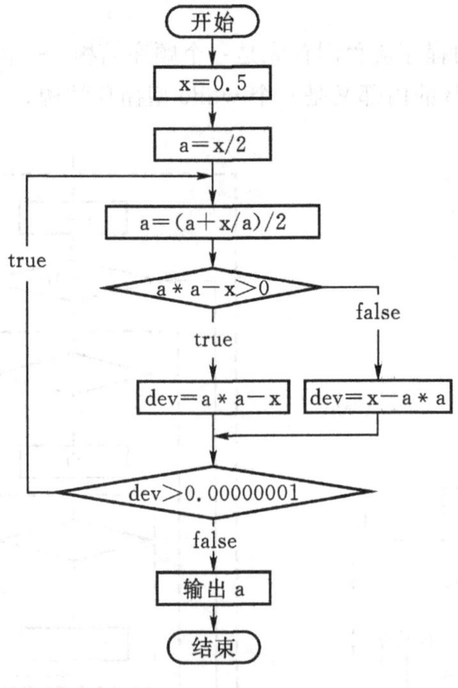

图 4 - 19　求正数 x 的平方根 a

2. 与图 4 - 19 对应的 Java 程序代码如下:

```
public class SquareRoot {
    public static void main(String [ ] args) {
        double x = 9.89;  // 求 x 的平方根,x 提供需要处理的数据

        double a = x / 2;  // a 代表 x 的近似平方根,并假设 a 的初始值为 x/2
        double dev;
```

```
        do {
            System.out.println(a + "\t" + x / a);  // 输出中间结果,可省略
            a = (a + x / a) / 2;  // 更接近的平方根介于a和x/a之间

            if (a*a-x > 0)  // 计算近似平方根的误差dev
                dev = a*a-x;
            else
                dev = x-a*a;
        } while (dev > 0.00000000001);

        System.out.println(a);  // 输出数据处理结果(x的近似平方根a)
    }
}
```

本例使用结构化编程范式求解平方根。在 do-while 型循环结构中是一个顺序结构,顺序结构又嵌套了一个使用 if-else 语句实现的双分支选择结构。

此外,本例主要涉及数值计算。在涉及数值计算的数据处理过程中,经常需要各项数值的小数部分保留尽可能多的有效数字,因此常常将表示最终结果以及中间结果的变量定义为 double 类型。在本例中,近似平方根 a 通常是一个带小数的实数。为了更精确地计算近似平方根 a,并在迭代过程中使近似平方根 a 的小数部分保留尽可能多的有效数字,需要将表示近似平方根的变量 a 定义为 double 类型。类似地,由于误差 $|a_{n+1} * a_{n+1} - x|$ 通常是一个带小数的正实数,而且为了与指定的用于判断误差足够小的 0.00000000001 进行比较,同样需要将表示误差的变量 dev 定义为 double 类型。

【思考题】如何使用赋值语句以及条件运算符替代 do-while 型循环中的 if-else 语句?

4.6　运算符的优先级

图 4-20 列出了常用运算符的优先级,在 Java 语言的程序语句中,各种运算将根据运算符优先级的高低依次进行。

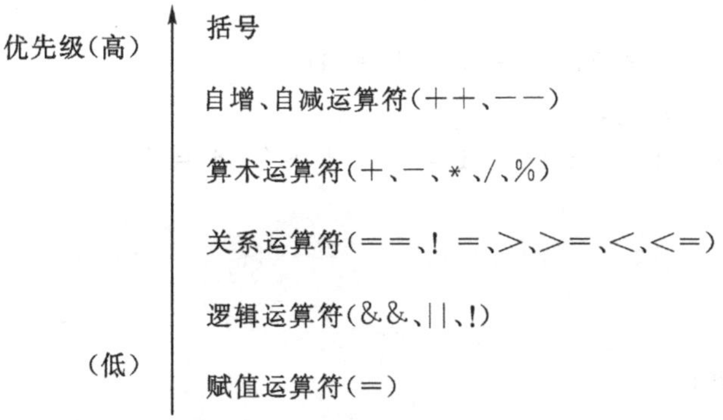

图 4-20　常用运算符的优先级

注意：对于包含 &&（逻辑与）以及||（逻辑或）的复合条件表达式，是采用短路（Short Circuit）方式对表达式求布尔值的——在有些情况下并不需要判断其中所有简单条件表达式的布尔值。例如，假设a、b和c为简单条件表达式：

1. "a && b && c"。一方面，只有a为true，才需要判断b的布尔值；只有a和b都为true，才需要判断c的布尔值。另一方面，如果已经确定a为false，就不需要再判断b和c的布尔值了，因为此时已经能够确定整个布尔表达式"a && b && c"的值为false。同理，如果已经确定a为true但b为false，同样不需要再判断c的布尔值。

2. "a || b || c"。一方面，只有a为false，才需要判断b的布尔值；只有a和b都为false，才需要判断c的布尔值。另一方面，如果已经确定a为true，就不需要再判断b和c的布尔值，因为此时已经能够确定整个布尔表达式"a || b || c"的值为true。同理，如果已经确定a为false但b为true，同样不需要再判断c的布尔值。

换言之，对于&&（逻辑与）运算，只有左边的布尔表达式的值为true，才需要继续判断右边的布尔表达式的值。而对于||（逻辑或）运算，只有左边的布尔表达式的值为false，才需要继续判断右边的布尔表达式的值。

【例 4-12】 运算符的优先级。Java程序代码如下：

```
// 以下代码保存在 OperatorPriority.java 中
public class OperatorPriority {
    public static void main(String [] args) {
        int i, j, k, h;

        i = 1;  j = 2;  k = 3;  h = 4;
        if ((i < j) || ( ++ j < k))h ++ ;  // ||表示 OR 运算
        System.out.println (" i = " + i + " j = " + j + " k = " + k + "
h = " + h);

        i = 1;  j = 2;  k = 3;  h = 4;
        if ((i < j) && ( ++ j < k))  h ++ ;  // && 表示 AND 运算
        System.out.println (" i = " + i + " j = " + j + " k = " + k + "
h = " + h);

        i = 1;  j = 2;  k = 3;  h = 4;
        h =  ++ i-j;
        System.out.println (" i = " + i + " j = " + j + " k = " + k + "
h = " + h);
    }
}
```

程序运行结果如下：

```
i = 1  j = 2  k = 3  h = 5
```

```
i = 1  j = 3  k = 3  h = 4
i = 2  j = 2  k = 3  h = 0
```

4.7　局部变量的作用域

每个变量都有其有效作用范围，这就是变量的作用域(Scope)。作用域决定了变量的可见性——在一个变量的作用域内，可以对该变量赋值，可以在表达式中使用该变量，也可以输出该变量所存储的数据。

局部变量是在一个方法内定义的。局部变量的作用域被限制在该方法内，但也与定义局部变量的具体位置有关。

【例 4-13】 局部变量的作用域之一。Java 程序代码如下：

```
public class ScopeBlock {
  public static void main(String[ ] args) {
    int sum = 0;
    System.out.println("sum = " + sum);
    int i = 1;

    while (i< =9) {
        int j = 1;
        while (j< = i) {
            sum + = i * j;
            j + + ;
        }
        i + + ;
      System.out.println("sum = " + sum + "i = " + i + "j = " + j);
    }

    System.out.println("sum = " + sum + "i = " + i);
  }
}
```

变量 j 的作用域

变量 i 的作用域

变量 sum 的作用域

在本例中，变量 sum、i 和 j 都是局部变量。变量 sum 和 i 的作用域都是从它们的定义语句开始，直至 main 方法结束之前。变量 j 的作用域也是从它的定义语句开始，但被限制在外层 while 语句“while (i < = 9)”的循环体内。

无论是表示 main 方法体的一对花括号，还是表示 while 语句循环体的一对花括号，都构成一个语句块。局部变量的作用域总是被限制在该变量定义语句所在的语句块内。更准确地说，局部变量的作用域从它被定义开始，直至该变量所属的语句块结束。

此外，在一个方法内，应该尽可能缩小局部变量的作用域——在不影响程序功能的情况下，不宜过早地对局部变量进行定义；直至真正需要和使用时，再对局部变量进行定义。这样，有助于增加程序的可读性。例如在本例中，虽然可以在变量 i 的定义语句之后紧接着定义变量j,也不会影响本程序功能的实现,但这样需要程序阅读者过早地关注变量j,猜测变量j在整个程序中到底起着什么作用。

【例 4-14】 局部变量的作用域之二。Java程序代码如下:

```
public class ScopeFor {
    public static void main(String[ ] args) {
        int i = 0, j = 0;

        for (i = 1; i< = 9; i + + ) {   //第 1 个嵌套的 for 循环
            for (j = 1; j< = i; j + + )
                System.out.println("i = " + i + "  j = " + j + "\t");
            System.out.println("i = " + i + "  j = " + j + "\t");
        }

        for (int m = 1; m< = 9; m + + ) {   //第 2 个嵌套的 for 循环
            for (int n = 1; n< = m; n + + )
                System.out.println("m = " + m + "  n = " + n + "\t");
            System.out.println("m = " + m + "\t");
        }

        System.out.println("i = " + i + "  j = " + j + "\t");
    }
}
```

变量i、j的作用域

变量m的作用域

变量n的作用域

在本例main方法中,有两个嵌套的for循环。此外,在main方法体的开始就定义了局部变量i和j,所以变量i和j的作用域直至main方法结束之前。在第2个嵌套的for循环中,变量m是在外层for语句的初始化部分定义的,其作用域包括外层for语句的布尔表达式和更新部分以及循环体;变量n是在内层for语句的初始化部分定义的,其作用域包括内层for语句的布尔表达式和更新部分以及循环体。

4.8 良好的代码风格之二

除之前介绍的代码书写及排版规则外,良好的代码风格还体现在以下一些方面。

1. 在与程序流程控制有关的关键字前后使用空格。具体而言,就是在if、else、do、while、for、switch等关键字与紧随其后的左括号之间,以及右括号与紧随其后的else、while等关键字或代码之间加一个空格,如图4-21所示。此外,最好将前后匹配的if和else安排在同一列上。

2. 变量名一般使用名词或专业术语的前几个字符,且具有一定含义,尽量使其望文知义。例如,在计算级数的程序中,可以使用变量名sum表示累计和,使用deno表示分母denominator,使用sign表示级数中某一项的正负,使用term表示级数中的某一项(含正负)。

由多个单词构成的变量名采用upperCamelCase格式,又称首字母小写的驼峰格式,即第1个单词的首字母小写,其后每个单词的第1个字母大写,其他字母小写。例如,

```
do {

        if ( ) {
            ......
        }
        else {
            ......
        }

} while ( );
```

```
for ( ; ; ) {

        while ( ) {

        }

}
```

图 4-21　在与程序流程控制有关的关键字前后使用空格

studentName、graphicsArea 等。

3. 在包含多个运算的复杂表达式中使用匹配或多层的括号明确运算顺序。例如，虽然表达式“i > j ? 4 : k < h ? 5 : 6”和表达式“(i > j) ? 4 : ((k < h) ? 5 : 6)”是等价的，但由于后者使用匹配以及多层的括号，因此使得运算顺序一目了然。

4. 在一个方法内，尽可能缩小局部变量的作用域——在不影响程序功能的情况下，不宜过早地对局部变量进行定义；直至真正需要和使用时，再对局部变量进行定义。

注意：在 NetBeans IDE 的“程序编辑器”中，可以使用“格式”功能实现良好代码风格的自动化。具体过程和操作步骤如下：在“程序编辑器”中单击鼠标右键，在弹出的快捷菜单中选择“格式”命令，即可快捷地排版 Java 程序代码——不仅可以在不同层次的语句之间产生很好的缩进效果，而且能够在运算符前后以及 if、else、do、while、for、switch 等关键字前后自动增加空格。

第5章　类与对象基础

使用Java语言，不仅可以实现结构化程序设计，而且可以实现面向对象程序设计。

在面向对象程序设计(Object Oriented Programming,OOP)中，类(Class)和对象(Object)是两个既相互联系又相互区别的重要概念。类是在一组具体对象的基础上，通过抽象和概括所获得的一个概念。因此，对象是类的实例(Instance)，类具有抽象性，而对象具有具体性。

在Java语言中，首先进行类的声明，然后以类为模板创建对象，之后就可以引用对象。

5.1　类的声明

在Java语言中，可以采用如下基本语法格式进行类的声明。

```
class ClassName {
    type instanceVariable;                                              ⎫
    ……                                                                  ⎪
    returnType instanceMethod(type parameter1,…, type parameterN) {    ⎬ 类体
        method_body                                                     ⎪
    }                                                                   ⎪
    ……                                                                  ⎭
}
```

其中，关键字class表示类的声明。ClassName是类名。在类名中通常使用名词，且每个名词的首字母大写，其他字母小写。外层的一对左右大括号定义的代码块又称为类体(Class Body)，在类体中可以定义实例变量和实例方法。

instanceVariable称为实例变量(Instance Variable)。在变量名中通常使用名词，且第1个名词所有字母小写，其后每个名词首字母大写，其他字母小写。在一个类中可以定义零个或多个实例变量。type通常指定实例变量的基本类型，即byte、short、int、long、char、float、double和boolean之一。

instanceMethod称为实例方法(Instance Method)。在方法名中通常使用动词和名词的组合，且第1个动词所有字母小写，其后每个名词首字母大写，其他字母小写。内层的一对左右大括号定义的代码块又称为方法体(Method Body)。在一个类中可以定义零个或多个实例方法。

实例方法可以返回一个基本类型的数据(值)。此时，returnType指定返回值的基本类型，即byte、short、int、long、char、float、double和boolean之一。实例方法也可以没有返回值。此时，returnType需要使用关键字void替代。

方法名后面的圆括号中是形式参数列表(Formal Parameter List)。其中，parameter是形

式参数名，type 通常指定形式参数的基本类型，即 byte、short、int、long、char、float、double 和 boolean 之一。形式参数又可简称形参，形参之间用逗号分隔。

实例方法也可以不带任何形参，但必须保留圆括号。

方法的名称和形参的个数、类型以及类型顺序共同称为方法的特征(Signature)，也称方法的签名。

在一个类中，实例变量和实例方法又称为类的成员(Member)，实例变量和实例方法具有相同的层次，并且都必须在类体中进行定义。

例如，以下代码即对 Point 类进行了声明。

```
class Point {                              // Point 是类名
    int x, y;                              // x 和 y 是实例变量

    void assignValue(int a,int b) {        // assignValue 是实例方法,a 和 b 是形参
        x = a;   y = b;                    // x 和 y 是实例变量
    }
}
```

注意：实例方法 assignValue 的作用是对实例变量 x 和 y 赋值。

5.2 对象的创建和引用

在类的声明中定义实例变量之后，就可以在该类的方法中定义能够指向该类对象的引用类型变量(Reference Variable，简称引用变量，也称对象变量)。例如，语句

Point p1;

就定义了能够指向 Point 对象的引用变量 p1。但在此时，引用变量 p1 还没有指向任何 Point 对象。

定义引用变量之后，可以使用 new 运算符创建对象(同时由 Java 系统为对象分配内存空间)，然后使用赋值运算符将引用变量指向新创建的对象。例如，语句

```
p1 = new Point();
```

就能够创建一个 Point 对象，并由 Java 系统为该对象分配内存空间，然后将引用变量 p1 指向新创建的 Point 对象。

注意：在使用 new 运算符创建对象时，Java 系统将参照类的声明中有关实例变量的定义，为该对象创建相应的实例变量。因此，实例变量属于一个具体的对象，不同对象的实例变量是不相同的。

上述定义引用变量、使用 new 运算符创建对象、将引用变量指向新创建的对象 3 个步骤，也可以使用如下一条语句实现和完成：

```
Point p1 = new Point();
```

引用变量指向已创建的对象后，既可以通过引用变量访问属于对象的实例变量，又可以通过引用变量调用在类的声明中定义的实例方法，具体语法格式如下：

引用变量名.实例变量名

引用变量名.实例方法名(实际参数列表)

【例5-1】 类的声明、对象的创建和引用。Java程序代码如下：

```
public class Point {  // Point 是类名
    int x, y;  // x和y是实例变量

    void assignValue(int a, int b) {  // assignValue是实例方法,a和b是形参
        x = a; y = b;  // x和y是实例变量
    }

    public static void main(String [ ] args) {  // main是主方法
        Point p1 = new Point(), p2;  // p1和p2是引用变量
        p2 = new Point();
        System.out.println (" p1.x = " + p1.x + "  p1.y = " + p1.y + "
p2.x = " + p2.x + "  p2.y = " + p2.y);

        p1.x = 1; p1.y = 2;  // 直接对实例变量赋值
        p2.assignValue(3, 4);  // 通过引用变量p2调用实例方法assignValue对实
例变量赋值
        System.out.println (" p1.x = " + p1.x + "  p1.y =" + p1.y + "  p2.x
= " + p2.x + "  p2.y =" + p2.y);

        p1 = p2;  // 使引用变量p1指向引用变量p2所指向的Point对象
        System.out.println (" p1.x = " + p1.x + "  p1.y = " + p1.y + "  p2.x
= " + p2.x + "  p2.y = " + p2.y);
    }
}
```

程序运行结果如下：

```
p1.x = 0  p1.y = 0  p2.x = 0  p2.y = 0
p1.x = 1  p1.y = 2  p2.x = 3  p2.y = 4
p1.x = 3  p1.y = 4  p2.x = 3  p2.y = 4
```

注意：

1.在Java语言中,有一种被称为构造器(Constructor)的特殊方法。构造器与类具有相同的名称。如果在类的声明中没有定义构造器,Java系统将调用默认的构造器创建对象。例如,上述程序中的代码“new Point()”即是使用new运算符并调用默认的构造器创建Point对象。

2.在面向对象程序设计中,对象又称为类的实例(Instance),并且使用new运算符创建的

每个对象都拥有自己的实例变量。因此，改变一个对象的实例变量的值不会影响另一个对象的实例变量的值。例如，在上述程序中，p1. x 和 p1. y 与 p2. x 和 p2. y 的值就可以不同。

3. 在代码"p2. assignValue(3,4)"中，3 和 4 称为实际参数(简称实参)。通过引用变量 p2 调用实例方法 assignValue 时，3 和 4 这两个实参传递给实例方法 assignValue 的形参 a 和 b；然后，通过 assignValue 方法中的赋值语句将形参 a 和 b 的值(3 和 4)分别赋值给引用变量 p2 所指向对象的实例变量 x 和 y。

4. 在 main 方法中，引用变量 p1 和 p2 也是局部变量，但不同于基本类型的局部变量，而是一种指向对象的局部变量。实际上，引用变量存放的是对象占用的内存空间的地址。

图 5－1 说明了 main 方法中 Point 对象的创建和引用过程。

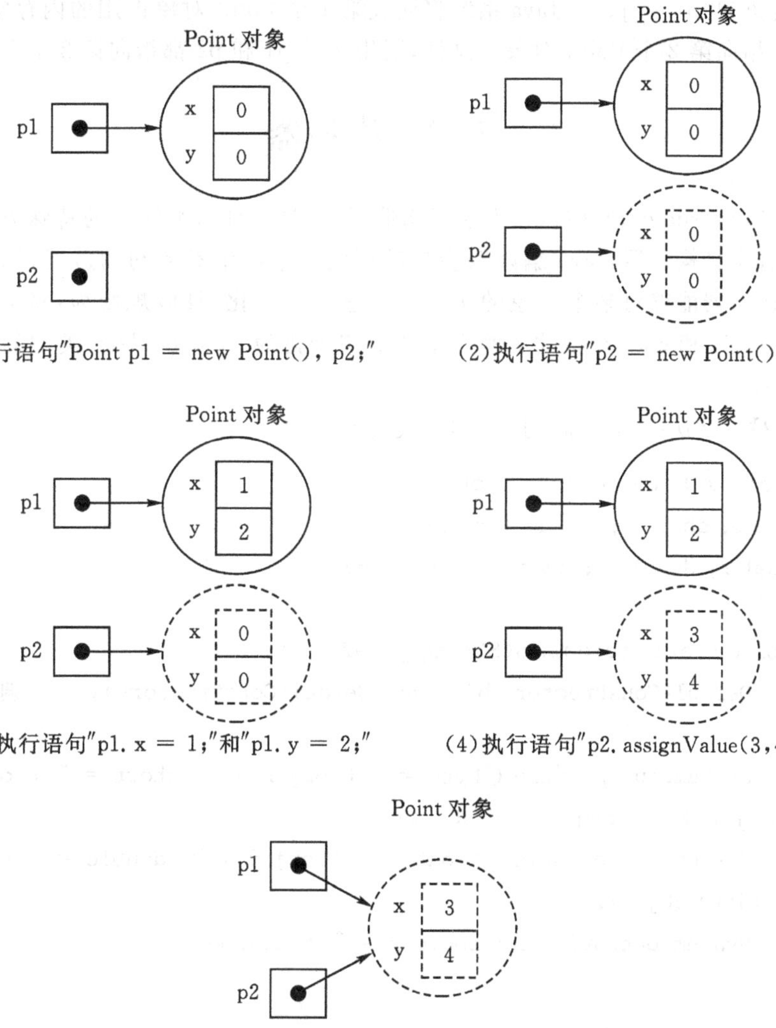

(1)执行语句"Point p1 = new Point(), p2;"

(2)执行语句"p2 = new Point();"

(3)执行语句"p1. x = 1;"和"p1. y = 2;"

(4)执行语句"p2. assignValue(3,4);"

(5)执行语句"p1 = p2;"

图 5－1　Point 对象的创建和引用过程

(1)执行语句"Point p1 = new Point(), p2;"，Java 系统首先创建引用变量 p1 和 p2。然后，系统将创建第 1 个 Point 对象(实线表示)并为该对象分配内存空间，同时为该对象的实例变量 x 和 y 都赋予初始值 0，最后将引用变量 p1 指向该 Point 对象。而此时引用变量 p2 则不指向任何 Point 对象。

(2)执行语句“p2 = new Point();”，将创建第 2 个 Point 对象(虚线表示)并为该对象分配内存空间，同时为该对象的实例变量 x 和 y 都赋予初始值 0，然后将引用变量 p2 指向该 Point 对象。

(3)执行语句“p1. x = 1;”和“p1. y = 2;”，通过引用变量 p1，将第 1 个 Point 对象的实例变量 x 和 y 的值修改为 1 和 2。

(4)执行语句“p2. assignValue(3,4);”，将通过引用变量 p2 调用实例方法 assignValue，进而将第 2 个 Point 对象的实例变量 x 和 y 的值修改为 3 和 4。

(5)执行语句“p1 = p2;”，Java 系统将回收第 1 个 Point 对象占用的内存空间，然后将引用变量 p1 也指向第 2 个 Point 对象。这样，引用变量 p1 和 p2 都指向第 2 个 Point 对象。

5.3 构造器

构造器(Constructor)又称构造方法或构造函数，是一种与类同名的特殊方法。如果在类的声明中没有定义构造器，Java 编译器会自动创建一个不带参数的构造器，称为默认的构造器。默认的构造器能够对某个对象的实例变量进行初始化，具体规则为：将 byte、short、int、long、float、double 和 char 类型的实例变量的值初始化为 0，将 boolean 类型的实例变量的值初始化为 false。

【例 5-2】 默认的构造器。Java 程序代码如下：

```
public class DefaultConstructor {
    byte b; short s; int i; long l;
    float f; double d; char c; boolean bo;

    public static void main(String [ ] args) {
        DefaultConstructor obj = new DefaultConstructor();  // 调用默认的构造
器创建对象
        System.out.println ("byte = " + obj.b + "  short = " + obj.s + "
int = " + obj.i + "  long = " + obj.l);
        System.out.println ("float = " + obj.f + "  double = " + obj.d + "
char = " + (int) obj.c);
        System.out.println ("boolean = " + obj.bo);
    }
}
```

程序运行结果如下：

```
byte = 0  short = 0  int = 0  long = 0
float = 0.0  double = 0.0  char = 0
boolean = false
```

作为一种特殊方法，构造器具有如下一些性质：

1. 构造器与类同名。除构造器外，在类的声明中不能定义与类同名的其他方法。
2. 构造器的主要作用是在创建对象时对实例变量的值进行初始化。
3. 构造器没有返回值和返回类型，但不能在其定义中使用关键字 void。
4. 如果在类的声明中没有定义构造器，则只能调用默认的构造器创建对象。
5. 如果在类的声明中定义了构造器，就不能再调用默认的构造器创建对象。
6. 与其他方法不同，构造器不是类的成员。

【例 5-3】 定义构造器。Java 程序代码如下：

```
public class Point {                   // Point 是类名
    int x, y;                          // x 和 y 是实例变量

    Point(int a, int b) {              // Point 是构造器,a 和 b 是形参
        x = a;     y = b;              // x 和 y 是实例变量
    }

    public static void main(String [ ] args) {
        Point p1, p2;

        p1 = new Point(1, 2);
        p2 = new Point(3, 4);
        System.out.println (" p1.x = " + p1.x + "  p1.y = " + p1.y + "
p2.x = " + p2.x + "  p2.y = " + p2.y);

        p1 = p2;
        System.out.println (" p1.x = " + p1.x + "  p1.y = " + p1.y + "
p2.x = " + p2.x + "  p2.y = " + p2.y);
    }
}
```

程序运行结果如下：

```
p1.x = 1  p1.y = 2  p2.x = 3  p2.y = 4
p1.x = 3  p1.y = 4  p2.x = 3  p2.y = 4
```

注意：

1. 在上述 Java 程序中，定义了构造器 Point(int a,int b)。因此，在 main 方法中不能再调用默认的构造器 Point() 创建 Point 对象。

2. 赋值语句“p1 = p2;”使引用变量 p1 指向引用变量 p2 所指向的 Point 对象，即引用变量 p1 和 p2 将指向同一个 Point 对象。之后，p1.x 和 p1.y 的值与 p2.x 和 p2.y 的值相同。

有些情况下，希望在方法中使用与实例变量同名的形参或局部变量。例如，在【例 5-3】中定义构造器 Point(int a,int b) 时，如果把形参名 a 和 b 换为 x 和 y(使用形参 x 和 y)，将更

容易让人理解每个形参在初始化实例变量时的作用——形参 x 的值将赋值给实例变量 x，形参 y 的值将赋值给实例变量 y。此时，为了区分同名的实例变量和形参，可以在构造器或其他方法中使用关键字 this 指代当前对象。

【例 5-4】 在构造器中使用关键字 this 指代当前对象。Java 程序代码如下：

```
public class Point {                    // Point 是类名
    int x, y;                           // x 和 y 是实例变量

    Point(int x, int y) {               // x 和 y 是形参
        this.x = x;   this.y = y;   // this.x 和 this.y 表示新建对象的实例变量,x
和 y 表示形参
    }

    public static void main(String [ ] args) {
        Point p1, p2;

        p1 = new Point(1, 2);    p2 = new Point(3, 4);
        System.out.println (" p1.x = " + p1.x + "  p1.y = " + p1.y + "
p2.x = " + p2.x + "  p2.y = " + p2.y);
    }
}
```

程序运行结果如下：

```
p1.x = 1  p1.y = 2  p2.x = 3  p2.y = 4
```

5.4 定义多个构造器

在 Java 及其他面向对象程序设计语言中，方法重载(Method Overloading)是多态性(Polymorphism)的主要体现之一。所谓方法重载是指，在一个类的声明中可以定义两个或多个同名的方法，但这些方法的形参的个数、类型或类型顺序不完全相同。此时，Java 系统将根据实参的个数、类型或类型顺序来确定应当调用的方法。

在类的声明中定义多个构造器是方法重载的常见应用之一。

【例 5-5】 在类的声明中定义多个构造器。Java 程序代码如下：

```
public class Point {                  // Point 是类名
    int x; float y;                   // x 和 y 是实例变量

    Point() {x = 1; y = 2f;}

    Point(int x, float y) {this.x = x; this.y = y;}
```

```
    Point(float y, int x) {this.x = x; this.y = y;}

    public static void main(String [ ] args) {
        Point p1, p2, p3;

        p1 = new Point();        // 调用第 1 个构造器创建 Point 对象
        p2 = new Point(3, 4f);  // 调用第 2 个构造器创建 Point 对象
        p3 = new Point(5f, 6);  // 调用第 3 个构造器创建 Point 对象

        System.out.println ("p1.x = " + p1.x + "  p1.y = " + p1.y);
        System.out.println (" p2.x = " + p2.x + "  p2.y = " + p2.y);
        System.out.println (" p3.x = " + p3.x + "  p3.y = " + p3.y);
    }
}
```

程序运行结果如下：

```
p1.x = 1  p1.y = 2.0
p2.x = 3  p2.y = 4.0
p3.x = 6  p3.y = 5.0
```

注意：

1. 在上述 Point 类的声明中，与不定义构造器时默认的构造器类似，第 1 个构造器也没有任何参数。但如果调用默认的构造器创建 Point 对象，新对象的实例变量 x 和 y 的初始值将是 0 和 0.0；而调用第 1 个构造器创建 Point 对象，新对象的实例变量 x 和 y 的初始值则是 1 和 2.0。实际上，本例中的代码"new Point()"调用的就是第 1 个构造器，而不是默认的构造器。

2. 在第 2 个和第 3 个构造器中，形参的个数相同，并且都分别有一个 int 类型和一个 float 类型的形参。但是，在第 2 个构造器中，形参的类型依次是 int 和 float，而在第 3 个构造器中，形参的类型则依次是 float 和 int，即形参的类型顺序不一样。因此，第 2 个构造器和第 3 个构造器是不同的。

3. 使用 new 运算符和构造器创建对象时，Java 系统将根据实参的不同自动调用相应的构造器。例如，在代码"new Point(5f,6)"中，实参 5f 和 6 分别为 float 类型和 int 类型，所以 Java 系统会自动调用第 3 个构造器创建 Point 对象。

4. 方法重载的一个误区是仅靠返回值的类型区别方法，即两个同名方法的形参的个数、类型以及类型顺序都完全相同，仅返回值的类型不同，这是 Java 语言不允许的。

5.5　字段

在类的声明中，可以定义字段(Field)和方法(Method)两种成员(Member)。其中，字段主要有实例变量(Instance Variable)、类变量(Class Variable)、实例常量(Instance Constant)、类常量(Class Constant)等 4 种，方法主要有实例方法(Instance Method)和类方法(Class

Method)。本节首先介绍实例变量、类变量、实例常量、类常量 4 种字段。

5.5.1 实例变量和类变量

在类的声明中，除可以定义实例变量(Instance Variable)外，还可以定义类变量(Class Variable)。实例变量和类变量又可统称为变量字段(Variable Field)。

定义类变量时，需要使用关键字 static；而定义实例变量时，则不使用关键字 static。

类变量属于一个类，且无需创建该类的任何对象即可访问类变量。访问一个类的类变量时，通常采用“类名.类变量名”的格式。

实例变量属于某个具体的对象。创建一个对象后，该对象就会拥有自己的实例变量。不同对象的实例变量是相互独立的。访问一个对象的实例变量时，需要采用“引用变量名.实例变量名”的格式。

一般情况下，在调用构造器创建对象时，通过参数传递为实例变量赋初值，而在定义类变量时立即为其赋初值。

【例 5-6】 实例变量和类变量。Java 程序代码如下：

```
// 以下代码保存在 VariableField.java 中
class Point {  // Point 是类名
    int x, y;         // x 和 y 是实例变量
    static int numberOfObjects = 0;  // 在定义类变量 numberOfObjects 时赋初值

    Point(int x, int y) {
        this.x = x;    this.y = y;  // 在调用构造器时为实例变量 x 和 y 赋初值
        numberOfObjects ++ ;  // 每创建一个 Point 对象，使类变量 numberOfObjects 递增 1
    }
}

public class VariableField {
    public static void main(String [ ] args) {
        Point p1, p2;

        System.out.println (" 在创建任何 Point 对象之前，类变量 numberOfObjects 的值是 " + Point.numberOfObjects);

        p1 = new Point(1, 2);  // 通过传递实参(1,2)为实例变量赋初值
        System.out.println (" 创建第一个 Point 对象之后，类变量 numberOfObjects 的值是 " + Point.numberOfObjects);

        p2 = new Point(3, 4);
        System.out.println (" 创建第二个 Point 对象之后，类变量 numberOfObjects
```

```
的值是" + Point.numberOfObjects);

            System.out.println(p1.numberOfObjects);  // 也可以,但不建议通过对象访
问类变量
        }
    }
```

程序运行结果如下：

```
在创建任何 Point 对象之前,numberOfObjects 的值是 0
创建第一个 Point 对象之后,numberOfObjects 的值是 1
创建第二个 Point 对象之后,numberOfObjects 的值是 2
```

上述程序由 Point 和 VariableField 两个类及其声明组成。由于在 VariableField 类中定义了 main 方法，所以该类是主类。同时，VariableField 类又是 public 类，因此 Java 源程序文件必须与该类同名。

在 Point 类中，定义了类变量 numberOfObjects，同时将其值初始化为 0。类变量 numberOfObjects 用于记录和保存 Point 对象的当前个数。在 Point 类的构造器 Point(int x, int y)中，首先使用参数 x 和 y 对新建 Point 对象的实例变量 x 和 y 进行初始化，然后通过自增运算(++)使类变量 numberOfObjects 的值递增 1。也就是说，每创建一个 Point 对象，类变量 numberOfObjects 的值都将递增 1。这样，类变量 numberOfObjects 将始终记录并标记 Point 对象的当前个数。

在 VariableField 类的 main 方法中，在创建任何 Point 对象之前，可以通过类名(Point)访问类变量 numberOfObjects，此时类变量 numberOfObjects 的初始值为 0，表示不存在任何 Point 对象。之后，每创建一个 Point 对象，类变量 numberOfObjects 的值都将递增 1。

注意：

1. 在一个类的构造器和实例方法中可以直接访问该类的类变量，而无需采用"类名.类变量名"的格式。例如，在 Point 类构造器的语句"numberOfObjects ++ ;"中就是直接访问类变量 numberOfObjects，而没有采用"类名.类变量名"的格式。而在 VariableField 类的 main 方法中则需要采用"类名.类变量名"的格式才能访问 Point 类的类变量 numberOfObjects。

2. 当引用变量指向一个对象之后，也可以采用"引用变量名.类变量名"的格式访问类变量，如本例最后一条语句中的 p1.numberOfObjects，但不建议这种方式。

5.5.2 实例常量和类常量

在类的声明中，除可以定义实例变量和类变量外，还可以定义实例常量(Instance Constant)和类常量(Class Constant)。实例常量和类常量又可统称为常量字段(Constant Field)。

定义类常量时，需要联合使用关键字 static 和 final，并且类常量名中的字母均大写。定义实例常量时，只使用关键字 final，而不使用关键字 static。

与实例变量类似，实例常量属于某个具体的对象。创建一个对象后，该对象就会拥有自己的实例常量。访问一个对象的实例常量时，需要采用"引用变量名.实例常量名"的格式。

而类常量则属于一个类，且无需创建该类的任何对象即可访问类常量。访问一个类的类常量时，通常采用"类名.类常量名"的格式。

一般情况下，在调用构造器创建对象时，通过参数传递为实例常量赋初值，而在定义类常量时立即为其赋值。

【例 5-7】 实例常量和类常量。Java 程序代码如下：

```
// 以下代码保存在 ConstantField.java 中
class Circle {
    final double radius;                  // 实例常量 radius
    static final double PI = 3.14159;     // 类常量 PI

    Circle(double radius) {
        this.radius = radius;
    }
}

public class ConstantField {
    public static void main(String [ ] args) {
        System.out.println (" 在创建任何 Circle 对象之前，类常量 PI 的值是 " +
Circle.PI);
        // Circle.PI = 3.14;              // 不能修改类常量的值

        Circle c1 = new Circle(10), c2 = new Circle(20);
        // c1.radius = 5;                 // 不能修改实例常量的值
        System.out.println ("c1.radius = " + c1.radius + " \tc2.radius = " +
c2.radius);

        System.out.println(Circle.PI);
        System.out.println(c1.PI);        //也可以，但不建议通过对象访问类常量
    }
}
```

程序运行结果如下：

```
在创建任何 Circle 对象之前，类常量 PI 的值是 3.14159
c1.radius = 10.0  c2.radius = 20.0
3.14159
3.14159
```

上述程序由 Circle 和 ConstantField 两个类及其声明组成。由于在 ConstantField 类中定义了 main 方法，所以该类是主类。同时，ConstantField 类又是 public 类，因此 Java 源程序文件必须与该类同名。

在 Circle 类中，联合使用关键字 static 和 final 定义了类常量 PI(圆周率)，同时为其赋值 3.14159；关键字 static 表示 PI 属于 Circle 类，即使不创建任何 Circle 对象也可以访问 PI，而关键字 final 表示 PI 只能被访问，不能被修改。在 Circle 类的构造器 Circle(double radius) 中，使用参数 radius 对新建 Circle 对象的实例常量 radius 进行赋值。

在 ConstantField 类的 main 方法中，在创建任何 Circle 对象之前，可以通过类名(Circle) 访问类常量 PI。引用变量 c1 和 c2 指向两个不同的 Circle 对象，每个对象拥有自己的实例常量 radius。

注意：

1. 一旦对类常量或实例常量赋初值，就不能修改类常量或实例常量的值。类常量和实例常量的这一性质是由关键字 final 决定的。

2. 当引用变量指向一个对象之后，也可以采用“引用变量名.类常量名”的格式访问类常量，如本例最后一条语句中的 c1.PI，但不建议这种方式。

5.6　实例方法和类方法

与类变量和实例变量类似，使用关键字 static 可以定义类方法(Class Method)，又称静态方法(Static Method)；而没有使用关键字 static 定义的方法则称为实例方法(Instance Method)，又称非静态方法(Non-Static Method)。

调用类方法时通常采用“类名.类方法名”的格式，而调用实例方法时则需要使用指向对象的引用变量，并采用“引用变量名.实例方法名”的格式。

类方法属于定义其的类，即使不创建任何对象，也可以调用类方法。此外，类方法具有如下一些性质。

1. 在类方法中可以访问在其所属类中定义的类变量或类常量，但不能访问在其所属类中定义的实例变量或实例常量。

2. 在类方法中可以调用在其所属类中定义的其他类方法，但不能调用在其所属类中定义的任何实例方法。

3. 在类方法中不能使用关键字 this，因为关键字 this 用来指代调用实例方法的当前对象。

【例 5-8】 类方法和实例方法。Java 程序代码如下：

```
// 以下代码保存在 MethodDemo.java 中
class Circle {
    double radius;                          // 实例变量
    static final double PI = 3.14159;       // 类常量 PI

    Circle(double radius) {
        this.radius = radius;
    }

    static double getArea(double radius) {  // 类方法、静态方法
        return PI * radius * radius;        // radius 是形参
```

```
    }

    double getCircumference() {                // 实例方法、非静态方法
        return 2 * PI * radius;                // radius 是实例变量
    }
}

public class MethodDemo {
    public static void main(String [ ] args) {
        System.out.println ("圆的面积:" + Circle.getArea(10));

        Circle c = new Circle(10);
        System.out.println ("圆的周长:" + c.getCircumference());
    }
}
```

程序运行结果如下：

```
圆的面积:314.159
圆的周长:62.8318
```

上述程序由 Circle 和 MethodDemo 两个类及其声明组成。由于在 MethodDemo 类中定义了 main 方法，所以该类是主类。同时，MethodDemo 类又是 public 类，因此 Java 源程序文件必须与该类同名。

在 Circle 类中，联合使用关键字 static 和 final 定义了类常量 PI(圆周率)。此外，还使用关键字 static 定义了类方法 getArea，该方法使用类常量 PI 以及形参 radius 计算圆的面积，并通过 return 语句返回计算结果。而在定义方法 getCircumference 时没有使用关键字 static，所以该方法是实例方法；该方法使用类常量 PI 以及实例变量 radius 计算圆的周长，并通过 return 语句返回计算结果。

在 MethodDemo 类的 main 方法中，即使不创建任何 Circle 对象，也可以通过类名(Circle)直接调用类方法 getArea。然而，必须创建 Circle 对象，并通过引用变量(如 c)才能调用实例方法 getCircumference。

注意：在 Circle 类的类方法 getArea 中，radius 并非是在 Circle 类中定义的实例变量 radius，而是类方法 getArea 接收的形参 radius。

图 5－2 对类的常用成员及其分类进行了更多说明。在定义时使用关键字 static 的成员(如类变量、类常量和类方法)都属于类，与是否创建对象无关，而在定义时没有使用关键字 static 的成员(如实例变量、实例常量和实例方法)都与对象即实例有关。在定义时使用关键字 final 的成员(如类常量和实例常量)都是不能修改的，而在定义时没有使用关键字 final 的成员(如类变量和实例变量)则是可以修改的。

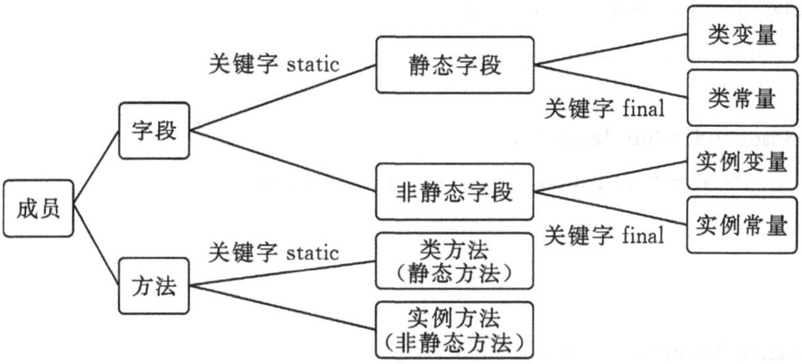

图 5-2　类的常用成员及其分类

5.7　超类与子类

在面向对象程序设计方法及语言中，可以在一个已经声明的类的基础上再声明另一个新的类。其中，前者称为超类(Superc Class)，又称基类(Base Class)或父类(Parent Class)；后者称为子类(Sub Class)，又称派生类(Derived Class)或扩展类(Extended Class)。超类与子类的关系也可以称为从超类派生子类。子类能够继承并拥有在超类中定义的字段(包括实例变量和类变量)以及方法(包括实例方法和类方法)。

在 Java 语言中，可以采用如下基本语法格式在类的声明中从超类派生子类：

```
class SubClassName extends SuperClassName {
    ……
}
```

其中，关键字 extends 指定相对于子类的超类，表示 SubClassName 和 SuperClassName 是子类和超类的关系。

在类的声明中，extends SuperClassName 是可选的。如果省略 extends SuperClassName，超类 SuperClassName 是指 Java 语言提供的系统类 Object。在 Java 语言中，任何类都是最终从系统类 Object 派生得到的。

【例 5-9】　超类与子类之一。Java 程序代码如下：

```
// 以下代码保存在 SuperClassVsSubClass.java 中
class SuperClass {                          // 超类
    int fieldInSuperClass = 1;

    void methodInSuperClass() {
        System.out.println (" Method in SuperClass is called!");
    }
}
```

```
class SubClass extends SuperClass {         // 子类
    int fieldInSubClass = 2;

    void methodInSubClass() {
        System.out.println (" Method in SubClass is called!" );
    }
}

public class SuperClassVsSubClass {
    public static void main(String [ ] args) {
        SubClass rv = new SubClass();   // 创建子类对象

        // 通过指向子类对象的引用变量rv访问在子类中定义的实例变量
        System.out.println (" The value of fieldInSubClass is " + rv.fieldIn
SubClass);
        // 通过指向子类对象的引用变量rv调用在子类中定义的实例方法
        rv.methodInSubClass();

        // 通过指向子类对象的引用变量rv访问从超类继承的实例变量
        System.out.println (" The value of fieldInSuperClass is " + rv.fieldIn
SuperClass);
        // 通过指向子类对象的引用变量rv调用从超类继承的实例方法
        rv.methodInSuperClass();
    }
}
```

程序运行结果如下：

```
The value of fieldInSubClass is 2
Method in SubClass is called!
The value of fieldInSuperClass is 1
Method in SuperClass is called!
```

上述程序由 SuperClass、SubClass 和 SuperClassVsSubClass 三个类组成。

其中，SuperClassVsSubClass 类是主类。同时，SuperClassVsSubClass 类又是 public 类，因此 Java 源程序文件必须与该类同名。

在 SuperClass 类中定义了实例变量 fieldInSuperClass 和实例方法 methodInSuperClass。在 SubClass 类中定义了实例变量 fieldInSubClass 和实例方法 methodInSubClass。另外，SubClass 类是在 SuperClass 类基础上派生得到的。因此，在两者当中，SuperClass 是超类，SubClass 是子类，并且子类 SubClass 将继承并拥有在超类 SuperClass 中定义的实例变量 fieldInSuperClass 和实例方法 methodInSuperClass。

在 SuperClassVsSubClass 类的 main 方法中，创建了一个 SubClass 对象，并将引用变量 rv 指向该 SubClass 对象。通过引用变量 rv，既可以访问在子类中定义的实例变量 fieldInSubClass，又可以访问从超类继承的实例变量 fieldInSuperClass。因此，每个 SubClass 对象都将拥有两个实例变量，一个是 fieldInSubClass，一个是 fieldInSuperClass。此外，通过引用变量 rv，既可以调用在子类中定义的实例方法 methodInSubClass，又可以调用从超类继承的实例方法 methodInSuperClass。

【例 5-10】 超类与子类之二。Java 程序代码如下：

```
// 以下代码保存在 Inheritance.java 中
class Point {                            // Point 类，其超类为系统类 Object
    double x, y;
    Point(double x, double y) {this.x = x; this.y = y;}
}

class Circle extends Point {             // Circle 类是 Point 类的子类
    double radius;
    static final double PI = 3.14159d;

    Circle(double x, double y, double r) {
        super(x, y); radius = r;         // 关键字 super 表示超类(Point 类)的构造器
    }

    static double getArea(Circle c) { // 定义类方法
        return PI * c.radius * c.radius;
    }
}

public class Inheritance {               // Inheritance 是主类
    public static void main(String [ ] args) {
        Circle c;   double area;

        c = new Circle(3.0, 4.0, 10.0);
        area = Circle.getArea(c);       // 通过类名 Circle 调用类方法 getArea
        System.out.println ("c.x = " + c.x + "c.y = " + c.y + "c.radius = " + c.
radius);
        System.out.println ("area = " + area);
    }
}
```

程序运行结果如下：

```
c.x = 3   c.y = 4   c.radius = 10
area = 314.0
```

上述程序由 Point、Circle 和 Inheritance 三个类组成。

其中，Inheritance 类既是主类，又是 public 类，并且 Java 源程序文件必须与该类同名。

Point 类和 Circle 类是超类和子类的关系。每个 Circle 对象拥有 x、y 和 radius 三个实例变量。其中，实例变量 x 和 y 是从超类 Point 继承的，实例变量 radius 是在子类 Circle 中定义的。

注意：

1. Java 语言只允许单继承(Single Inheritance)，即每个类只能从唯一的一个超类派生得到。

2. 由于构造器不是类的成员，所以子类不能继承超类的构造器。但在子类的构造器中可以通过关键字 super 调用超类的构造器，即关键字 super 指代超类的构造器。此时，super 语句在子类的构造器中必须是第 1 条语句。

3. 在 Circle 类的声明中，使用关键字 static 定义了类方法 getArea，且该方法的形参 c 是一个指向 Circle 对象的引用变量，而不属于基本类型。

5.8 包

在 Java 语言中，包(Package)的概念对应文件系统中的文件夹。制作网页时，可以把图像、动画、XHTML、CSS 和 JavaScript 等文档分门别类地组织和保存在多个对应的文件夹中。类似地，开发 Java 应用程序时，可以将功能相关的一些类组织在一个包中，并且每个包对应一个特定的文件夹。

对于代码较少的 Java 应用程序，可以将其中的几个相关类组织在同一个 Java 源程序文件中，并且该 Java 源程序文件中有且仅有一个定义有 main 方法的主类。此外，还可以使用 NetBeans IDE 提供的默认包。

【练习 5-1】 在 NetBeans IDE 中使用默认包。演示过程和操作步骤如下：

1. 自动创建默认包(源包)。如图 5-3 所示，在 NetBeans IDE 中创建 Java 项目时，系统在项目文件夹 JavaApplication 下自动创建一个子文件夹 src。子文件夹 src 又称默认包(或源

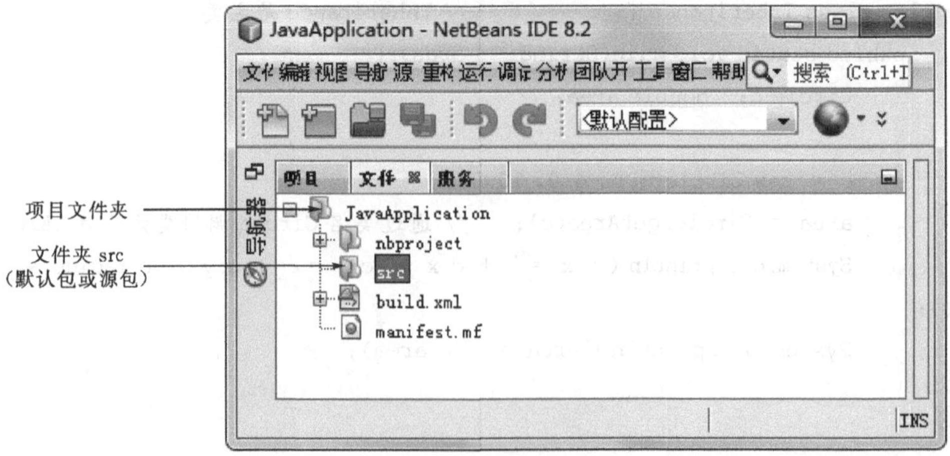

图 5-3　NetBeans IDE 自动创建的默认包(源包)

包)，可以用来保存 Java 源程序文件。

2. 将 Java 源程序文件保存于默认包(源包)。如图 5-4 所示，在 NetBeans IDE 中创建 Java 主类 TestPackage 时，可以将主类 TestPackage 所在 Java 源程序文件(TestPackage.java)的保存位置设定为源包。源包(文件夹 src)也是保存 Java 源程序文件的默认包。然后，单击“完成”按钮。

图 5-4　将主类所在 Java 源程序文件的保存位置设定为默认包(源包)

如图 5-5 所示，主类 TestPackage 所在 Java 源程序文件(TestPackage.java)将保存于默认包(源包)，即文件夹 src。

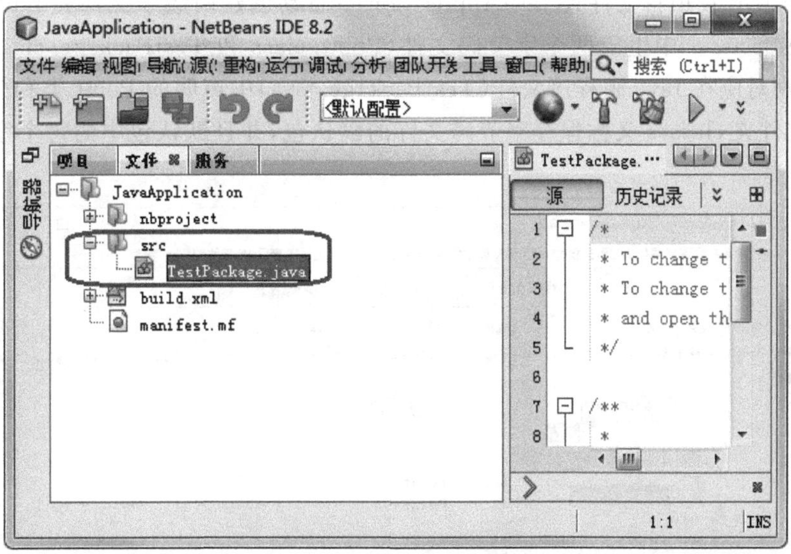

图 5-5　主类所在 Java 源程序文件将保存于默认包(源包)(文件夹 src)

3. 将几个相关类组织在同一个 Java 源程序文件中。为此，在 NetBeans IDE 的程序编辑器中输入如下程序代码：

```
// 以下代码保存在 TestPackage.java 中，其中包括两个类：Point 类和 TestPackage 类
// 以下代码声明 Point 类
class Point {
    int x, y;  // x 和 y 是实例变量

    Point() {  x = 1;  y = 2;  }  // 第 1 个构造器
    Point(int x, int y) {  this.x = x;  this.y = y;  }  // 第 2 个构造器
}

// 以下代码声明 TestPackage 类，且 TestPackage 类是主类
public class TestPackage {
    public static void main(String [ ] args) {
        Point p1 = new Point();  // 调用 Point 类的第 1 个构造器创建 Point 对象
        Point p2 = new Point(3, 4);  // 调用 Point 类的第 2 个构造器创建 Point 对象

        System.out.println (" p1.x = " + p1.x + "  p1.y = " + p1.y);
        System.out.println (" p2.x = " + p2.x + "  p2.y = " + p2.y);
    }
}
```

4. 编译 Java 源程序文件。如图 5 - 6 所示，编译 Java 源程序文件（TestPackage.java）之后，NetBeans IDE 在项目文件夹 JavaApplication 下自动创建两级子文件夹 build 和 classes，并在子文件夹 classes 中生成两个字节码文件（Point.class 和 TestPackage.class），这两个字节码文件分别对应在 Java 源程序文件（TestPackage.java）中声明的 Point 类和 Test Package 类。因此，文件夹 classes 又称保存字节码文件的默认包，并且默认包中的每个字节码文件对应一个 Java 类。

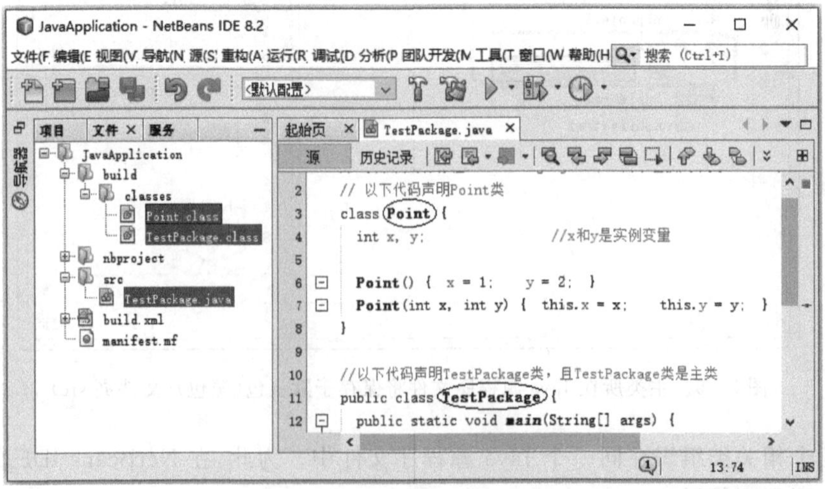

图 5 - 6　在字节码文件的默认包中生成两个字节码文件

类似地，如果一个 Java 源程序文件包含 N 个类，则编译该 Java 源程序文件后，将生成 N 个对应的字节码文件。因此，在一个 Java 应用程序中，字节码文件的数目往往大于 Java 源程序文件的数目。

5. 运行程序。程序运行结果如下：

```
p1.x = 1    p1.y = 2
p2.x = 3    p2.y = 4
```

虽然默认包适合于代码较少的 Java 应用程序，但并不适合于 Java 源程序文件和类的数目较多甚至庞大的 Java 应用程序。显然，在 NetBeans IDE 中将几十个 Java 源程序文件都保存在默认包（文件夹 src）中，或将数目更多的字节码文件都保存在默认包（文件夹 classes）中，都将增加文件管理和维护的难度。相反，根据功能相关性对数目较多的 Java 源程序文件（或字节码文件）分门别类，并将功能相关的 Java 源程序文件（或字节码文件）组织和保存在一个特定的包中，将会提高文件管理和维护的效率。在 NetBeans IDE 中，可以轻松地创建或指定保存 Java 源程序文件的包，也可以在 Java 源程序中使用 package 语句指定或创建包。

此外，包名一般采用类似域名倒序的形式，且其中字母均为小写，如 com. apple. iphone. xxx、cn. edu. xhu. xxx 等。

【练习 5－2】 指定或创建包。演示过程和操作步骤如下：

1. 准备工作。将上一练习中的 Java 程序代码保存到 Word 或 Notepad 中，然后在 NetBeans IDE 中删除上一练习中创建和生成的 Java 源程序文件（TestPackage. java）和字节码文件（Point. class 和 TestPackage. class）。

2. 指定并创建保存 Java 源程序文件的包。如图 5－7 所示，在 NetBeans IDE 中创建 Java 主类 TestPackage 时，在“位置”下拉列表中选择“源包”，在“包”下拉列表中输入“cn. edu. pack”。然后，单击“完成”按钮。

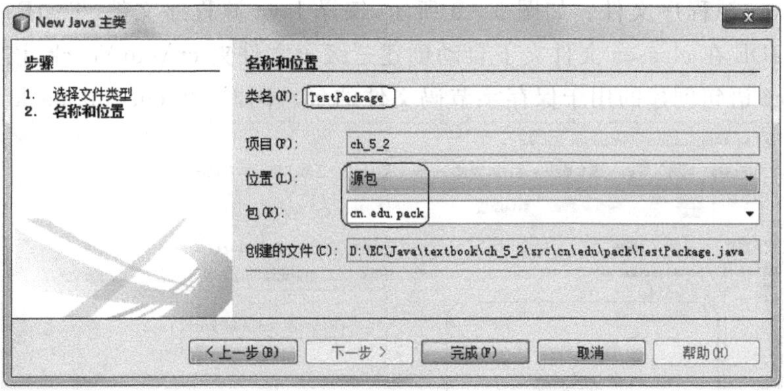

图 5－7　指定保存 Java 源程序文件的包

如图 5－8 所示，NetBeans IDE 在文件夹 src 下自动创建三级子文件夹 cn\edu\pack，从而指定用于保存 Java 源程序文件的包。同时，在 Java 源程序文件（TestPackage. java）中自动生成一条 package 语句。该 package 语句表示，将在 Java 源程序文件（TestPackage. java）中声明的每个类组织在指定的 cn. edu. pack 包中。

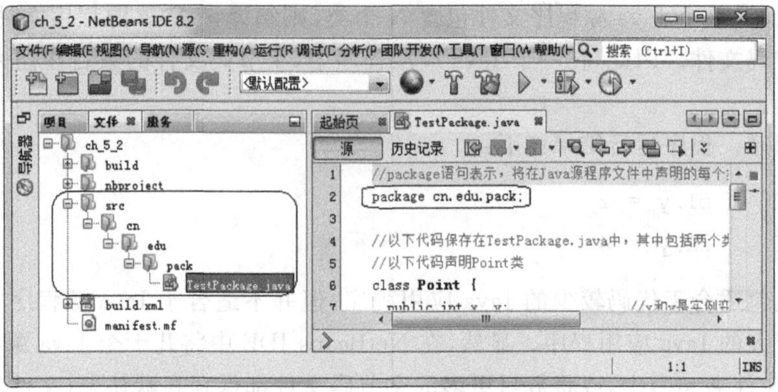

图 5－8　使用 package 语句指定或创建包

3. 编辑 Java 源程序文件。利用在第 1 步准备好的代码，在 NetBeans IDE 的程序编辑器中输入如下程序代码：

```
// package 语句表示，将在 Java 源程序文件中声明的每个类组织在指定的 cn.edu.pack 包中
package cn. edu. pack;

// 以下代码保存在 TestPackage. java 中，其中包括两个类：Point 类和 TestPackage 类
// 以下代码声明 Point 类
class Point {
    x, y;  // x 和 y 是实例变量
    // 后面的代码与【练习 5－1】完全一致
……
```

4. 编译 Java 源程序文件。如图 5－9 所示，编译 Java 源程序文件（TestPackage. java）之后，NetBeans IDE 在 classes 文件夹下自动创建三级子文件夹 cn\edu\pack，该三级文件夹即是使用 package 语句创建的用于保存字节码文件的包。同时，在 cn. edu. pack 包中生成两个

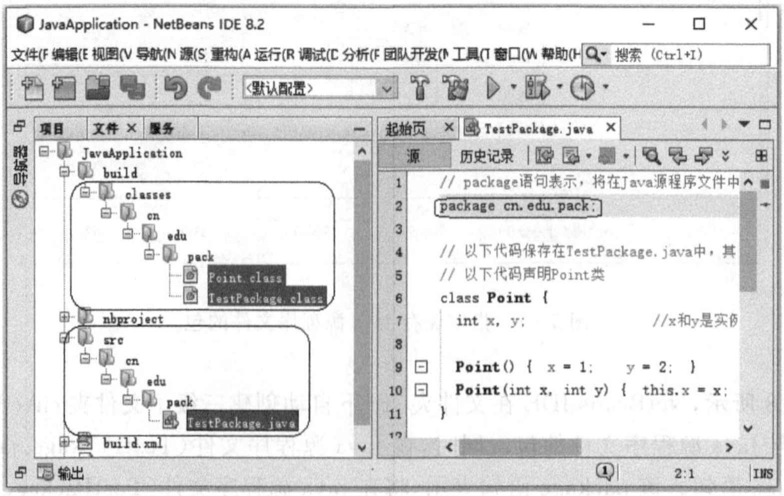

图 5－9　在 cn. edu. pack 包中生成两个字节码文件

字节码文件(Point. class 和 Test Package. class),这两个字节码文件分别对应在 Java 源程序文件(TestPackage. java)中声明的 Point 类和 TestPackage 类。

5. 运行程序。程序运行结果如下:

```
p1.x = 1    p1.y = 2
p2.x = 3    p2.y = 4
```

有时候,也需要将 Java 程序代码组织和保存在不同的 Java 源程序文件及多个相关类中。

【练习 5-3】 将 Java 程序代码组织和保存在不同的 Java 源程序文件及多个相关类中。演示过程和操作步骤如下:

1. 准备工作。将上一练习中的 Java 程序代码保存到 Word 或 Notepad 中,然后在 NetBeans IDE 中删除上一练习中创建和生成的 Java 源程序文件(TestPackage. java)和字节码文件(Point. class 和 TestPackage. class)。

2. 将两个 Java 源程序文件组织并保存在 cn. edu. pack 包中。

首先,将第 1 个 Java 源程序文件(Point. java)组织并保存在 cn. edu. pack 包中,并输入如下代码。

```
// 以下代码保存在 Point.java 中
package cn.edu.pack;

// 以下代码声明 Point 类
class Point {
    int x, y;                                        // x 和 y 是实例变量

    Point() {x = 1; y = 2;}                          // 第 1 个构造器
    Point(int x, int y) {this.x = x; this.y = y;} // 第 2 个构造器
}
```

然后,将第 2 个 Java 源程序文件(TestPackage. java)也组织并保存在 cn. edu. pack 包中,并输入如下代码。

```
// 以下代码保存在 TestPackage.java 中
package cn.edu.pack;

// 以下代码声明 TestPackage 类,且 TestPackage 类是主类
public class TestPackage {
    public static void main(String [ ] args) {
        Point p1 = new Point();    // 调用 Point 类的第 1 个构造器创建 Point 对象
        Point p2 = new Point(3, 4); // 调用 Point 类的第 2 个构造器创建 Point 对象

        System.out.println (" p1.x = " + p1.x + "  p1.y = " + p1.y);
        System.out.println (" p2.x = " + p2.x + "  p2.y = " + p2.y);
```

```
    }
}
```

如图 5－10 所示，两个 Java 源程序文件(Point. java 和 TestPackage. java)均组织并保存在 cn. edu. pack 包中。

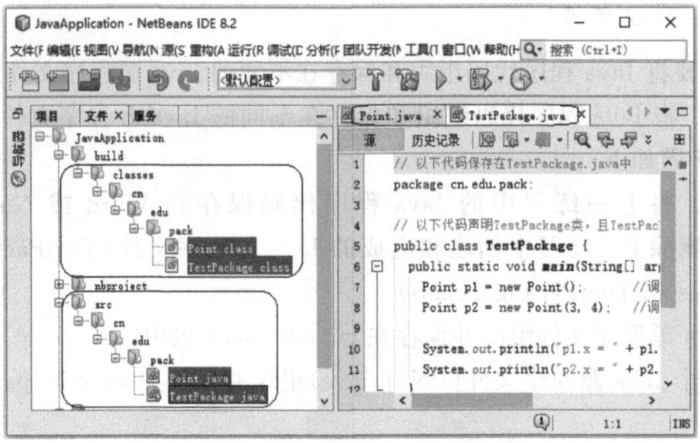

图 5－10　将两个 Java 源程序文件组织并保存在 cn. edu. pack 包中

3. 编译 Java 源程序文件。如图 5－10 所示，编译两个 Java 源程序文件(Point. java 和 TestPackage. java)之后，在 classes 文件夹下的 cn. edu. pack 包中生成两个字节码文件(Point. class 和 TestPackage. class)，这两个字节码文件分别对应在 Java 源程序文件 Point. java 中声明的 Point 类和在 Java 源程序文件 TestPackage. java 中声明的 TestPackage 类。

4. 运行程序(TestPackage. java)。程序运行结果如下：

```
p1.x = 1  p1.y = 2
p2.x = 3  p2.y = 4
```

5.9　基本类型变量和引用变量

Java 语言是一种静态类型的程序设计语言——在使用变量或对变量赋值之前，必须先对变量进行定义并指定变量的类型。

在 Java 语言中，数据类型分为基本类型和引用类型两种。基本类型包括 byte、short、int、long、char、float、double 和 boolean 8 种，类则属于引用类型。与数据的基本类型和引用类型相对应，Java 程序中的变量分为基本类型变量和引用类型变量(简称引用变量，也称对象变量)。

在运行 Java 程序时，JVM 会为每个变量分配相应的内存空间。但是，在为基本类型变量分配的内存空间中直接存储 byte、short、int、long、char、float、double 和 boolean 等基本类型的数据，而在为引用变量分配的内存空间中则存储对象所占内存空间的地址。

5.9.1 方法内部的基本类型变量和引用变量

局部变量是在方法内部定义和使用的变量。在 Java 程序中,局部变量可以是基本类型变量,也可以是引用变量。

【例 5-11】 方法内部的基本类型变量和引用变量。Java 程序代码如下:

```
class Point {
    int x;
    Point(int x) {this.x = x;}
}

public class VariableType {
    public static void main(String [ ] args) {
        int i1 = 1, i2;                        // 基本类型变量
        Point p1 = new Point(1), p2;     // 引用变量
        System.out.println (" i1 = " + i1 + "  p1.x = " + p1.x);

        i2 = i1; p2 = p1;
        System.out.println (" i1 = " + i1 + "  i2 = " + i2 + "  p1.x = " + p1.x + "
p2.x = " + p2.x);

        i2 = i2 + 1; p2.x = p2.x + 1;
        System.out.println (" i1 = " + i1 + "  i2 = " + i2 + "  p1.x = " + p1.x + "
p2.x = " + p2.x);
    }
}
```

程序运行结果如下:

```
i1 = 1  p1.x = 1
i1 = 1  i2 = 1  p1.x = 1  p2.x = 1
i1 = 1  i2 = 2  p1.x = 2  p2.x = 2
```

在上述 VariableType 类的 main 方法内部,i1 和 i2 是基本类型变量,p1 和 p2 是引用变量。图 5-11 说明了这些变量在 main 方法中的使用过程。

(1)执行语句“int i1 = 1, i2;”,将定义基本类型变量 i1 和 i2,同时将整数 1 赋值给变量 i1。

(2)执行语句“Point p1 = new Point(1), p2;”,首先创建引用变量 p1 和 p2。然后,创建一个 Point 对象(实线圆圈表示)并为该对象分配内存空间,同时为该对象的实例变量 x 赋值整数 1,最后将引用变量 p1 指向该 Point 对象。

(3)执行语句“i2 = i1;”,会将基本类型变量 i1 的值(1)赋值给变量 i2。执行该语句后,基本类型变量 i1 和 i2 在各自的内存空间中都将存储整数 1。

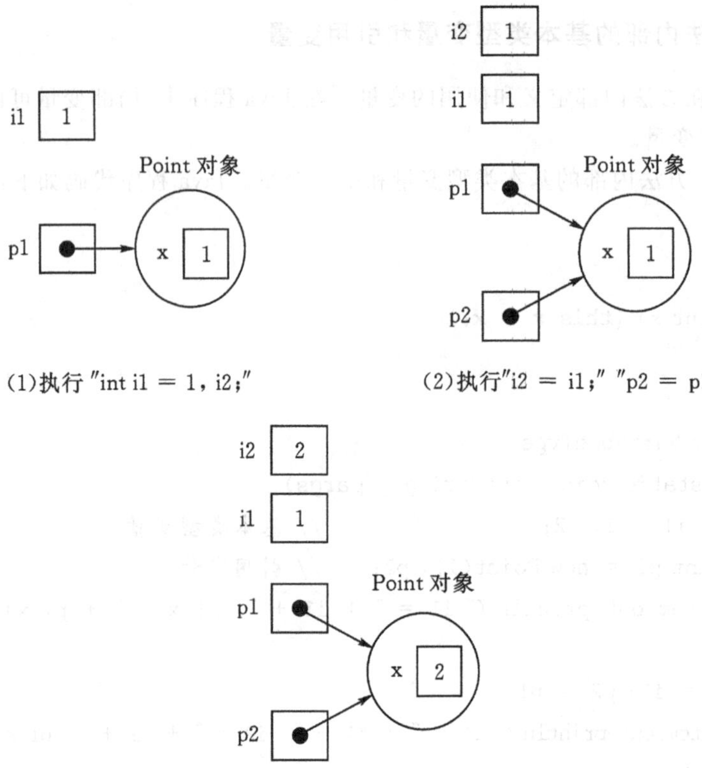

(1)执行"int i1 = 1, i2;"　　(2)执行"i2 = i1;" "p2 = p1;"

(3)执行"i2 = i2 + 1;" "p2. x = p2. x + 1;" "Point p1 = new Point(1), p2;"

图 5-11　基本类型变量和引用变量在方法内部的用法和区分

(4)执行语句"p2 = p1;",会将存储于引用变量 p1 的 Point 对象的地址赋值给引用变量 p2,因此引用变量 p2 也将指向引用变量 p1 所指向的 Point 对象。这样,引用变量 p1 和 p2 指向同一个 Point 对象。

(5)执行语句"i2 = i2 + 1;",基本类型变量 i2 所存储的整数会增加为 2,而基本类型变量 i1 所存储的整数保持不变,仍然是 1。

(6)执行语句"p2. x = p2. x + 1;",引用变量 p2 所指向对象的实例变量 x 的值会增加为 2。由于引用变量 p1 和 p2 指向同一个 Point 对象,因此引用变量 p1 所指向对象的实例变量 x 的值(p1. x)也是 2。

5.9.2　基本类型和引用类型的参数传递

在 Java 程序中定义和调用方法时,形式参数(Formal Parameters)和实际参数(Actual Arguments)可以是基本类型变量,也可以是引用变量。

在方法调用及参数传递中,基本类型和引用类型均是按值传递(Pass by Value),形参得到的只是实参所存储值的拷贝,但两者有着一定的区别。

对于基本类型,实参和形参使用各自的内存空间存储数据(值是数据),在参数传递中是将实参中的数据拷贝到形参的内存空间,因此修改形参中的数据不会改变实参中的数据。

而对于引用类型，实参和形参使用各自的内存空间存储对象所占内存空间的地址（值是对象的地址），在参数传递中是将实参中的对象地址拷贝到形参的内存空间，这样形参就会指向实参所指向的对象（实参和形参指向同一个对象），通过形参也就可以修改该对象在实例变量中的数据。

【例 5-12】 基本类型的参数和引用类型的参数。Java 程序代码如下：

```
class Point {
    int x;
    Point(int x) {this.x = x;}
}

public class ParameterPass {  // 测试参数传递问题
    static void callMethod(int i2, Point p2) {
        System.out.print ("callMethod 方法开始之前");
        System.out.println (" i2 = " + i2 + " p2.x = " + p2.x);

        i2 = 2;                 // 修改形参 i2 中的数据
        p2.x = 2;               // 修改形参 p2 所指向 Point 对象的实例变量 x 中的数据

        System.out.print ("callMethod 方法结束之前");
        System.out.println (" i2 = " + i2 + " p2.x = " + p2.x);
    }

    public static void main(String [ ] args) {
        int i1 = 1;
        Point p1 = new Point(1);
        System.out.println (" 调用方法 callMethod 之前 i1 = " + i1 + " p1.x = " +
p1.x);
        callMethod(i1, p1);
        System.out.println (" 调用方法 callMethod 之后 i1 = " + i1 + " p1.x = " +
p1.x);
    }
}
```

程序运行结果如下：

```
调用方法 callMethod 之前  i1 = 1  p1.x = 1
callMethod 方法开始之前  i2 = 1  p2.x = 1
callMethod 方法结束之前  i2 = 2  p2.x = 2
调用方法 callMethod 之后  i1 = 1  p1.x = 2
```

图 5－12 说明了基本类型和引用类型的参数传递过程。

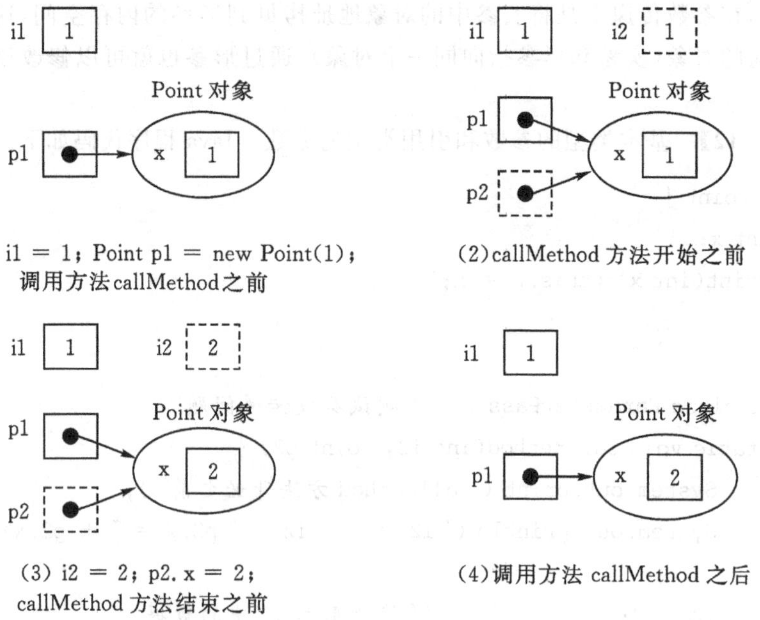

图 5－12 基本类型和引用类型的参数传递

在 main 方法中调用 callMethod 方法时，一方面，实参 i1 和形参 i2 都是基本类型变量，在参数传递中是将实参 i1 中的数据(1)拷贝到形参 i2 的内存空间。另一方面，基本类型的实参 i1 和形参 i2 使用各自的内存空间存储数据。因此，在 callMethod 方法中修改形参 i2 中的数据，不会改变实参 i1 中的数据。所以，调用 callMethod 方法之后，实参 i1 中还是原来的数据(1)。

在 main 方法中调用 callMethod 方法时，实参 p1 和形参 p2 都是引用变量，在参数传递中是将实参 p1 中 Point 对象的地址拷贝到形参 p2 的内存空间，这样形参 p2 就会指向实参 p1 所指向的 Point 对象，因此实参 p1 与形参 p2 指向同一个 Point 对象。在 callMethod 方法中执行语句“p2.x = 2;”会将该 Point 对象的实例变量 x 赋值为整数 2。所以，调用 callMethod 方法之后，引用类型的实参 p1 仍然指向原来的 Point 对象，但该 Point 对象的实例变量 x 中的数据已经由原来的 1 变为此时的 2。

5.9.3 引用类型的方法返回值

在 Java 程序中，方法的返回值可以是基本类型，也可以是引用类型。

当通过 return 语句从一个方法返回值时，基本类型是以数据的形式返回值，而引用类型是以对象地址的形式返回值，即返回一个对象的地址。

【例 5－13】 引用类型的返回值。Java 程序代码如下：

```
class Point {
    int x;
    Point(int x) {this.x = x;}
```

```
}

public class ReturnValue {                    // 测试引用类型的返回值
    static Point creatObject() {
        Point o = new Point(1);
        return o;                             // 返回对象的地址
    }

    public static void main(String [ ] args) {
        Point obj;

        obj = creatObject();                  // 方法的返回值是引用类型
        System.out.println ("调用方法 creatObject 之后 obj.x = " + obj.x);
    }
}
```

程序运行结果如下：

```
调用方法 creatObject 之后 obj.x = 1
```

在上述 Point 类的声明中定义了构造器 Point(int x)，调用该构造器可以创建一个 Point 对象。

在 ReturnValue 类的声明中定义了类方法 creatObject。在该方法中，通过调用 Point 类的构造器 Point(int x) 可以创建一个实例变量 x 的值为 1 的 Point 对象，并将引用变量 o 指向这个新创建的 Point 对象，然后通过 return 语句返回引用变量 o，即返回该新建 Point 对象的地址。

在 main 方法中调用类方法 creatObject 之前，只是定义了能够指向 Point 对象的引用变量 obj，并没有使用 new 运算符，也没有调用构造器创建 Point 对象。此时，引用变量 obj 不指向任何 Point 对象。在语句"obj = creatObject()；"中，首先调用类方法 creatObject 创建一个实例变量 x 的值为 1 的 Point 对象，然后通过返回该对象的地址使引用变量 obj 指向该 Point 对象。即使完成对类方法 creatObject 的调用，在该方法中所创建的 Point 对象也仍然存在。所以，执行语句"obj = creatObject()；"之后，obj. x 的值是 1。

注意：

1. 一般认为，构造器没有返回值和返回类型。但也可以把构造器看作一种返回值是引用类型的特殊方法。例如，在上述 ReturnValue 类的类方法 creatObject 中执行语句"Point o = new Point(1)；" 时，首先调用 Point 类的构造器 Point(int x)创建一个 Point 对象，然后将引用变量 o 指向该新建 Point 对象[实际上就是通过构造器 Point(int x) 将新建 Point 对象的地址作为返回值，并赋值给引用变量 o]。

2. 在类方法 creatObject 中，局部变量 o 的作用域仅限制在该方法内。一旦完成对类方法 creatObject 的调用，局部变量 o 便不存在。但通过局部变量 o 可以返回在类方法 creatObject 中新建 Point 对象的地址，而且即使完成对类方法 creatObject 的调用，这个 Point 对象仍然存在,因此在 main 方法中可以继续访问这个 Point 对象。

5.10 通过方法及其调用实现程序代码的模块化

在复杂的编程任务中,经常需要在不同时刻执行相同或类似的程序代码,以多次完成相同或类似的数据处理任务。此时,可以根据模块化(Modularization)原理,首先将这些相同或类似的程序代码转化并组织在一个模块中,然后在需要的时候通过调用该模块完成相同或类似的数据处理任务。

在 Java 语言中,方法是一种基本形式的模块,通过方法及其调用可以实现程序代码的模块化。

例如,无论自变量 x 为何正值,计算数学函数 $\sqrt{x}$ 值的程序代码都可以是相同的。为此,可以将计算数学函数 $\sqrt{x}$ 值的程序代码转化并组织在方法 sqrt 中,并使其通过形参接收自变量 x 的值,使用 return 语句返回对应的数学函数 $\sqrt{x}$ 值。这样,方法 sqrt 就能够实现对任意自变量 x($x \geqslant 0$)计算并返回数学函数 $\sqrt{x}$ 值的功能。

【例 5 - 14】 通过方法及其调用实现程序代码的模块化。Java 程序代码如下:

```
class Math {
    // 将求平方根的程序代码转化并组织在静态方法 sqrt 中
    static double sqrt(double x) {            // 通过形参 x 接收需要处理的数据
        double a = x / 2;                     // a 表示初始的近似平方根
            double dev;

        do {
            a = (a + x / a) / 2;              // 更接近的平方根 a 介于 a 和 x/a 之间

            System.out.println(a + "\t" + x / a);  // 输出中间结果,可省略
            if (a*a-x > 0)                    // 计算近似平方根的误差 dev
                dev = a*a-x;
            else
                dev = x-a*a;
        } while (dev > 0.00000000001);

        return a;                             // 使用 return 语句返回计算结果
    }
}

public class Modularization {
    public static void main(String [ ] args) {
        double x = 10.5;
```

```
        System.out.println(Math.sqrt(x));
    }
}
```

在本例中，将计算数学函数 $\sqrt{x}$ 值的代码转化并组织在 Math 类的静态方法 sqrt 中，该方法能够通过形参 x 接收 double 类型的数值(自变量)，并将数学函数 $\sqrt{x}$ 值通过 return 语句返回给调用者(Modularization 类的 main 方法)。只要在调用静态方法 sqrt 时传递不同的 double 类型数值(自变量)，静态方法 sqrt 就能够通过执行相同的程序代码计算并返回对应的数学函数 $\sqrt{x}$ 值。

第 6 章　继承性、封装性和多态性

Java 语言支持面向对象程序设计(Object-Oriented Programming,OOP),因此支持 OOP 的三个基本特性,即继承性(Inheritance)、封装性(Encapsulation)和多态性(Polymorphism)。

6.1　再论对象和类

在面向对象程序设计中,通常用“对象”来描述现实世界中的具体事物,例如某位同学、某辆汽车或某只狗。作为一个独立的整体,对象由状态或属性(State/Attribute)和行为(Behavior)组成;状态或属性描述对象的静态性质,行为描述对象的动态性质。例如,可以将一只狗看作一个对象,那么它的名字“阿棕”、毛发颜色“棕色”、品种“贵宾”等状态或属性就描述了这只“狗”(对象)的静态性质。此外,这只狗还有摇尾巴、犬吠、吃东西、睡觉等行为,这些行为则描述了这只“狗”(对象)的动态性质。

除描述具体事物外,用“对象”还可以描述抽象概念。例如,在二维平面上的位置是“点”对象的一种状态或属性,并可用 X 坐标和 Y 坐标表示。X 坐标和 Y 坐标等状态或属性反映了“点”对象的静态性质。在二维平面上的移动则是“点”对象的一种行为,并反映了“点”对象的动态性质。

从一组具有共同状态或属性和行为的具体对象,可以抽象出对应的一个类。例如,有以下一些“狗”对象:

- “狗”对象 1:狗的名字叫阿棕,毛发颜色为棕色,品种是贵宾,会摇尾巴、犬吠、啃骨头、睡觉;
- “狗”对象 2:狗的名字叫阿黑,毛发颜色为黑色,品种是金毛,会摇尾巴、犬吠、啃骨头、睡觉;
- “狗”对象 3:狗的名字叫皮皮,毛发颜色为白色,品种是沙皮,会摇尾巴、犬吠、啃骨头、睡觉;

……

显然,每只“狗”对象都有各自的名字、毛发颜色和品种,但名字、毛发颜色和品种都是这些“狗”对象共同具有的状态或属性,而“阿棕”“棕色”“贵宾”是“狗”对象 1 的状态或属性值。此外,摇尾巴、犬吠、啃骨头、睡觉是这些“狗”对象的共同行为。这样,就可以从众多的“狗”对象中抽象出一个 Dog 类,该类具有 name(名字)、furColor(毛发颜色)和 breed(品种)3 个字段,具有 wagTail(摇尾巴)、bark(犬吠)、gnawBone(啃骨头)、sleep(睡觉)4 个方法。“狗”对象的状态或属性对应 Dog 类的字段,“狗”对象的行为对应 Dog 类的方法。

类似地,从一组具有共同状态或属性和行为的抽象对象,也可以抽象出对应的一个类。例如,可以将二维平面上所有的“点”对象抽象为 Point 类。在 Point 类中可以定义实例变量 x 和 y 以及实例方法 move。“点”对象的状态或属性对应 Point 类的实例变量 x 和 y,“点”对象的行为对应 Point 类的实例方法 move。

综上所述，一方面，类是对象的抽象化(Abstraction)，从一组具有共同状态或属性和行为的对象，可以抽象出包含字段和方法的类。类描述了一组具有共同状态或属性和行为的对象。

另一方面，对象是类的实例(Instance)。在 Java 语言中，以类为模板(Template)，可以创建一个对象，这一过程也称为类的实例化(Instantiation)。一般情况下，每个对象都拥有自己的实例变量，对象的实例变量表示对象的状态或属性；通过指向对象的引用变量调用在类声明中定义的实例方法，对象能够表现自己的行为。

6.2 继承性

继承性主要是指在一定条件下，子类不仅能够继承并拥有在超类中定义的字段(例如实例变量和类变量)，而且能够继承并重用在超类中定义的方法及其中的程序代码。通过子类继承在超类中定义的字段和方法，可以实现代码重用，进而提高软件开发的生产率和软件产品的质量。

此外，继承性也允许根据需要在子类中定义新的字段和方法，从而在超类的基础上扩展子类的功能。

【例 6-1】 继承性演示。Java 程序代码如下：

```
class Point {
    double x, y;

    Point(double x, double y) {  this.x = x; this.y = y;  }

    void printCoordinate() {  System.out.println (" x = " + x + "  y = " + y);  }
}

class Circle extends Point {
    double radius;

    static final double PI = 3.14159;

    Circle(double x, double y, double r) {  super(x, y); radius = r;  }

    double getArea() {  return PI * radius * radius;  }

    void printData() {
        printCoordinate();
        System.out.println (" radius = " + radius);
    }
}
```

```
public class Inheritance {
    public static void main(String [ ] args) {
        Circle c; double area;

        c = new Circle(3, 4, 10);
        area = c.getArea();

        c.printData();
        System.out.println ("area = " + area);
    }
}
```

程序运行结果如下：

```
x = 3.0  y = 4.0
radius = 10.0
area = 314.159
```

上述程序由 Point、Circle 和 Inheritance 3 个类组成。Point 和 Inheritance 类的超类是 Java 系统类 Object，Circle 类的超类是 Point 类。

由于在 Inheritance 类中定义了 main 方法，所以 Inheritance 类是主类。同时，Inheritance 类又是 public 类，因此 Java 源程序文件必须与该类同名。

Circle 类有 radius、PI、x 和 y 4 个字段。其中，字段 radius、x 和 y 是实例变量，字段 PI 是类常量。实例变量 x 和 y 是从 Point 类继承的，实例变量 radius 和类常量 PI 是在 Circle 类中定义的。

除构造器外，Circle 类有 printCoordinate、getArea 和 printData 3 个实例方法。其中，方法 printCoordinate 是从 Point 类继承的，方法 getArea 和 printData 是在 Circle 类中定义的。

此外，类的继承还具有传递性，即不仅可以从一个超类派生出多个子类，而且可以从一个子类派生出多个子孙类。在这种情况下，子孙类不仅能够继承子类（父亲）的字段和方法，而且能够继承超类（祖先）的字段和方法。图 6－1 所示为一个关于脊椎动物的类继承关系图。其中，Vertebrata 类是 Fish、Bird、Reptile、Mammal 和 Amphibian 5 个子类的超类，而 Bird 类还有 Parrot、Sparrow 和 Pigeon 等子类，Mammal 类还有 Monkey、Cat 和 Dog 等子类。

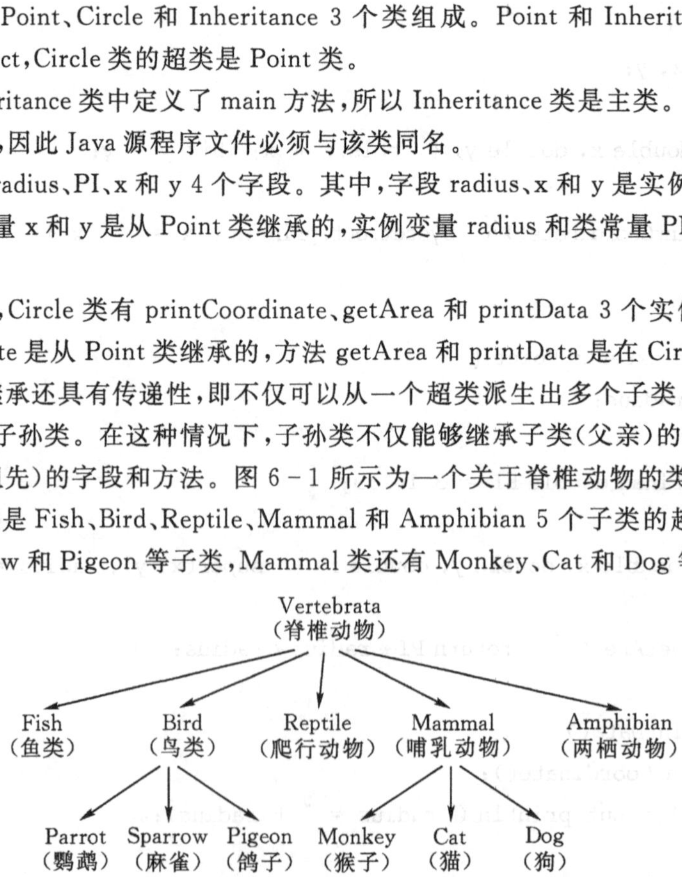

图 6－1　各种脊椎动物之间的继承关系

注意:Java 语言只支持单继承(Single Inheritance)。除系统类 Object 外,每个类只能有唯一的超类。

在设计子类与超类的继承关系时,首先将多个子类的共同字段和共同方法定义在超类中,然后在超类的基础上定义子类。这样,不仅每个子类能够继承在超类中定义的字段和方法,在每个子类中还可以定义新的字段和方法。

6.3 封装性与访问控制

在面向对象程序设计中,封装性允许将对象的某些状态或属性和行为对外界隐藏起来。这样,可以防止外界非法访问对象中的敏感数据。在 Java 语言中,封装性表现为外界只能有条件地访问对象的某些字段和方法。

在 Java 语言中,封装性是通过访问控制(Access Control)实现的,并且访问控制分为两个层次:首先,是对类的访问控制。如果不能基于某个类创建对象,当然就不能访问在这个类中定义的实例变量和实例方法。其次,是对类的成员(字段和方法)的访问控制。

6.3.1 对类的访问控制:非 public 类和 public 类

在 Java 语言及程序中,通常将若干个功能相关的类组织在同一个包中,同一个包中的类可以相互访问。而不同包中的类则在一定条件下才可以相互访问。

根据声明类时是否使用关键字 public,可以将类分为非 public 类和 public 类,两者的特点分别如下:

1. 非 public 类只能在同一个包的内部使用,而不能在包以外的程序中使用。

2. public 类既可以在同一个包的内部使用,又可以在包以外的程序中使用。

换言之,非 public 类总是隐藏在包的内部,public 类对包以外的程序是开放的。

【例 6-2】 非 public 类和 public 类及其访问控制。以下 4 个类的声明分别保存在 4 个不同的 Java 源程序文件中。如图 6-2 所示,4 个类及 Java 源程序文件分别在 cn.edu.pack1 和 cn.edu.pack2 两个包中。

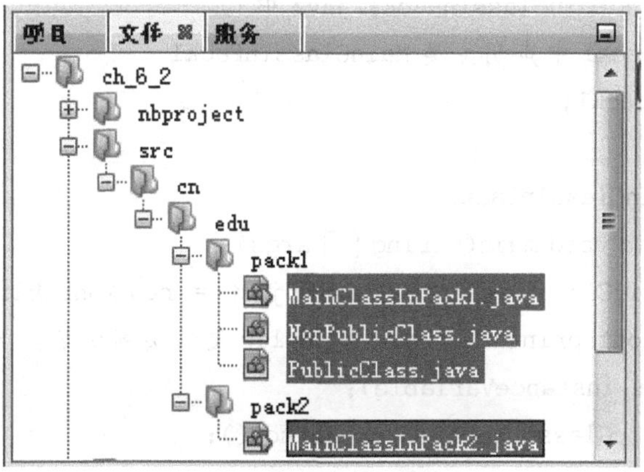

图 6-2　Java 源程序文件及所在包

1. Java 源程序文件一。

```
// 以下代码保存在 NonPublicClass.java 中
// 在 cn.edu.pack1 包中声明非 public 类 NonPublicClass
package cn.edu.pack1;
class NonPublicClass {
    int instanceVariable = 1;

    void invokeMethod() {
        System.out.println ("调用非 public 类的方法!");
    }
}
```

2. Java 源程序文件二。

```
// 以下代码保存在 PublicClass.java 中
// 在 cn.edu.pack1 包中声明 public 类 PublicClass
package cn.edu.pack1;

public class PublicClass {
    int instanceVariable = 2;

    void invokeMethod() {
        System.out.println ("调用 public 类的方法!");
    }
}
```

3. Java 源程序文件三。

```
// 以下代码保存在 MainClassInPack1.java 中
// 在包 cn.edu.pack1 中声明主类 MainClassInPack1
package cn.edu.pack1;

public class MainClassInPack1 {
    public static void main(String [ ] args) {
        NonPublicClass nonPublicClassObject = new NonPublicClass();
        System.out.println ("访问非 public 类的实例变量:" +
nonPublicClassObject.instanceVariable);
        nonPublicClassObject.invokeMethod();

        PublicClass publicClassObject = new PublicClass();
        System.out.println ("访问 public 类的实例变量:" +
```

```
publicClassObject.instanceVariable);
            publicClassObject.invokeMethod();
        }
    }
```

4. Java 源程序文件四。

```
    // 以下代码保存在 MainClassInPack2.java 中
    // 在 cn.edu.pack2 包中声明主类 MainClassInPack2
    package cn.edu.pack2;

    // 使用 import 语句导入 cn.edu.pack1 包中的所有 public 类
    import cn.edu.pack1.*;

    public class MainClassInPack2 {
        public static void main(String [] args) {
            // NonPublicClass 在 cn.edu.pack1 包中不是 public 类。因此，在 cn.edu.
pack2 包中不能创建 NonPublicClass 对象
            // NonPublicClass nonPublicClassObject = new NonPublicClass();

            // PublicClass 在 cn.edu.pack1 包中是 public 类。因此，在 cn.edu.pack2 包
中可以创建 PublicClass 对象
            PublicClass publicClassObject = new PublicClass();
            // 但以下第 2、3 条语句是错误的
            // System.out.println("访问 public 类的实例变量:" +
publicClassObject.instanceVariable);
            // publicClassObject.invokeMethod();
        }
    }
```

本例中的 4 个类分别是 NonPublicClass、PublicClass、MainClassInPack1 和 MainClassInPack2。

其中，前 3 个类在 cn. edu. pack1 包中，最后一个类在 cn. edu. pack2 包中。因此，在第 3 个类 MainClassInPack1 中可以使用同一个包中的 NonPublicClass 类和 PublicClass 类，即可以创建 NonPublicClass 对象和 PublicClass 对象。

NonPublicClass 类和 PublicClass 类在 cn. edu. pack1 包中，MainClassInPack2 类在 cn. edu. pack2 包中。由于 NonPublicClass 类是非 public 类，因此，在 MainClassInPack2 类中不能使用 NonPublicClass 类，即不能创建 NonPublicClass 对象。然而，由于 PublicClass 类是 public 类，因此，在 MainClassInPack2 类中可以使用 PublicClass 类，即可以创建 PublicClass 对象，但前提是使用 import 语句导入 cn. edu. pack1 包中的 PublicClass 类。

注意：

1. cn. edu. pack2 包中的 MainClassInPack2 类要使用 cn. edu. pack1 包中的 PublicClass 类，必须在声明 MainClassInPack2 类之前使用 import 语句导入 cn. edu. pack1 包中的 PublicClass 类。上述代码中的语句

import cn. edu. pack1. * ;

表示导入 cn. edu. pack1 包中的所有 public 类，既包括 PublicClass 类，又包括 MainClassInPack1 类。

如果仅仅导入 cn. edu. pack1 包中的 PublicClass 类，则可以使用如下语句

import cn. edu. pack1. PublicClass;

2. 虽然 cn. edu. pack2 包中的 MainClassInPack2 类可以使用 cn. edu. pack1 包中的 PublicClass 类，并在 MainClassInPack2 类中可以创建 PublicClass 对象，但不能访问 PublicClass 对象的实例变量 instanceVariable，也不能调用实例方法 invokeMethod。由此可见，使用一个类和访问该类的成员是两个不同但又相关的概念。首先，使用一个类主要是指创建该类的对象，而访问该类的成员包括访问该类的字段或者调用该类的方法。其次，使用一个类是访问该类成员的前提和必要条件，只有首先使用一个类(或创建该类的对象)，然后才有可能访问该类的成员。

3. 在一个 Java 源程序文件中，可以同时声明多个非 public 类，但只能声明一个 public 类，即 public 类在一个 Java 源程序文件中必须是唯一的，但不是必须的。

4. 在一个 Java 源程序文件中，如果声明了一个 public 类，则 Java 源程序文件与该 public 类必须同名。

5. 在一个 Java 源程序文件中，至多可以有一条 package 语句，但可以有多条 import 语句；如果有一条 package 语句，则该 package 语句必须是第 1 条语句。

6.3.2 对成员的访问控制：public、protected、private 和默认修饰符

在 Java 源程序中能够使用一个类，仅仅意味着能够创建该类的一个对象，但并不意味着能够访问该对象的所有实例变量，也不意味着能够通过该对象调用所有的实例方法。

在 Java 语言中，使用关键字 public 能够控制类在包以外的访问权限，而使用访问修饰符(Access Modifiers)则能够对类的成员(字段和方法)的访问权限进行控制。

控制成员访问权限的修饰符有 public、protected、private 和默认修饰符 4 种。其中，默认修饰符即不使用 public、protected 和 private 中的任何一个。因此，也可以将类的成员分为相应的 4 种类型，即 public 成员、protected 成员、private 成员和默认修饰符成员。

表 6 - 1 列出了各种控制成员访问权限的修饰符及其功能。

表 6 - 1 控制成员访问权限的修饰符及其功能

访问修饰符	类内	同包	子类(不同包)	非子类(不同包)
public	Y	Y	Y	Y
protected	Y	Y	Y	N
默认修饰符(package-private)	Y	Y	N	N
private	Y	N	N	N

首先，从行的角度对表 6-1 进行解释和分析。

第 1 行表示，public 成员可以被任何一个类访问。显然，一个类的实例方法可以访问该类的任何 public 成员，一个类的类方法也可以访问该类的任何类变量。此外，无论两个类是否在同一个包中，也无论两个类是否存在子类和超类的继承关系，只要在一个类中可以使用另一个类，前者就可访问后者的 public 成员。

第 2 行表示，相对于某一个类而言，任何与该类属于同一个包的其他类，或者继承该类的子类，都可以访问该类的 protected 成员。

第 3 行表示，无论两个类是否存在子类和超类的继承关系，只要在同一个包中，一个类就可以访问另一个类中不使用任何访问修饰符的成员。换言之，不使用任何访问修饰符的成员对包是开放访问权限的，因此有时也称为 package-private 成员。

第 4 行表示，private 成员仅能在类的内部被访问。换言之，只有同一个类的方法才能访问该类的 private 成员。

然后，从列的角度对表 6-1 进行解释和分析。

第 1 列表示，一个类的实例方法可以访问该类的任何字段或其他实例方法，一个类的类方法也可以访问该类的任何类变量或其他类方法。

第 2 列表示，在同一个包中，一个类可以访问另一个类的除 private 成员外的其他成员。换言之，只要在同一个包中，无论两个类是否存在子类和超类的继承关系，一个类都可以访问另一个类的 public 成员、protected 成员和 package-private 成员。

第 3 列表示，如果子类和超类不在同一个包中，则子类可以访问超类的 public 成员和 protected 成员，但不能访问超类的 package-private 成员和 private 成员。

第 4 列表示，如果两个类不在同一个包中，也不存在子类和超类的继承关系，则一个类只可能访问另一个类的 public 成员。

【例 6-3】 验证表 6-1 中的第 3 列，即如果子类和超类不在同一个包中，则子类可以访问超类的 public 成员和 protected 成员，但不能访问超类的 package-private 成员和 private 成员。以下将超类 SuperClass 和子类 SubClass 分别组织在 cn. edu. pack1 和 cn. edu. pack2 包中。

1. Java 源程序文件一。

```
// 以下代码保存在 SuperClass.java 中，并在 cn.edu.pack1 包中声明超类 SuperClass
package cn.edu.pack1;

// 为了能够在 cn.edu.pack2 包中派生子类，必须将超类 SuperClass 声明为 public 类
public class SuperClass {
    public int publicField;                 // public 字段
    protected int protectedField;           // protected 字段
    int packageField;                       // package-private 字段
    private int privateField;               // private 字段

    // 将构造器设置为 protected，以便在 cn.edu.pack2 包的子类 SubClass 的构造器
中调用该构造器
```

```
        protected SuperClass(int publicField, int protectedField, int packageField,
int privateField) {
            this.publicField = publicField;  // this 指代当前对象
            this.protectedField = protectedField;
            this.packageField = packageField;
            this.privateField = privateField;
        }
    }
```

2. Java 源程序文件二。

```
    // 以下代码保存在 SubClass.java 中，并在 cn.edu.pack2 包中声明子类 SubClass
    package cn.edu.pack2;

    // 从 cn.edu.pack1 包中导入超类 SuperClass
    import cn.edu.pack1.SuperClass;

    // 在超类 SuperClass 的基础上派生子类 SubClass
    public class SubClass extends SuperClass {
        int newField;

        SubClass(int publicField, int protectedField, int packageField,
int privateField, int newField) {
            // 使用关键字 super 调用超类 SuperClass 的 protected 构造器
            super(publicField, protectedField, packageField, privateField);
            this.newField = newField;
        }

        public static void main(String [ ] args) {
            SubClass objectOfSubClass = new SubClass(1, 2, 3, 4, 5);

            System.out.println (" publicField = " + objectOfSubClass.publicField);
            System.out.println (" protectedField = " + objectOfSubClass.
protectedField);

            // 下一条语句有错。由于超类和子类不在同一个包，因此子类不能访问超类的
package-private 字段
            // System.out.println (" packageField = " + objectOfSubClass.
packageField);
            // 下一条语句有错。子类 SubClass 不能访问超类 SuperClass 的 private 字段
```

```
        // System.out.println ("privateField = " + objectOfSubClass.privateField);
        System.out.println ("newField = " + objectOfSubClass.newField);
    }
}
```

在本例中，超类 SuperClass 和子类 SubClass 不在同一个包中。此时，子类不能直接访问超类的 package-private 成员和 private 成员。一方面，这意味着超类中的 package-private 成员和 private 成员分别被隐藏在包和超类的内部，进而在某种程度上达到信息隐蔽的效果和目的。

另一方面，子类不能直接访问超类的 package-private 成员和 private 成员，并不意味着在子类中不能对超类的 package-private 成员和 private 成员施加任何影响。例如，在子类 SubClass 的构造器中使用关键字 super 调用超类 SuperClass 的 protected 构造器，仍然能够为从超类 SuperClass 继承的 package-private 成员和 private 成员赋初值。

在成员的访问控制中，修饰符 public 具有完全的对外开放性。从外界只要能够使用一个类，就能够访问这个类的 public 成员。而修饰符 protected、默认修饰符和修饰符 private 则具有依次增强的隐蔽作用——protected 成员对包以外的非子类隐蔽，package-private 成员对包以外隐蔽，而 private 成员对类以外(包括子类)隐蔽。

在 Java 程序中声明一个类时，经常使用 package-private 字段或 private 字段将对象的某些信息隐蔽起来，而通过 public 方法或 protected 方法间接访问被隐蔽的 package-private 字段或 private 字段。

【例 6-4】 通过 public 方法或 protected 方法间接访问被隐蔽的 package-private 字段或 private 字段。以下将超类 SuperClass、子类 SubClass 和类 AccessDemo 分别组织在 cn.edu.pack1、cn.edu.pack2 和 cn.edu.pack3 三个包中。

1. Java 源程序文件一。

```
// 以下代码保存在 SuperClass.java 中，并在 cn.edu.pack1 包中声明超类 SuperClass
package cn.edu.pack1;

// 为了能够在 cn.edu.pack2 包中派生子类，必须将超类 SuperClass 声明为 public 类
public class SuperClass {
    int packageField;              // package-private 字段
    private int privateField;      // private 字段

    // 将构造器设置为 protected，以便在 cn.edu.pack2 包的子类 SubClass 的构造器
中调用该构造器
    protected SuperClass(int packageField, int privateField) {
        this.packageField = packageField;
        this.privateField = privateField;
    }

    // 将该方法设置为 protected，以便在 cn.edu.pack2 包的子类 SuperClass 中调用
```

该方法

```
    protected void printFieldInSuperClass() {
        System.out.println (" packageField = " + packageField);
        System.out.println (" privateField = " + privateField);
    }
}
```

2. Java 源程序文件二。

```
// 以下代码保存在 SubClass.java 中，并在 cn.edu.pack2 包中声明子类 SubClass
package cn.edu.pack2;

// 从 cn.edu.pack1 包中导入超类 SuperClass
import cn.edu.pack1.SuperClass;

// 在超类 SuperClass 的基础上派生子类 SubClass
public class SubClass extends SuperClass {
    int newField;

    // 思考：能否将下一行中的 public 删除，或换为 protected? 为什么？
    public SubClass(int packageField, int privateField, int newField) {
        super(packageField, privateField);
        this.newField = newField;
    }

    // 思考：能否将下一行中的 public 删除，或换为 protected? 为什么？
    public void printField() {
        System.out.println (" 以下显示一个 SubClass 对象的实例变量" );
        printFieldInSuperClass();
        System.out.println (" newField = " + newField);
    }
}
```

3. Java 源程序文件三。

```
// 以下代码保存在 AccessDemo.java 中，并在 cn.edu.pack3 包中声明 AccessDemo 类
package cn.edu.pack3;

// 从 cn.edu.pack2 包中导入子类 SubClass
import cn.edu.pack2.SubClass;

public class AccessDemo {
```

```
    public static void main(String [ ] args) {
        SubClass objectOfSubClass = new SubClass(1,2,3);

        objectOfSubClass.printField();
    }
}
```

如图 6-3 所示，SuperClass、SubClass 和 AccessDemo 三个类以及对应的三个 Java 源程序文件分别组织在 cn. edu. pack1、cn. edu. pack2 和 cn. edu. pack3 三个包中。

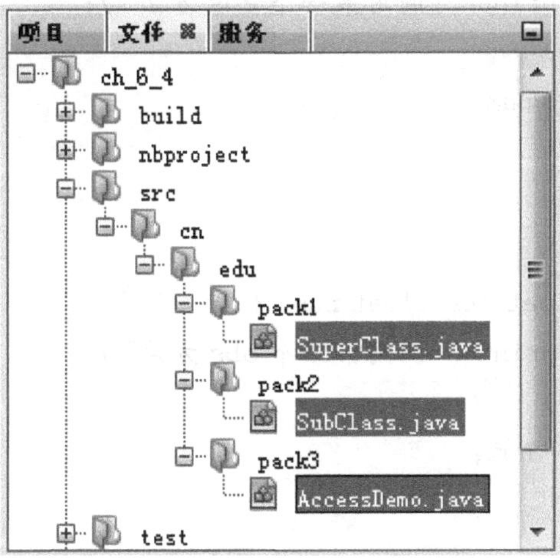

图 6-3　Java 源程序文件及所在包

其中，SubClass 和 SuperClass 是子类和超类的关系，且子类 SubClass 继承了超类 SuperClass 中的字段 packageField 和 privateField。但由于字段 packageField 和 privateField 在超类 SuperClass 中分别是 package-private 字段和 private 字段，因此在子类 SubClass 中无法直接访问。

为了在创建 SubClass 对象时为字段 packageField 和 privateField 赋初值，至少需要将超类 SuperClass 的构造器设置为 protected（当然，也可以将超类 SuperClass 的构造器设置为 public）。这样，在子类 SubClass 的构造器中就可以使用关键字 super 调用超类 SuperClass 的构造器，同时为字段 packageField 和 prviateField 赋初值。

同理，在子类 SubClass 中无法直接输出从超类 SuperClass 继承的字段 packageField 和 privateField。为此，可以首先在超类 SuperClass 中定义 protected 方法 printFieldInSuperClass，并在其中输出字段 packageField 和 privateField，然后在子类 SubClass 的方法 printField 中调用在超类 SuperClass 中定义的方法 printFieldInSuperClass。这样，即可最终在类 AccessDemo 中通过子类对象输出从超类 SuperClass 继承的字段 packageField 和 privateField。

6.4　多态性

多态性是指对象在同一个行为上具有多种不同表现形式的能力。方法重载

(Overloading)和方法覆盖(Overridding)是 Java 语言支持多态性的主要表现。

6.4.1 再论方法重载

方法重载允许在一个类中定义两个或多个同名的方法,但这些方法的形参的个数、类型或类型顺序不完全相同。在 Java 语言中,不仅允许构造器的重载,而且允许一般方法的重载。

【例 6-5】 一般方法的重载。Java 程序代码如下:

```
public class Math {
    public static int abs(int num) {
        System.out.print (" 调用第一个 abs 方法" );
        if (num < 0)
            num = -num;
        return num;
    }

    public static float abs(float num) {
        System.out.print (" 调用第二个 abs 方法" );
        if (num < 0)
            num = -num;
        return num;
    }

    public static double abs(double num) {
        System.out.print (" 调用第三个 abs 方法" );
        if (num < 0)
            num = -num;
        return num;
    }

    public static void main(String [ ] args) {
        System.out.println(abs(-2));  // 不通过类名(Math)、而直接调用 abs 方法
        System.out.println(Math.abs(-2.0f));  // 采用"类名.类方法名"的格式
        System.out.println(Math.abs(-2.0));  // 采用"类名.类方法名"的格式
    }
}
```

程序运行结果如下:

```
调用第一个 abs 方法  2
调用第二个 abs 方法  2.0
调用第三个 abs 方法  2.0
```

在上述的 Math 类中，定义了 3 个名字均为 abs 的类方法，且这 3 个类方法都只有一个形参，但形参的类型分别是 int、float 和 double。因此，这是 3 个重载的类方法。或者说，类方法 abs 是重载的。

注意：

1. 方法重载的一个误区是根据返回值类型识别重载，即两个同名方法的形参的个数、类型以及类型顺序都完全相同，仅返回值类型不同。这是不允许的。例如，下列代码试图在 Math 类的声明中定义两个名字均为 abs 且都只有一个 int 类型形参的类方法，只是这两个类方法的返回值类型分别是 int 型和 long 型。但这种情况在 Java 语言中是不被允许的。

```
public class Math {
    public static int abs(int num) {
      ……
    }
    public static long abs(int num) {
      ……
    }
      ……
}
```

2. 由于在 Math 类的声明中将 abs 定义为类方法，所以在 main 方法中无需创建 Math 对象即可调用 abs 方法。

3. 由于 main 方法和 abs 方法都是在 Math 类的声明中定义的，所以在 main 方法中调用 abs 方法时可以采用“类名. 类方法名”的格式，也可以不通过类名（Math）而直接调用 abs 方法。

除可以出现在同一个类中之外，方法重载也可以出现在子类与超类之间。与同一个类中的方法重载类似，如果子类的方法与超类的方法具有相同的名字，但方法的形参的个数、类型或类型顺序不完全相同，就称子类的方法与超类的方法重载。

【例 6-6】 子类的方法与超类的方法重载。Java 程序代码如下：

```
classGraphics {
    double getArea() {return 0;}
}

class Circle extends Graphics {
    double radius;

    Circle(double r) {radius = r;}

    double getArea(double pi) {return pi * radius * radius;}
}
```

```
public class Overloading {
    public static void main(String [] args) {
        Circle c = new Circle(1);
        System.out.println(c.getArea());
        System.out.println(c.getArea(3.14));
    }
}
```

程序运行结果如下：

```
0.0
3.14
```

在上述代码中，声明了 Graphics、Circle 和 Overloading 3 个类。其中，Graphics 和 Circle 是超类与子类的关系。一方面，在超类 Graphics 和子类 Circle 中均定义了实例方法 getArea，超类 Graphics 中的 getArea 方法没有形参，子类 Circle 中的 getArea 方法有一个 double 类型的形参 pi。另一方面，子类 Circle 不仅继承了超类 Graphics 的方法 double getArea()，而且新定义了方法 double getArea(double pi)。因此，子类 Circle 就拥有两个 getArea 方法，但这两个 getArea 方法的形参的个数不相同。这样，子类 Circle 中的 getArea 方法与超类 Graphics 中的 getArea 方法就可以看作一种重载的关系。

在类 Overloading 的 main 方法中，代码"c. getArea()"将调用超类 Graphics 中的 getArea 方法，代码"c. getArea(3. 14)"将调用子类 Circle 中的 getArea 方法。

6.4.2 实例方法的覆盖

方法覆盖(Overridding)又称重写，发生在子类和超类之间。如果子类中某个实例方法的特征(包括方法名和形参的个数、类型以及类型顺序)和返回值类型，与超类中某个实例方法的特征和返回值类型完全一样，则称子类中的方法覆盖超类中对应的方法。

在子类中可以覆盖超类中已经定义的方法。之后，当超类引用变量指向子类对象时，可以通过超类引用变量调用子类中的方法(而非超类中的方法)。

【例 6-7】 子类方法覆盖超类方法。Java 程序代码如下：

```
class Graphics {
    double getArea() {return 0;}
    public String toDescription() {  return " No Description";  }
}

class Circle extends Graphics {        // 子类 Circle 继承父类 Graphics
    private double radius;             // radius 代表圆的半径

    Circle(double r) {radius = r;}

    @Override                          // 覆盖父类 Graphics 中的 getArea 方法
```

```
    double getArea() {   return 3.14 * radius * radius;   }

    @Override                       // 覆盖父类 Graphics 中的 toDescription 方法
    public String toDescription() {
        return "Circle{ (" + radius + ") = " + getArea() + "}";
    }
}

class Rectangle extends Graphics { // 子类 Rectangle 继承父类 Graphics
    private double length, width;  // length 和 width 代表矩形的长和宽

    Rectangle(double l, double w) {length = l; width = w;}

    @Override                       // 覆盖父类 Graphics 中的 getArea 方法
    double getArea() {return length * width;}

    @Override                       // 覆盖父类 Graphics 中的 toDescription 方法
    public String toDescription() {
        return "Rectangle{ (" + length + "," + width + ") = " + getArea() + "}";
    }
}

public class Overridding {
    public static void main(String [ ] args) {
        // Graphics 引用变量 g1 指向 Graphics 类的对象
        Graphics g1 = new Graphics();
        System.out.println(g1.getArea());
        System.out.println(g1.toDescription());

        // 父类 Graphics 引用变量 g2 指向子类 Circle 的对象
        Graphics g2 = new Circle(2);
        System.out.println(g2.getArea());
        System.out.println(g2.toDescription());

        // 父类 Graphics 引用变量 g3 指向子类 Rectangle 的对象
        Graphics g3 = new Rectangle(4, 4);
        System.out.println(g3.getArea());
        System.out.println(g3.toDescription());
    }
```

```
}
```

程序运行结果如下：

```
0.0
No Description
12.56
Circle{(2.0) = 12.56}
16.0
Rectangle{(4.0,4.0) = 16.0}
```

在上述代码中，声明了 Graphics、Circle、Rectangle 和 Overridding 4 个类。其中，Graphics 是 Circle 和 Rectangle 的共同父类。在父类 Graphics 以及子类 Circle 和 Rectangle 中均定义了实例方法 getArea，并且这 3 个实例方法 getArea 的特征和返回值类型完全一样，因此，子类 Circle 和 Rectangle 的实例方法 getArea 覆盖父类 Graphics 的实例方法 getArea。同理，子类 Circle 和 Rectangle 的实例方法 toDescription 覆盖父类 Graphics 的实例方法 toDescription。

在 Overridding 类的 main 方法中，Graphics 引用变量 g1 指向 Graphics 类的对象，代码“g1. getArea ( )”和“g1. toDescription ( )”调用 Graphics 类的实例方法 getArea 和 toDescription。父类 Graphics 引用变量 g2 指向子类 Circle 的对象；由于子类 Circle 的实例方法 getArea 和 toDescription 覆盖父类 Graphics 的实例方法 getArea 和 toDescription，因此，代码“g2. getArea ( )”和“g2. toDescription ( )”调用子类 Circle 的实例方法 getArea 和 toDescription，而不是调用父类 Graphics 的实例方法 getArea 和 toDescription。同理，父类 Graphics 引用变量 g3 指向子类 Rectangle 的对象，代码“g3. getArea()”和“g3. toDescription ()”调用子类 Rectangle 的实例方法 getArea 和 toDescription。

在本例中，由覆盖表现的多态性具备以下 3 个条件：

1. 子类 Circle 和 Rectangle 继承父类 Graphics。

2. 子类 Circle 和 Rectangle 中的 getArea 和 toDescription 方法覆盖父类 Graphics 中的 getArea 和 toDescription 方法。

3. 父类 Graphics 引用变量 g2 和 g3 分别指向子类 Circle 和 Rectangle 的对象。

注意：

1. 在本例中，作为子类 Circle 和 Rectangle 的父类，类 Graphics 虽然具有一定的逻辑意义，但类 Graphics 的实例方法 getArea 和 toDescription 本身却无实际意义。

2. 在子类 Circle 和 Rectangle 的声明中，对实例方法 getArea 和 toDescription 使用了@Override 标注(Annotation)，以明确指定这两个实例方法是对父类 Graphics 中 getArea 和 toDescription 方法的覆盖，而不是重载。

3. 通过赋值运算符实现的父类引用变量指向子类对象，也是一种自动类型转换。例如，在语句“Graphics g2 = new Circle(2);”中，赋值运算符右侧创建的是子类 Circle 的对象，而赋值运算符左侧的引用变量 g2 则属于父类 Graphics。通过赋值运算，将子类 Circle 的对象赋值给父类 Graphics 的引用变量 g2，即是一种自动类型转换。

第 7 章　数组

在 Java 语言中，数组(Array)是由一组具有相同数据类型的元素构成的有序集合。换言之，数组是一种容器(Container)，可以用来组织具有相同数据类型的元素。其中的元素可以是 byte、short、int、long、float、double、char 或 boolean 等中的同一种基本类型，也可以是指向同一类对象的引用类型。数组可以是一维的，也可以是二维的。在数组及其应用中，最常见的是一维数组。

7.1　初识一维数组

图 7－1 是一维数组的逻辑结构示意图。其中，e_i 表示一维数组中的第 i ＋ 1 个元素(Element)。数组中的所有元素属于同一种数据类型。数组中元素的个数称为数组长度(Length)。数组中的元素可以用下标(Index)标识和指定。在一维数组中，第 i 个元素 e_{i-1} 的下标是 i－1。因此，元素的下标介于 0 和数组长度减 1 之间。

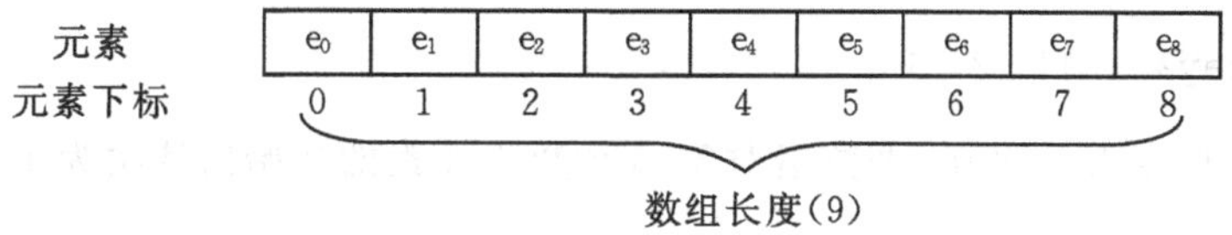

图 7－1　一维数组的长度、元素及其下标

7.1.1　数组变量的定义和数组对象的创建

在 Java 语言中，数组属于引用类型。一个数组实质上就是一个对象，必须通过指向数组对象的引用变量才能访问数组及其中的元素。因此，必须首先定义能够指向数组对象的引用变量(又称数组引用变量，简称数组变量)。例如，语句

```
int [ ] intArray;
```

就定义了能够指向 int 型数组对象的数组变量 intArray。但在此时，数组变量 intArray 还没有指向任何一个 int 型数组对象。

定义数组变量之后，可以使用 new 运算符创建指定长度的数组对象，为数组对象分配内存空间，然后使用赋值运算符将数组变量指向新创建的数组对象。例如，语句

```
intArray = new int[6];
```

就首先创建了一个长度为 6 的 int 型数组对象，该数组包含 6 个元素，每个元素对应一个 int 型整数变量，并可以存储 int 型数据。然后将数组变量 intArray 指向新创建的 int 型数组对象。

上述定义数组变量、使用new运算符创建数组对象、将数组变量指向新创建的数组对象等步骤，也可以使用如下一条语句实现和完成：

```
int [ ] intArray = new int[6];
```

7.1.2 数组对象的初始化

所谓数组对象的初始化，就是在创建数组对象，为数组对象分配内存空间的同时，为数组中的每个元素赋初始值。数组对象必须首先初始化，然后才能使用。数组对象的初始化有两种方式。

1. 动态初始化。如果没有定义构造器，那么在创建一般类的对象时，JVM会调用默认的构造器对实例变量的值进行初始化。与此类似，在创建数组对象时，JVM可以为每个元素分配默认的初始值，并遵循类似的规则——将byte、short、int、long、float、double和char型数组中元素的值初始化为0，将boolean型数组中元素的值初始化为false。此外，在动态初始化数组对象时，还必须使用new运算符，并指定数组长度。例如，语句

```
float [ ] array1 = new float[2];
```

将创建一个长度为2的float型数组对象，并将数组中每个元素的值初始化为0.0。

2. 静态初始化。在程序中明确地指定每个数组元素的初始值，而由JVM决定数组的长度。例如，语句

```
int [ ] array2 = {1, 2, 3};
```

将创建一个长度为3的int型数组对象，3个数组元素的初始值依次为1、2和3。

7.1.3 数组长度与数组元素

数组长度就是数组中元素的个数。每个数组对象都有一个实例变量length，用于保存和表示数组长度。可以通过数组变量访问属于一个数组对象的实例变量length，具体语法格式如下：

```
数组变量名.length
```

例如，array1.length表示数组array1的长度，即该数组中元素的个数。

可以通过数组变量和下标访问数组中某个指定的元素，具体语法格式如下：

```
数组变量名[下标]
```

例如，array2[2]表示数组array2中下标为2的元素，即该数组中的第3个元素。array2[i]表示数组array2中下标为i的元素，即该数组中的第i + 1个元素。array2[j + 1]表示数组array2中下标为j + 1的元素，即该数组中的第j + 2个元素。

7.1.4 遍历一维数组

遍历数组，也称迭代(Iteration)，是指依次访问数组中的每个元素。在Java程序中，可以使用基本for语句或增强型for语句遍历一维数组。

【例 7－1】 遍历一维数组。Java 程序代码如下：

```
public class ArrayIteration {
    public static void main(String [ ] args) {
        char [ ] cArray = {48, '0', 'a'};                // 静态初始化

        System.out.println ("char 型数组 cArray 的长度:" + cArray.length);
        System.out.print (" 包括元素:" );
        for (int i = 0; i < cArray.length; i ++ )   // 基本 for 语句
            System.out.print(cArray[i] + "  " );
        System.out.println();

        int [ ] iArray = {1, 2, 3};                      // 静态初始化
        System.out.println (" int 型数组 iArray 的长度:" + iArray.length);
        System.out.print (" 包括元素:" );
        for (int ic : iArray)                            // 增强型 for 语句
            System.out.print(ic + "  " );
        System.out.println();

        float [ ] fArray = new float[2];                 // 动态初始化
        System.out.println ("float 型数组 fArray 的长度:" + fArray.length);
        System.out.print (" 包括元素:" );
        for (float fc : fArray)                          // 增强型 for 语句
            System.out.print(fc + "  " );
    }
}
```

程序运行结果如下：

```
char 型数组 cArray 的长度:3
包括元素:0  0  a
int 型数组 iArray 的长度:3
包括元素:1  2  3
float 型数组 fArray 的长度:2
包括元素:0.0  0.0
```

在上述程序中，使用静态初始化方法定义了 char 型数组 cArray 和 int 型数组 iArray。float 型数组 fArray 的初始化使用的则是动态初始化方法，因此其中每个元素的值都是 0.0。

在使用基本 for 语句遍历数组 cArray 时，必须采用“数组变量名[下标]”的格式访问其中的一个元素。数组 iArray 和 fArray 的遍历使用的则是增强型 for 语句。

增强型 for 语句的语法格式如下：

for (类型 变量 : 数组) 循环体

其中,变量的类型必须与数组中元素的类型一致。每次执行循环体之前,会按照下标依次增大的顺序将数组中的每个元素赋值给该变量,即第 1 次执行循环体之前,将数组中下标为 0 的元素赋值给变量;第 2 次执行循环体之前,将数组中下标为 1 的元素赋值给变量;第 3 次执行循环体之前,将数组中下标为 2 的元素赋值给变量……这样,在循环体中即可通过该变量依次访问数组中的每个元素。例如,在 int 型数组 iArray 中,元素的类型是 int,所以,在使用增强型 for 语句遍历 int 型数组 iArray 时,需要定义 int 型的局部变量 ic,并使用变量 ic 保存数组 iArray 中的一个元素。这样,在循环体(语句“System. out. print(ic + " ");”)中即可通过变量 ic 访问数组中的一个元素。

注意:

1. 在使用增强型 for 语句遍历数组时,不需要使用下标。

2. 在上述程序中,使用静态初始化方法定义了 char 型数组 cArray,3 个数组元素的初始值依次为 48、'0'和'a'。其中,第 1 个元素的初始值 48 表示字符'0'的 ASCII 码,第 2 个元素的初始值'0'是字符'0'的字面值。因此,第 1 个元素和第 2 个元素都是字符'0'。

3. 使用基本 for 语句,既能从数组中读取数据,又能修改数组中的数据。而使用增强型 for 语句,只能从数组中读取数据,而不能修改数组中的数据。

7.2　一维数组的应用:查找和排序

查找(Search)是一维数组的一项重要应用。所谓查找(又称搜索),是指对于某个给定的关键值以及一个已知的一维数组,确定等于该关键值的元素在一维数组中的位置(通常用下标表示)。

7.2.1　顺序查找

顺序查找(Sequential Search)是一种最基本和最简单的查找方法,其基本思想是:从数组中的第 1 个元素开始,将给定的关键值与数组中的元素依次逐个进行比较,直到发现与关键值相等的元素为止。如果没有发现与关键值相等的元素,则称查找不成功。

【例 7-2】 在数组中顺序查找与给定关键值相等的元素。如果在数组中发现与关键值相等的元素,则将变量 keyIndex 设置为与关键值 key 相等的第 1 个元素的下标;否则,将变量 keyIndex 设置为-1。为了完成这一数据处理任务,可以绘制如图 7-2 所示的程序流程图。

Java 程序代码如下:

```
public class SequentialSearch {
    public static void main(String [ ] args) {
        int [ ] intArray = {1, 10, 32, 2, 45, 0, 10, -2};
        int key = -12;
        int i = 0;
        boolean found = false;

        while ((i < intArray.length) && (! found))
            if (intArray[i] = = key)
```

```
            found = true;
        else
            i ++ ;

    int keyIndex;
    if (found)
        keyIndex = i;
    else
        keyIndex = -1;

    System.out.println ("返回值:" + keyIndex);
  }
}
```

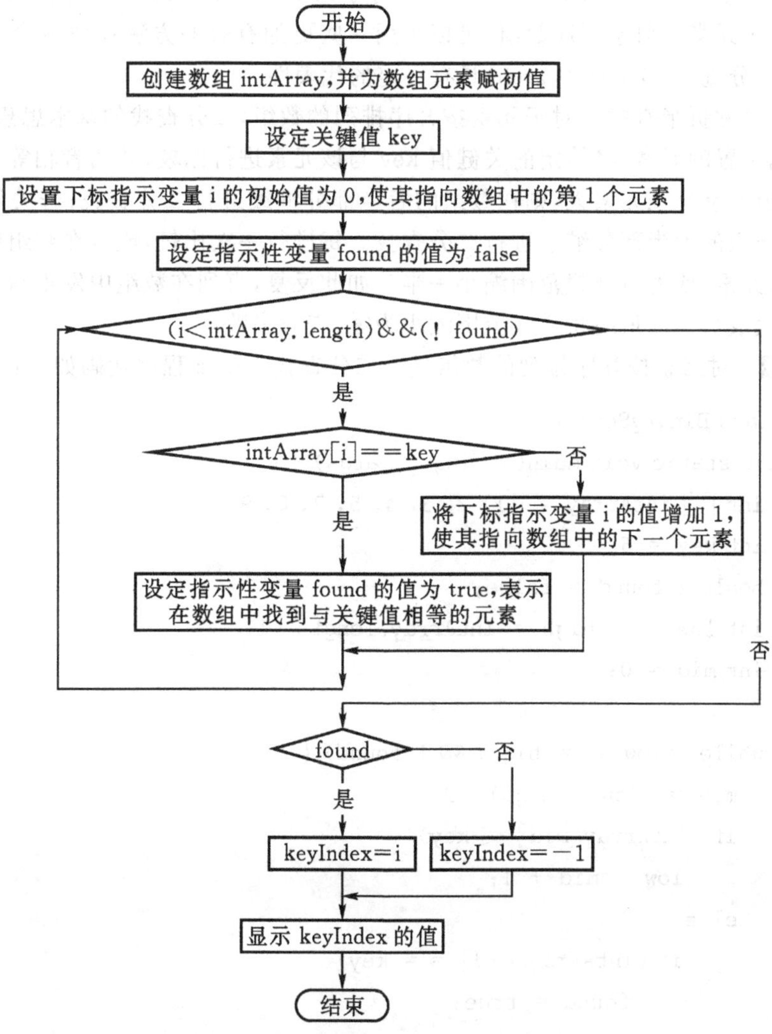

图 7-2　顺序查找的程序流程图

在上述代码中,int 型变量 key 用于保存将要在数组 intArray 中查找的关键值;int 型变量 i 从初始值 0 开始,在 while 循环中通过自增运算依次表示每个元素的下标;boolean 型变量 found 标记是否在数组 intArray 中发现与关键值 key 相等的元素,其初始值为 false,表示尚未在数组中发现与关键值 key 相等的元素。变量 i 和 found 都出现在 while 循环的控制条件中,并都有可能在循环体中发生改变,因此,变量 i 和 found 都是循环控制变量。如果在数组 intArray 中发现与关键值 key 相等的元素,变量 keyIndex 将指示该元素在数组 intArray 中的位置(该元素的下标)。

注意:在上述代码中,数组 intArray 通常是一个无序数组,即其中的元素既不按升序排列,又不按降序排列。对于无序数组,只能采用顺序查找方法在数组中查找给定的关键值。

7.2.2 二分查找

与无序数组中元素的组织方式不同,有序数组中的元素或者按升序排列,或者按降序排列。例如,在元素按升序排列的有序数组中,第 1 个元素小于或等于第 2 个元素,第 2 个元素小于或等于第 3 个元素……第 i 个元素小于或等于第 i ＋ 1 个元素……倒数第 2 个元素小于或等于最后一个元素。对于有序数组,可以采用一些更加有效的方法在数组中查找给定的关键值。其中,二分查找(Binary Search)具有一定的代表性。

二分查找又称折半查找。对于元素按升序排列的数组,二分查找的基本思想是:首先在数组中选取中间位置的元素,将给定的关键值 key 与该元素进行比较,若两者相等,则查找成功。否则,若关键值 key 比该元素大,则在数组的后半部分继续进行二分查找;若关键值 key 比该元素小,则在数组的前半部分继续进行二分查找。每进行一次比较,或者在数组中发现与关键值 key 相等的元素,或者将查找范围缩小一半。如此反复,直到在数组中发现与关键值 key 相等的元素(查找成功),或最终将查找范围缩小为零(查找失败)。

【例 7 - 3】 对元素按升序排列的数组进行二分查找。Java 程序代码如下:

```
public class BinarySearch {
    public static void main(String [ ] args) {
        int [ ] intArray = {1, 2, 3, 4, 5, 7, 8, 9};
        int key = 6;
        boolean found = false;
        int low = 0, high = intArray.length - 1;
        int mid = 0;

        while ((low < = high) && ! found) {
          mid = (low + high) / 2;
          if (intArray[mid] < key)
              low = mid + 1;
          else
              if (intArray[mid] = = key)
                  found = true;
              else
```

```
                high = mid - 1;
        }

        if (found)
            System.out.println(" 在数组中发现与关键值key相等的元素,其下标是:" + mid);
        else {
            int insertionPoint = low;
            System.out.println(" 插入点:" + insertionPoint);
        }
    }
}
```

注意：

1. 如果在数组 intArray 中发现与关键值 key 相等的元素，变量 mid 的值即是该元素的下标，同时元素 intArray[mid]与 key 相等。

2. 如果在数组 intArray 中没有发现与关键值 key 相等的元素，则变量 low 的值表示关键值 key 在数组中的插入点(Insertion Point)。例如，由于在数组 intArray 中没有发现关键值 6，变量 low 的最终值 5 即是插入点。插入点是 5 表示，如果把元素 intArray[5]以及其后的每个元素都往后移动一个位置，然后将关键值 6 保存在元素 intArray[5]中，数组中的所有元素(包括新插入的关键值 6)将仍然按升序排列。

换言之，插入点即数组中第 1 个大于给定关键值的元素的下标。如果数组中的所有元素都大于给定关键值，则插入点为 0；如果数组中的所有元素都小于给定关键值，则插入点为数组的长度。

3. 二分查找方法只能应用于有序数组，而不能应用于无序数组，即数组中的元素必须按升序(或者降序)排列。

7.2.3　冒泡排序

虽然二分查找比顺序查找的效率高，但要求一维数组中的元素必须按升序(或者降序)排列；因此，在使用二分查找方法之前，需要对一维数组中的元素进行排序。为此，可以采用冒泡排序(Bubble Sort)方法(简称冒泡法)，以便将一维数组中的元素按升序(或者降序)排列。

使用冒泡法将数组元素按升序排列的基本思想是：依次比较两个相邻的元素，将小的元素放在前面，大的元素放在后面。

对于有 n 个元素的数组，需要进行 n－1 趟比较才能完成整个排序过程。在第 1 趟，首先比较第 1 个元素和第 2 个元素，将小的放前，大的放后；然后比较第 2 个元素和第 3 个元素，再次将小的放前，大的放后；如此继续，直至比较最后两个元素，仍然将小的放前，大的放后；至此，第 1 趟比较结束，将最大的元素移动到数组的最后。在第 2 趟，还是从第 1 个和第 2 个元素开始比较(因为可能由于在第 1 趟中第 2 个和第 3 个元素的交换，使得第 1 个元素不再小于第 2 个元素)，将小的放前，大的放后……一直比较到数组的倒数第 2 个元素(因为倒数第 1 个元素已经是最大的)；至此，第 2 趟比较结束，在数组倒数第 2 的位置上得到一个新的最大元素(其实是整个数组中的第 2 大元素)。如此下去，重复以上过程(共进行 n－1 趟比较)，直至最终完成排序。

【例 7 - 4】 使用冒泡法将数组元素按升序排列。Java 程序代码如下：

```
public class BubbleSort {
    public static void main(String [ ] args) {
        int [ ] intArray = {3, 11, 2, 21, 8, 1};

        System.out.print ("*****排序之前:");
        for (int k = 0; k < intArray.length; k ++)
          System.out.print (" \t" + intArray[k]);

        // 外层 for 循环，共进行 length - 1 趟比较
        // 每趟有剩余的 length - i 个无序数(数组中的前 length - i 个元素)需要参与大小比较
        for (int i = 0; i < intArray.length - 1; i ++) {
          // 内层 for 循环，每趟需进行 length - i - 1 次比较
          for (int j = 0; j < intArray.length - i - 1; j ++)
            // 在两个相邻元素中，如果前面的元素大于后面的元素
            if (intArray[j] > intArray[j + 1]) {
              int temp = intArray[j];
              intArray[j] = intArray[j + 1];
              intArray[j + 1] = temp;
            }

          System.out.print (" \n 第 " + (i + 1) + " 趟比较后:");
          for (int k = 0; k < intArray.length; k ++)
            System.out.print (" \t" + intArray[k]);
        } // end of for(i = 0;...)
    }
}
```

程序运行结果如下：

```
*****排序之前:   3    11    2    21    8    1
第 1 趟比较后:   3    2     11   8     1    21
第 2 趟比较后:   2    3     8    1     11   21
第 3 趟比较后:   2    3     1    8     11   21
第 4 趟比较后:   2    1     3    8     11   21
第 5 趟比较后:   1    2     3    8     11   21
```

程序运行结果描述了冒泡排序的总体趋势：小的整数不断地往前移动，大的整数不断地往后移动。

上述程序中的外层和内层 for 循环共同实现了整个冒泡排序过程——外层和内层 for 循环的控制变量分别是 i 和 j；外层 for 循环实现 n－1 趟比较(假设数组元素个数为 n)，内层 for 循环依次实现两个相邻元素的比较与交换；在第 i ＋ 1 趟比较中，数组中的前 n－i 个元素将依次两两参与比较，共比较 n－i－1 次；完成第 i ＋ 1 趟比较后，数组中的后 i ＋ 1 个元素均大于前 n－i－1 个元素，并且实现后 i ＋ 1 个元素按升序排列。

利用子类对父类的继承以及子类方法对父类方法的覆盖，还可以将具有相同父类的不同类型对象组织在一个数组中，并实现更多的数据处理功能。例如，将一些不同类型的图形对象(如圆、矩形、三角形、正方形等)组织在一个数组中，然后按照面积大小对数组中的各种图形对象进行排序。

【例 7－5】 对数组中的不同图形对象按照面积大小进行排序。Java 程序代码如下：

```
class Graphics {
    double getArea() {return 0;}
    public String toDescription() {return " No Description";}
}

class Circle extends Graphics {
    private double radius;

    Circle(double r) {radius = r;}

    @Override  // 覆盖父类 Graphics 中的 getArea 方法
    double getArea() {return 3.14 * radius * radius;}

    @Override  // 覆盖父类 Graphics 中的 toDescription 方法
    public String toDescription() {
        return " Circle{ (" + radius + " ) = " + getArea() + " }";}

    }

class Rectangle extends Graphics {
    private double length, width;

    Rectangle(double l, double w) {length = l; width = w;}

    @Override  // 覆盖父类 Graphics 中的 getArea 方法
    double getArea() {return length * width;}

    @Override  // 覆盖父类 Graphics 中的 toDescription 方法
    public String toDescription() {
```

```
        return" Rectangle{ (" + length + "," + width + ") = " + getArea() + " }";
    }
}

public class ExtendedSort {
    //定义一个能够实现冒泡排序的类方法 bubbleSort
    public static void bubbleSort(Graphics [ ] a) {
      for (int i = 0; i < a.length-1; i ++ ) // 开始冒泡排序
        for (int j = 0; j < a.length-i-1; j ++ )
          if (a[j].getArea() > a[j + 1].getArea()) {
            Graphics temp = a[j];
            a[j] = a[j + 1];
            a[j + 1] = temp;
          }
}

public static void main(String [ ] args) {
    Graphics [ ] graphicsArray = new Graphics[3];
    graphicsArray[0] = new Circle(2);
    graphicsArray[1] = new Circle(3);
    graphicsArray[2] = new Rectangle(3, 4);

    System.out.println (" 排序之前:" );
    for (int i = 0; i < graphicsArray.length; i ++ )  // 基本 for 语句
        System.out.println(graphicsArray[i].toDescription());

    bubbleSort(graphicsArray);

    System.out.println (" 排序之后:" );
    for (Graphics g : graphicsArray)                    // 增强型 for 语句
        System.out.println(g.toDescription());
    }
}
```

程序运行结果如下：

```
排序之前:
Circle{(2.0) = 12.56}
Circle{(3.0) = 28.259999999999998}
Rectangle{(3.0,4.0) = 12.0}
```

```
排序之后：
Rectangle{(3.0,4.0) = 12.0}
Circle{(2.0) = 12.56}
Circle{(3.0) = 28.259999999999998}
```

在本例中，类 Graphics、Circle 和 Rectangle 中的代码与【例 6-7】完全一致，并且 Graphics 是 Circle 和 Rectangle 的共同父类。

在 Java 语言中，数组中的元素可以是同一种基本类型，也可以是指向同一类对象的引用类型。例如，在主类 ExtendedSort 的 main 方法中，即基于父类 Graphics 定义了包含 3 个元素的数组 graphicsArray，其中的每个元素又是基于父类 Graphics 的引用类型，因此每个元素可以指向子类 Circle 或 Rectangle 的对象——在排序之前，前两个元素指向 Circle 对象，最后一个元素指向 Rectangle 对象。

类似地，类方法 bubbleSort 的形参 a 也是基于父类 Graphics 的数组，其中的每个元素也可以指向子类 Circle 或 Rectangle 的对象，并且在程序运行时能够根据所指向的具体对象调用相应的 getArea 方法——如果 a[i]指向 Circle 对象，则调用计算圆面积的 getArea 方法；如果 a[i]指向 Rectangle 对象，则调用计算矩形面积的 getArea 方法。这样，即可在类方法 bubbleSort 中按照面积大小对数组 a 中的不同图形对象进行排序。

注意：在主类 ExtendedSort 的方法 main 中，在输出排序前的数组元素时，使用的是基本 for 语句；而在输出排序后的数组元素时，使用的则是增强型 for 语句。

第 8 章　Java 类库

每种编程语言都会提供应用程序编程接口(Application Programming Interface,API)。在 API 中预先定义和编制了大量的能够实现特定功能的过程、函数或方法及其程序,在应用程序中调用这些过程、函数或方法,能够大大提高应用程序的开发效率和质量。Java 语言的 API 即是 JDK 中的类库(Class Library)。

JDK 在类库中实现和提供了大量预先声明的 public 类,这些类有助于解决一些常见或特定的数据处理问题。Java 类库中最常用的 public 类主要集中在 java. lang 包和 java. util 包中。熟练运用 java. lang 包和 java. util 包中的 public 类及其中的 public 方法,可以大大提高 Java 应用程序的开发效率,并在 Java 应用程序中实现更多的功能。

可以在线查询 Java 类库中的各种类及其所在包,如图 8－1 所示。具体网址为 http://docs. oracle. com/javase/8/docs/api。

图 8－1　在线查询 Java 类库

8.1　String 类

String 类位于 java. lang 包。String 类的定义原型如下:

```
public final class java.lang.String extends java.lang.Object {
    ……
}
```

在 String 对象中存储的是字符内容固定不变的字符串,因此 String 类没有提供修改字符串的相关方法,但通过调用 String 类中的某些方法可以返回新创建的 String 对象。

8.1.1　创建 String 对象

在 Java 语言中,经常使用字符串字面值创建 String 对象。字符串字面值采用双引号定义。例如，" 550327198001050112" "Ja va" 等都是字符串字面值。使用字符串字面值创建 String 对象的 Java 语句通常使用如下格式：

```
String idno = " 550327198001050112" , str = "  Ja va  ";
```

其中，idno 和 str 都是指向 String 对象的引用变量。

如图 8-2 所示，类似于字符数组，在 String 对象存储的字符串中，每个字符可以使用下标 (index) 标识和指定——第 1 个字符的下标是 0，第 2 个字符的下标是 1，……，第 n 个字符的下标是 n－1，……

同样，类似于字符数组，在 String 对象存储的字符串中的字符个数称为字符串的长度(length)。

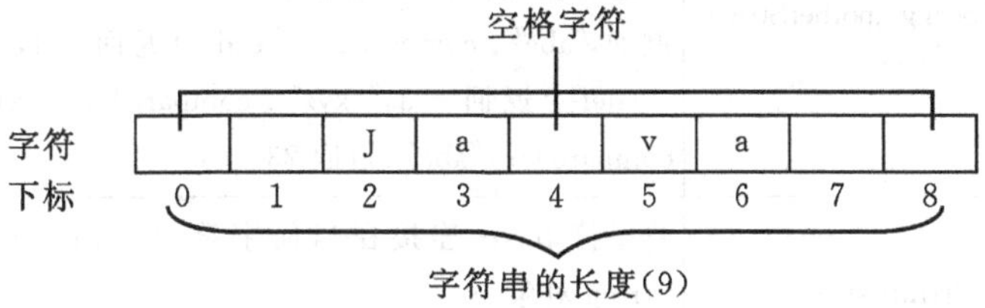

图 8-2　字符串的下标和长度

在创建 String 对象时，也可以调用以下重载的构造器。

1. public String()。这是一个不带参数的构造器，调用该构造器可以创建一个不含任何字符的 String 对象。例如：

```
String str = new String();
```

2. public String(char[ ] value)。该构造器使用一个字符数组 value 作为参数，把这个字符数组的内容转换为字符串，并存储于新创建的 String 对象。例如：

```
char [ ] a = {'J', 'a', 'v', 'a'};      // 创建字符数组 a
String str = new String(a);             // String 对象的字符串内容是"Java"
```

3. public String(char [ ] value, int offset, int count)。该构造器从字符数组 value 的指定起始下标 offset 开始，将个数为 count 的字符子串赋予新创建的 String 对象。例如：

```
char [ ] a = {'J', 'a', 'v', 'a'};      // 创建字符数组 a
String str = new String(a, 1,2);        // String 对象的字符串内容是"av"
```

4. public String(String value)。该构造器按照引用类型的形参 value 所指向的 String 对象中的字符内容创建新的 String 对象。例如：

```
String s1 = "Java";  // 根据字符串字面值"Java" 创建 String 对象
String s2 = new String(s1);  // 根据引用变量 s1 所指向的 String 对象创建新
的 String 对象
```

8.1.2　String 类的常用方法

String 类将保存字符串内容的实例变量封装起来，在 Java 程序中只有通过指向 String 对象的引用变量调用相应的实例方法（非静态方法），才能访问封装在 String 对象内部的字符串。表 8-1 列出了 String 类中常用的实例方法及其功能和用法。

表 8-1　String 类中常用的实例方法及其功能和用法

实例方法	功能和用法 （假设 idno ＝ ″510101199001010012″，str ＝ ″　Ja va　″）
public char charAt(int index)	返回字符串中下标为 index 的单个字符(第 index ＋ 1 个字符) 例如，idno. charAt(4)返回单个字符′0′
public int compareTo (String anotherString)	当前字符串按照字符的 Unicode 编码与另一个指定字符串进行比较，并根据当前字符串小于、等于或大于另一个指定字符串分别返回负整数、零或正整数 例如，″abc″. compareTo (″ecd″)返回－4，″abc″. compareTo (″abcdef″)返回－3，″xyz″. compareTo (″xyz″)返回 0，″xy″. compareTo (″abc″)返回 23
public String concat(String str)	将字符串 str 连接在当前字符串之后，创建并返回一个新的 String 对象 例如，″cares″. concat (″s″)返回″caress″
public boolean equals(String anString)	比较两个 String 对象所存储的字符串中的字符内容是否相同
public int lastIndexOf(String str)	从字符串左边起，返回子串 str 在字符串中首次出现的位置(起始下标)。如果子串 str 在字符串中没有出现，则返回－1 例如，idno. lastIndexOf (″1990″)返回整数 6 idno. lastIndexOf (″1999″)返回整数－1
public int length()	返回字符串的长度，即字符串中的字符个数 例如，idno. length()返回整数 18
public String replace(CharSequence target, CharSequence replacement)	用字符序列 replacement 替换当前字符串中的字符序列 target，创建并返回一个新的 String 对象 例如，″ABABAB″. replace (″AB″，″C″)返回字符串″CCC″
public String substring(int beginIndex)	在字符串中从下标为 beginIndex 的字符(第 beginIndex ＋ 1 个字符)开始、直至最后一个字符提取子串，并返回提取的子串(一个新的 String 对象) 例如，idno. substring(6)返回字符串″199001010012″
public String substring(int beginIndex, int endIndex)	在字符串中从下标为 beginIndex 的字符(第 beginIndex ＋ 1 个字符)开始、到下标为 endIndex－1 的字符(第 endIndex 个字符)结束提取子串，并返回提取的子串(一个新的 String 对象) 例如，idno. substring(6, 10)返回字符串″1990″
public String toLowerCase()	将字符串中的大写字母转换为小写字母，创建并返回一个新的 String 对象 例如，″JavA″. toLowerCase()返回字符串″java″
public String trim()	删除字符串首尾两端的空格字符，创建并返回一个新的 String 对象 例如，str. trim()返回字符串″Java″

注意：

1. 表 8－1 中的方法 substring 是重载的，在调用该方法时可以根据需要使用不同的参数。

2. 由于在 String 对象中存储的字符串是固定不变的，所以调用 String 类的 concat、replace、substring 和 trim 等方法会创建并返回一个新的 String 对象。或者说，凡是调用返回值类型为 String 的方法，都会创建并返回一个新的 String 对象。

【例 8－1】 验证表 8－1 中 String 类的实例方法及其功能和用法。Java 程序代码如下：

```
public class StringDemo1 {
    public static void main(String [ ] args) {
    String idno = " 510101199001010012" , str = "Ja va";

        System.out.println(idno.charAt(4));
        System.out.println(idno.lastIndexOf (" 1990" ));
        System.out.println(idno.lastIndexOf (" 1999" ));
        System.out.println(idno.length());
        System.out.println(idno.substring(6));
        System.out.println(idno.substring(6, 10));
        System.out.println(str.trim());

        System.out.println ("abc" .compareTo ("ecd" ));
        System.out.println ("abc" .compareTo ("abcdef" ));
        System.out.println (" xyz" .compareTo (" xyz" ));
        System.out.println (" xy" .compareTo ("abc" ));
    }
}
```

【例 8－2】 验证表 8－1 中 String 类的 equals 方法。Java 程序代码如下：

```
public class StringDemo2 {
    public static void main(String [ ] args) {
        String s1 = "Java" , s2 = "Java";
        String s3 = new String ("Java" );

        System.out.println((s1 == s2) + "  " + (s2 == s3) + "
" + (s3 == s1));
        System.out.println(s1.equals(s2) + "  " + s2.equals(s3) + "
" + s3.equals(s1));
    }
}
```

程序运行结果如下：

```
true  false  false
```

```
true  true  true
```

注意：

1. 在上述 Java 程序中，一方面，表达式“s1 == s2”用以判断引用变量 s1 和 s2 是否指向同一个 String 对象。由于 JVM 会为相同的字符串字面值创建同一个 String 对象，所以引用变量 s1 和 s2 指向同一个 String 对象，因此表达式“s1 == s2”的值是 true。

另一方面，调用 String 构造器会新建一个 String 对象，所以引用变量 s2 和 s3 指向不同的 String 对象，因此表达式“s2 == s3”的值是 false。同理，表达式“s3 == s1”的值也是 false。

2. equals 方法用于比较两个 String 对象所存储的字符串中的字符内容是否相同。引用变量 s1 和 s2 指向同一个 String 对象，所以表达式“s1. equals(s2)”的值是 true。

虽然引用变量 s2 和 s3 指向两个不同的 String 对象，但这两个 String 对象所存储的字符串中的字符内容相同，所以表达式“s2. equals(s3)”的值也是 true。同理，表达式“s3. equals(s1)”的值也是 true。

8.1.3 Java 应用程序的命令行参数

Java 应用程序是通过 Java 解释器运行的。并且，Java 应用程序可以通过一个 String 数组接收和保存命令行参数(Command Line Arguments)，然后由 Java 解释器将保存在该 String 数组中的命令行参数传递给 Java 应用程序的 main 方法。

【练习 8-1】 Java 应用程序的命令行参数。演示过程和操作步骤如下：

1. 在源包中创建 Java 源程序文件。如图 8-3 所示，在源包(对应文件夹 src)中创建 Java 源程序文件(CmdLineArgs. java)。

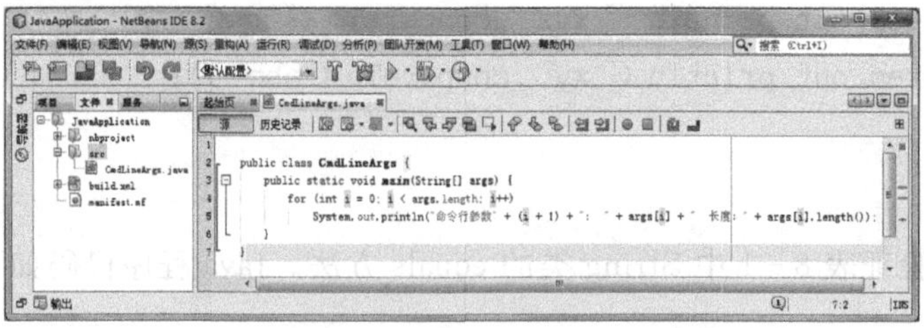

图 8-3 创建 Java 源程序文件

2. 在 NetBeans IDE 软件的程序编辑器中输入如下程序代码：

```
public class CmdLineArgs {
    public static void main(String [ ] args) {
        for (int i = 0; i < args.length; i ++)
            System.out.println ("命令行参数" + (i + 1) + ":" + args[i] + "
            长度:" + args[i].length());
    }
}
```

3. 设置命令行参数。在菜单栏中选择“文件|项目属性”命令，会弹出“项目属性”对话框。如图 8-4 所示，在“项目属性”对话框中选择“运行”节点，并设置主类(“CmdLineArgs”)和两个参数(“Hello”和“World!”)。然后，单击“确定”按钮。

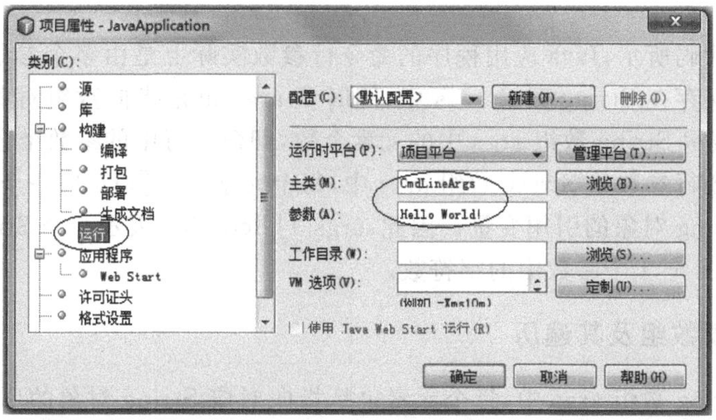

图 8-4 设置命令行参数

注意：命令行参数之间用空格分开。如图 8-4 所示，“Hello World!”表示两个参数，一个是“Hello”，另一个是“World!”。

4. 运行 Java 应用程序。在菜单栏中选择“运行 | 运行项目”命令（或使用键 F6），在 NetBeans IDE 窗口下方的“输出”窗格中将显示如下输出：

```
命令行参数 1： Hello  长度:5
命令行参数 2： World!  长度:6
```

5. 在“命令提示符”窗口中运行 Java 应用程序。如图 8-5 所示，在“命令提示符”窗口中切换到保存字节码文件的默认包对应的文件夹（如 E:\JavaApplication\build\classes），在该文件夹中有编译 Java 源程序文件（CmdLineArgs.java）后生成的字节码文件（CmdLineArgs.class）。然后，在“命令提示符”窗口中输入 DOS 命令“java CmdLineArgs Hello Java!”，该 DOS 命令带有两个参数（“Hello”和“Java!”）。最后，单击回车键（Enter），即可运行 Java 应用程序。程序运行结果如下：

```
命令行参数 1： Hello  长度:5
命令行参数 2： Java!  长度:5
```

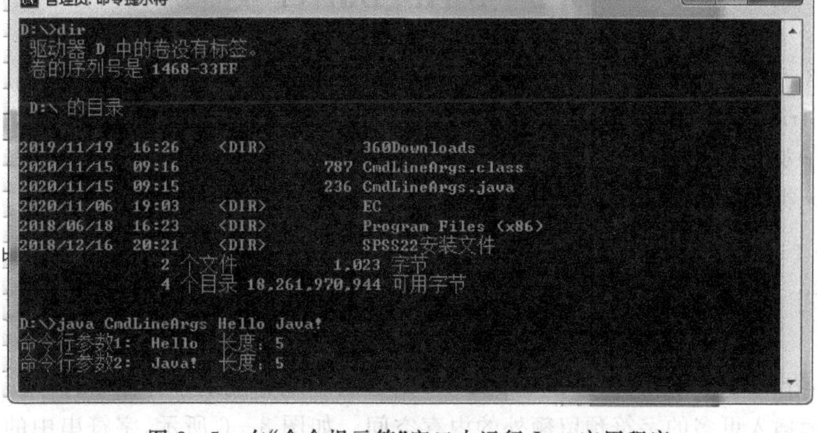

图 8-5 在“命令提示符”窗口中运行 Java 应用程序

注意：

1. 如本程序代码所示，Java 应用程序的命令行参数实际上是由多个参数组成的。这些参数以字符串形式保存在 String 数组 args 中，同时该 args 也是指向数组对象的数组变量。因此，args.length 表示 String 数组 args 中的元素个数，即命令行中的参数个数。

2. 在保存命令行参数的 String 数组 args 中，每个元素 args[i]对应一个单独的参数，同时也是指向对应 String 对象的引用变量。因此，args[i].length()表示一个 String 对象所存储字符串的长度，即第 i + 1 个参数中的字符数。

8.1.4　对象数组及其遍历

在前例的 String 数组 args 中，每个元素也是指向对应 String 对象的引用变量。这样，可以将数组 args 看作一个对象数组。与 int 型数组类似，可以使用增强型 for 语句遍历对象数组。

【例 8-3】 对象数组及其遍历。Java 程序代码如下：

```
public class ObjectArrayIteration {
    public static void main(String [ ] args) {
        int i = 0;
        for (String s : args) {
            ++ i;
            System.out.println ("命令行参数" + i + ":" + s + "长度:" +
s.length());
        }
    }
}
```

在上述程序中使用增强型 for 语句遍历 String 数组 args 时，定义了能够指向 String 对象的引用变量 s，并使用变量 s 保存数组 args 中的一个元素(String 对象)；这样，在循环体中即可通过变量 s 访问数组中 args 的一个元素(一个命令行参数)。

8.2　StringBuffer 类

StringBuffer 类位于 java.lang 包。与 String 类类似，StringBuffer 类同样用于字符串处理。但与 String 对象不同，存储在 StringBuffer 对象中的字符串是可修改的，调用 StringBuffer 类的某些方法可以对字符串进行添加、插入、删除、替换和查询等操作。StringBuffer 类的定义原型如下：

```
public final class java.lang.StringBuffer extends java.lang.Object {
    ……
}
```

在 Java 语言中，系统能够为 StringBuffer 对象动态地分配用于存储字符串所需的内存空间，并为后续插入更多的字符预留额外的内存空间。如图 8-6 所示，字符串中的当前字符数称为 StringBuffer 对象的长度(Length)，而在内存空间中能够存储的最大字符数称为

StringBuffer 对象的容量(Capacity)。Java 语言规定,StringBuffer 对象的容量不能小于 StringBuffer 对象的长度。当 StringBuffer 对象的容量大于其长度时,尚未使用的内存空间预留给后续插入的更多字符。

类似于字符数组和 String 对象,在 StringBuffer 对象所存储的字符串中,每个字符可以使用下标(Index)标识和指定——第 1 个字符的下标是 0,第 2 个字符的下标是 1,……,第 n 个字符的下标是 n−1,……

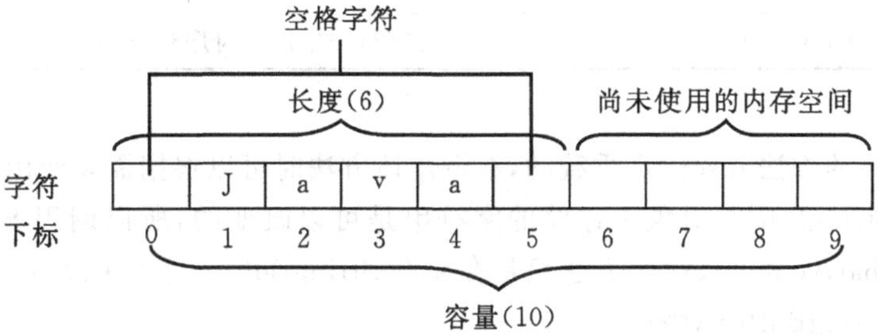

图 8 - 6 StringBuffer 对象的长度与容量

8.2.1 创建 StringBuffer 对象

在创建 StringBuffer 对象时,可以调用以下重载的构造器。

1. public StringBuffer()。这是一个不带参数的构造器,调用该构造器可以创建一个长度为 0、容量为 16 的 StringBuffer 对象。

2. public StringBuffer(int capacity)。调用该构造器可以创建一个长度为 0、容量由参数 capacity 指定的 StringBuffer 对象。

3. public StringBuffer(String str)。在调用该构造器创建的 StringBuffer 对象中,字符串的内容和长度与参数 str(String 对象)中的字符串相同,容量为参数 str(String 对象)的长度加上 16。

8.2.2 StringBuffer 类的常用方法

表 8 - 2 列出了 StringBuffer 类中常用的实例方法及其功能和用法。在 Java 程序中只有通过指向 StringBuffer 对象的引用变量才能调用这些实例方法。

表 8 - 2 StringBuffer 类中常用的实例方法及其功能和用法

实例方法	功能和用法
public StringBuffer append(CharSequence s)	在当前字符串后追加字符序列 s
public int capacity()	返回 StringBuffer 对象的容量
public char charAt(int index)	返回字符串中下标为 index 的单个字符(第 index + 1 个字符)
public StringBuffer deleteCharAt(int index)	删除字符串中下标为 index 的单个字符(第 index + 1 个字符),其后的每个字符依次向前移动一个位置

续表

实例方法	功能和用法
public StringBuffer insert(int offset, char c) public StringBuffer insert(int offset, char [ ] ch) public StringBuffer insert(int offset, String str)	在字符串中从offset指定的下标位置开始插入字符c(字符数组ch中的字符、String对象str中的字符串),其后的每个字符依次向后移动相应的位置
public int length()	返回字符串的长度,即字符串中的字符个数
public StringBuffer reverse()	将字符串中的字符序列反转

注意：

1. 表8-2中的方法insert是重载的,在调用该方法时可以根据需要使用不同的参数。

2. 由于在StringBuffer对象中存储的字符串是可以改变的,所以调用StringBuffer类的append、deleteCharAt和insert等方法只是在原有StringBuffer对象中改变字符串,而不会创建或返回新的StringBuffer对象。

【例8-4】 验证表8-2中StringBuffer类的实例方法及其功能和用法。Java程序代码如下：

```
public class StringBufferDemo {
    public static void main(String [ ] args) {
        StringBuffer sb1 = new StringBuffer();
        System.out.println(sb1.length() + " " + sb1.capacity());  // 输出:0 16
        StringBuffer sb2 = new StringBuffer(18);
        System.out.println(sb2.length() + " " + sb2.capacity());  // 输出:0 18
        StringBuffer sb3 = new StringBuffer ("Ja va" );
        System.out.println(sb3.length() + " " + sb3.capacity());  // 输出:5 21
        char c = sb3.charAt(1);
        System.out.println(c);                                      // 输出:a
        sb2 = sb3.deleteCharAt(2);
        System.out.println(sb3);                                    // 输出:Java
        System.out.println(sb3.length() + " " + sb3.capacity());  // 输出:4 21
        sb2 = sb3.insert(2, 'a');
        System.out.println(sb3);                                    // 输出:Jaava
        System.out.println(sb3.length() + " " + sb3.capacity());  // 输出:5 21
    }
}
```

【例8-5】 使用while型循环结构和双分支选择结构删除字符串中的所有空格(包括半角空格和全角空格)。为了实现这一数据处理目标,可以绘制如图8-7所示的程序流程图。

与图8-7相对应,Java程序代码如下：

```
public class AllTrim {
    public static void main(String [ ] args) {
```

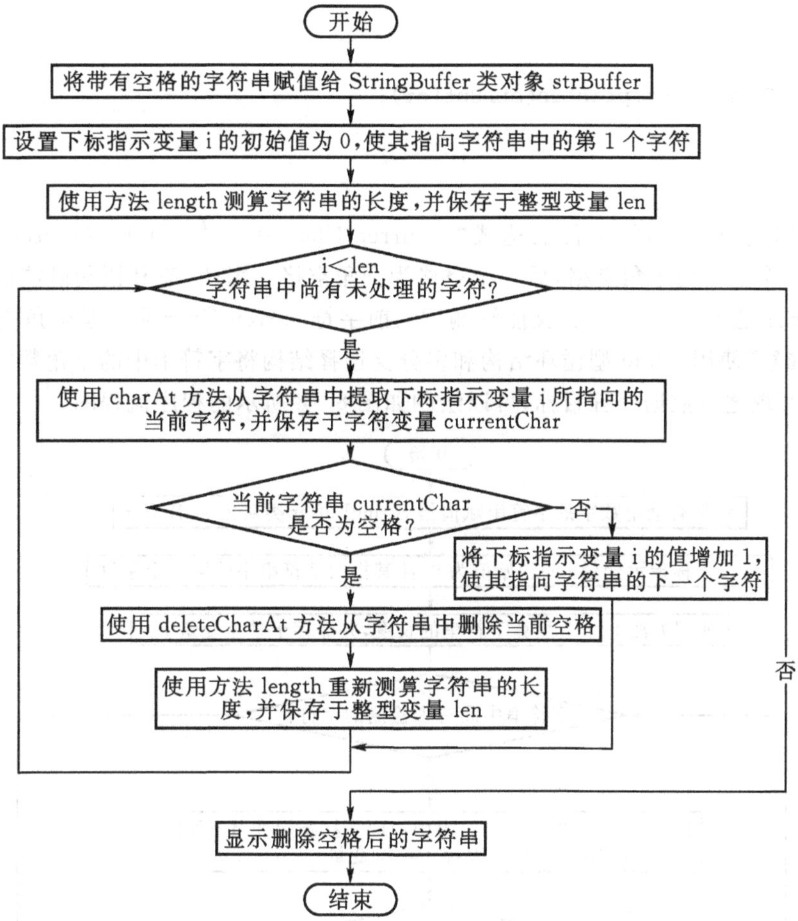

图 8-7 删除字符串中所有空格的程序流程图

```
StringBuffer strBuffer = new StringBuffer(" 删除 字符串 中的  所有空格");

char currentChar;

int i = 0;
int len = strBuffer.length();

while (i < len) {
    currentChar = strBuffer.charAt(i);
    if ((currentChar == ' ') || (currentChar == ' ')) {
        strBuffer = strBuffer.deleteCharAt(i);
        len = strBuffer.length();
    }
    else
        i ++ ;
```

```
            }

            System.out.println(strBuffer);
        }
    }
```

注意：在上述 if 语句的条件表达式“(currentChar == ' ') || (currentChar == '　')”中，前一个空格为半角空格，后一个空格为全角空格。因此，该 if 语句既能够测试当前字符 currentChar 是否是半角空格，又能够测试当前字符 currentChar 是否是全角空格。

【例 8-6】 使用 while 型循环结构和多分支选择结构将字符串中的全角数字转换为半角数字。为了实现这一数据处理目标，可以绘制如图 8-8 所示的程序流程图。

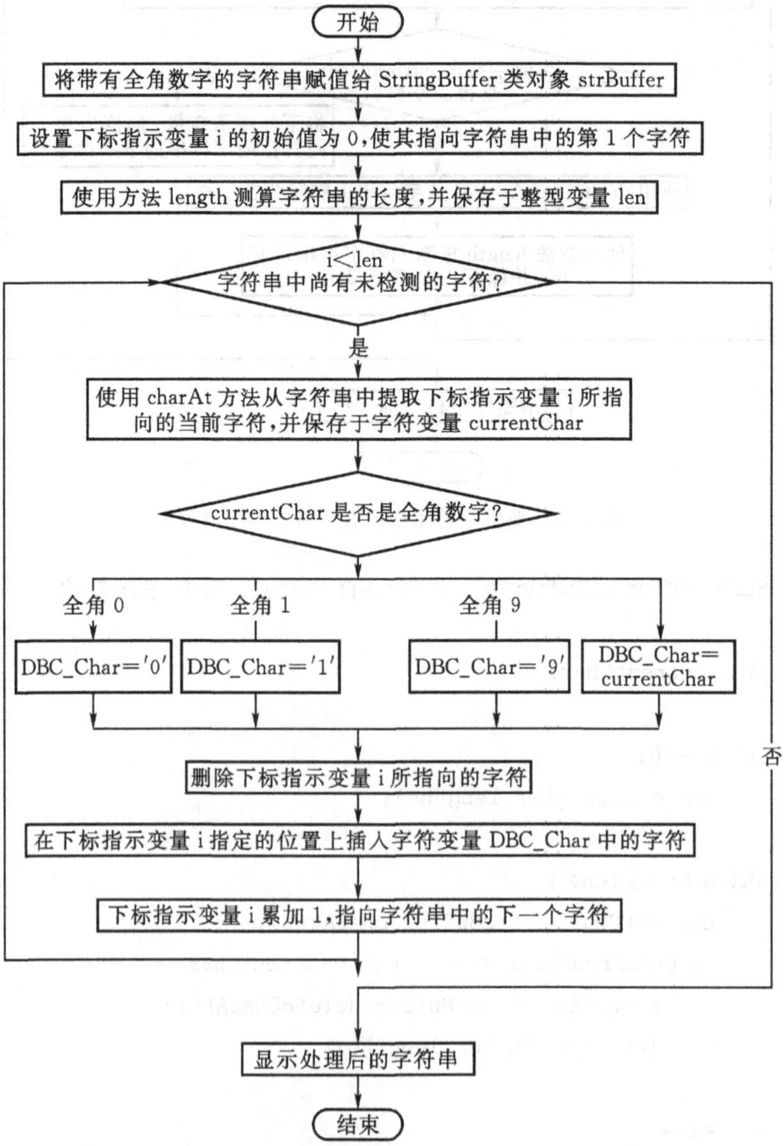

图 8-8　将全角数字转换为半角数字的程序流程图

与图 8-8 相对应，Java 程序代码如下：

```
public class DBC_Case {
    public static void main(String[] args) {
        String str = "将全角数字 0123456789 转换为半角数字 0123456789";
        StringBuffer strBuffer = new StringBuffer(str);
        char currentChar, DBC_Char;

        int i = 0;
        int len = strBuffer.length();
        while (i<len) {
            currentChar = strBuffer.charAt(i);
            switch (currentChar) {
                case '0':DBC_Char = '0';break;
全角数字        case '1':DBC_Char = '1';break;        半角数字
                case '2':DBC_Char = '2';break;
                case '3':DBC_Char = '3';break;
                case '4':DBC_Char = '4'; break;
                case '5':DBC_Char = '5';break;
                case '6':DBC_Char = '6';break;
                case '7':DBC_Char = '7';break;
                case '8':DBC_Char = '8';break;
                case '9':DBC_Char = '9';break;
                default:DBC_Char = currentChar;
            }
            strBuffer = strBuffer.deleteCharAt(i);
            strBuffer = strBuffer.insert(i, DBC_Char);
            i++;
        }

        System.out.println(strBuffer);
    }
}
```

8.2.3　String 类与 StringBuffer 类之比较

String 类与 StringBuffer 类的主要区别在于，在 String 对象中存储的字符串是固定不变的，而在 StringBuffer 对象中存储的字符串则是可以改变的。相应地，调用 String 类的 concat、replace 等方法会创建并返回新的 String 对象，而调用 StringBuffer 类的 append、deleteCharAt 和 insert 等方法只是在原有 StringBuffer 对象中改变字符串，而不会创建或返回新的 StringBuffer 对象(而是返回 StringBuffer 对象引用本身)。

【例 8－7】 String 类与 StringBuffer 类之比较。Java 程序代码如下：

```
public class StringVsStringBuffer {
    public static void main(String [ ] args) {
        String str = "ABAB" , newStr;

        newStr = str.concat ("AB" );
        System.out.print(str == newStr);
        System.out.println ("  " + str + "  " + newStr);

        newStr = str.replace ("AB" , "C" );
        System.out.print(str == newStr);
        System.out.println ("  " + str + "  " + newStr);

        StringBuffer sb = new StringBuffer ("ABAB" ), newSb;
        newSb = sb.append ("AB" );
        System.out.print(sb == newSb);
        System.out.println ("  " + sb + "  " + newSb);

        newSb = sb.deleteCharAt(0);
        System.out.print(sb == newSb);
        System.out.println ("  " + sb + "  " + newSb);
    }
}
```

程序运行结果如下：

```
false  ABAB  ABABAB
false  ABAB  CC
true  ABABAB  ABABAB
true  BABAB  BABAB
```

在本例中，表达式"str == newStr"用以判断引用变量 str 和 newStr 是否指向同一个 String 对象，表达式"sb == newSb"用以判断引用变量 sb 和 newSb 是否指向同一个 StringBuffer 对象。

由于调用 String 类的 concat、replace 等方法会创建并返回新的 String 对象，所以引用变量 str 和 newStr 指向不同的 String 对象，表达式"str == newStr"的值也就为 false。

而调用 StringBuffer 类的 append、deleteCharAt 等方法只是在原有 StringBuffer 对象中改变字符串，所以引用变量 sb 和 newSb 指向相同的 StringBuffer 对象，表达式"sb == newSb"的值也就为 true。

在 Java 源程序中定义和调用方法时，形参和实参可以是引用变量。对于指向 String 或

StringBuffer 对象的引用变量，形参起初也将指向对应实参所指向的 String 或 StringBuffer 对象。

但由于调用 String 类的 concat、replace 等方法会创建并返回新的 String 对象，而调用 StringBuffer 类的 append、deleteCharAt 和 insert 等方法只是在原有 StringBuffer 对象中改变字符串，因此在参数传递及方法返回过程中 String 类和 StringBuffer 类也就可能表现出不同的特性。

【例 8－8】 String 类在参数传递及方法返回过程中的特性。Java 程序代码如下：

```
public class StringConcat {
    static void callMethod(String x, String y) {
        System.out.println(x + "  " + y);
        x = x.concat(y);     // 等价于语句“x = x + y;”
        y = x;
        System.out.println(x + "  " + y);
    }

    public static void main(String [ ] args) {
        String a = "A";
        String b = "B";
        callMethod(a, b);
        System.out.println(a + "  " + b);
    }
}
```

程序运行结果如下：

```
A  B
AB  AB
A  B
```

在上述 main 方法中，首先根据字符串字面值创建 String 对象"A"和"B"，引用变量 a 和 b 分别指向 String 对象"A"和"B"，然后调用 callMethod 方法。

进入 callMethod 方法时，形参 x 和 y 分别指向实参 a 和 b 所指向的 String 对象"A"和"B"，因此程序的第 1 行输出是"A　B"。由于调用 concat 方法会创建并返回新的 String 对象"AB"，所以执行第 2 条语句后引用变量 x 会指向新创建的 String 对象"AB"，执行第 3 条语句后引用变量 y 也会指向这个新创建的 String 对象"AB"，因此程序的第 2 行输出是"AB　AB"。

从 callMethod 方法返回 main 方法后，由于引用变量 a 和 b 所指向的 String 对象"A"和"B"没有发生改变，所以程序的第 3 行输出是"A　B"。

【例 8－9】 StringBuffer 类在参数传递及方法返回过程中的特性。Java 程序代码如下：

```
public class StringBufferAppend {
    static void callMethod(StringBuffer x, StringBuffer y) {
```

```
        System.out.println(x + " " + y);
        x = x.append(y);
        y = x;
        System.out.println(x + " " + y);
    }

    public static void main(String [] args) {
        StringBuffer a = new StringBuffer ("A" );
        StringBuffer b = new StringBuffer ("B" );
        callMethod(a, b);
        System.out.println(a + "  " + b);
    }
}
```

程序运行结果如下：

```
A  B
AB  AB
AB  B
```

在上述 main 方法中，首先创建 StringBuffer 对象"A" 和"B"，引用变量 a 和 b 分别指向 StringBuffer 对象"A" 和"B"，然后调用 callMethod 方法。

进入 callMethod 方法时，形参 x 和 y 分别指向实参 a 和 b 所指向的 StringBuffer 对象"A" 和"B"，因此程序的第 1 行输出是"A　B"。由于调用 append 方法只是在原有 StringBuffer 对象"A" 中追加字符串"B"，所以执行第 2 条语句后引用变量 x 和实参 a 虽然依旧指向同一原有 StringBuffer 对象，但其中的字符串由"A" 变为"AB"。执行第 3 条语句"y = x;"后，引用变量 y 会指向引用变量 x 所指向的原有 StringBuffer 对象(其中的字符串已经变为"AB")，因此程序的第 2 行输出是"AB　AB"。

从 callMethod 方法返回 main 方法后，由于引用变量 a 所指向 StringBuffer 对象中的字符串由"A" 变为"AB"，而引用变量 b 所指向的 StringBuffer 对象中的字符串仍然是"B"，所以程序的第 3 行输出是" AB　B"。

8.2.4 方法链

方法链(Method Chaining)，又称方法的链式调用。使用方法链，可以在一行语句中按先后次序连续调用多个方法。方法链式调用的基本语法格式如下：

Identifier.method1().method2().method3()..... methodn_1().methodn();

其中：

1. Identifier 可以是指向对象的引用变量，也可以是一个类名。

2. 除最后一个方法 methodn 不要求必须返回对象或对象引用外，其余方法(method1 到 methodn_1)都必须返回一个继续支持方法调用的对象或对象引用；否则将无法完成链式调用，并产生语法错误。

【例 8-10】　方法链的基本原理。Java 程序代码如下：

```
class Student {
    String name;

    Student(String name) {this.name = name;}

    Student showName() {System.out.print(name + "：");  return this;}
    Student listen() {System.out.print ("听课……");  return this;}
    Student play() {System.out.print ("玩手机……");  return this;}
    void dismiss() {System.out.println ("下课");}
}

public class MethodChainingDemo1 {
    public static void main(String [ ] args) {
        Student s1 = new Student ("张三"), s2 = new Student ("李四");
        s1.showName().listen().listen().listen().play().listen().dismiss();
        s2.showName().play().play().listen().play().play().dismiss();
    }
}
```

程序运行结果如下：

张三：听课……听课……听课……玩手机……听课……下课

李四：玩手机……玩手机……听课……玩手机……玩手机……下课

在本例 main 方法的第 2 条和第 3 条语句中，方法链的原理是显而易见的：一方面，因为调用方法 showName、listen 和 play 都会返回对象引用本身(this)，所以可以继续调用下一个方法；如此下去，即可生成一个调用链。另一方面，这两条语句在最后都是调用方法 dismiss，由于方法 dismiss 没有返回值，所以无法再继续调用下一个方法，方法链也就此结束。

合理使用方法链，可以收获以下好处：

1. 可以使调用多个方法的过程更加接近自然语言，从而提高代码的可读性。

2. 能够把原本参数列表复杂的一个方法分解为多个参数列表简单的可以链式调用的方法。

3. 减少不必要的代码量。

一方面，调用 String 类的 concat、replace 和 substring 等方法会创建并返回新的 String 对象，因此可以对 concat、replace 和 substring 等方法进行链式调用。另一方面，虽然调用 StringBuffer 类的 append、deleteCharAt 和 insert 等方法只是在原有 StringBuffer 对象中改变字符串，但这些方法会返回 StringBuffer 对象引用本身，因此也可以对 append、deleteCharAt 和 insert 等方法进行链式调用。

【例 8-11】　链式调用 String 类和 StringBuffer 类的实例方法。Java 程序代码如下：

```
public class MethodChainingDemo2 {
```

```
    public static void main(String [ ] args) {
        String s1 = "ABAB", s2, s3, s4, s5;
        s2 = s1.concat ("CD");
        s3 = s2.replace ("AB", "CD");
        s4 = s3.substring(1, 3);
        s5 = s1.concat ("CD").replace ("AB", "CD").substring(1, 3); //使用方法链
        System.out.print(s4 == s5);
        System.out.println ("  "+ s4 + "  "+ s5);

        StringBuffer sb10 = new StringBuffer ("AB"), sb11 = new StringBuffer
("AB"), sb2, sb3, sb4, sb5;
        sb2 = sb10.append ("CD");
        sb3 = sb2.deleteCharAt(0);
        sb4 = sb3.insert(1, "EF");
        sb5 = sb11.append ("CD").deleteCharAt(0).insert(1, "EF");  //方法的链式
调用
        System.out.print(sb4 == sb5);
        System.out.println ("  "+ sb4 + "  "+ sb5);
    }
}
```

程序运行结果如下：

```
false  DC  DC
false  BEFCD  BEFCD
```

在本例中，执行如下 3 条语句：

```
s2 = s1.concat ("CD");  s3 = s2.replace ("AB","CD");  s4 = s3.substring(1,3);
```

之后，s2、s3 和 s4 分别指向存储字符串"ABABCD""CDCDCD"和"DC"的 3 个 String 对象，而 s1 仍然指向起初的、存储字符串"ABAB"的 String 对象。接着执行语句

```
s5 = s1.concat ("CD").replace ("AB","CD").substring(1,3);
```

之后，s5 指向一个存储字符串"DC"，但不同于 s4 所指向的 String 对象。

在对引用变量 sb10 和 sb11 初始化后，sb10 和 sb11 分别指向两个不同的但都存储字符串"AB"StringBuffer 对象。执行如下 3 条语句：

```
sb2 = sb10.append ("CD");  sb3 = sb2.deleteCharAt(0);  sb4 = sb3.insert(1,"EF");
```

之后，sb10、sb2、sb3 和 sb4 指向同一个存储字符串"BEFCD"的 StringBuffer 对象。接着执行语句

```
sb5 = sb11.append ("CD").deleteCharAt(0).insert(1,"EF");
```

之后，sb11 和 sb5 指向另一个存储字符串"BEFCD"的 StringBuffer 对象。

8.3 基本类型的包装类

在 java. lang 包中有 Byte、Short、Integer、Long、Float、Double、Character 和 Boolean 以及与 8 种基本类型相对应的包装类(Wrapper Classes)。其中,Byte、Short、Integer、Long、Float 和 Double 6 个包装类都是 Number 类的子类。图 8-9 表示 Obejct、Number、Byte、Short、Integer、Long、Float 和 Double 等类之间的继承关系。

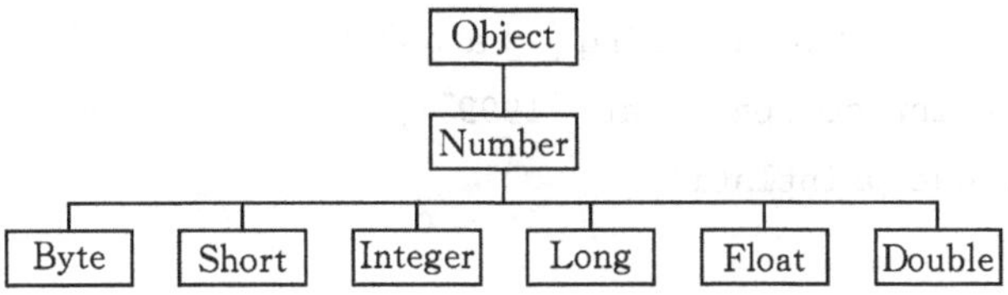

图 8-9 基本类型的包装类及其超类

以下首先介绍 Integer 类中的成员。在 Integer 类中使用关键字 static 和 final 定义了两个可作为常数使用的类常量:

```
public static final int MAX_VALUE,表示 int 型整数的最大值
public static final int MIN_VALUE,表示 int 型整数的最小值
```

表 8-3 列出了 Integer 类中的常用方法及其功能和用法。

表 8-3 Integer 类中的常用方法及其功能和用法

方法	功能和用法
public static int parseInt(String s) public static int parseInt(String s,int radix)	将 String 对象转换为十进制的 int 型整数 例如,Integer. parseInt ("1999")返回十进制整数 1999 按 radix 指定的进制,将 String 对象转换为十进制的 int 型整数 例如,Integer. parseInt ("17",8)返回十进制整数 15 Integer. parseInt ("1a",16)返回十进制整数 26
public static String toBinaryString(int i)	将整数 i 转换为二进制形式的字符串 例如,Integer. toBinaryString(31)返回字符串"11111"
public static StringtoHexString(int i)	将整数 i 转换为十六进制形式的字符串 例如,Integer. toHexString(31)返回字符串"1f"
public static String toOctalString(int i)	将整数 i 转换为八进制形式的字符串 例如,Integer. toOctalString(31)返回字符串"37"
public static String toString(int i) public static String toString(int i,int radix)	将整数 i 转换为十进制形式的字符串 例如,Integer. toString(31)返回字符串"31" 将整数 i 转换为由 radix 指定进制形式的字符串 例如,Integer. toString(31,16)返回字符串"1f"

注意：

1. 表 8－3 中的方法 parseInt 和 toString 是重载的，在调用这两个方法时可以根据需要使用不同的参数。

2. 如表 8－3 所列，Integer 类中的很多方法既是 public 方法，又是类方法。因此，在 Java 源程序中需要使用"类名.方法名"的格式调用这些方法。例如，Integer. parseInt ("1999")。

【例 8－12】 验证表 8－3 中 Integer 类的方法及其功能和用法。Java 程序代码如下：

```
public class IntegerDemo {
    public static void main(String [ ] args) {
        int i = Integer.parseInt ("1999");
        System.out.println(i);

        i = Integer.parseInt ("17", 8);
        System.out.println(i);

        i = Integer.parseInt ("1a", 16);
        System.out.println(i);

        System.out.println(Integer.toBinaryString(31));
        System.out.println(Integer.toHexString(31));
        System.out.println(Integer.toOctalString(31));
        System.out.println(Integer.toString(31));
        System.out.println(Integer.toString(31, 16));
    }
}
```

与 Integer 类类似，在 Byte、Short、Long、Float 和 Double 等包装类中定义了类似的类方法。例如，Float. parseFloat ("12. 34")返回 float 型浮点数 12. 34，Short. parseShort ("1999")返回十进制的 short 型整数 1999，Long. toHexString(1024)返回十六进制形式的字符串"400"。

【例 8－13】 输出十六进制形式的汉字的 Unicode 编码表。Java 程序代码如下：

```
public class ChineseCharacterEncoding {
    public static void main(String [ ] args) {
        // 4E00 - 9FFF:CJK 统一表意符号(CJK Unified Ideographs)
        for (int i = 0x4e00; i < = 0x9fff; i ++ ) {
            if (i % 16 = = 0)
                System.out.print ("第" + ((i - 0x4e00) / 16 + 1) + "行:");

            System.out.print((char) i + "  " + Integer.toHexString(i) + "  ");
```

```
            if ((i + 1) % 16 == 0)
                System.out.println();
        }
    }
}
```

程序运行结果如下：

```
第 1 行：一 4e00  丁 4e01  丂 4e02  七 4e03  丄 4e04  丅 4e05  丆 4e06  万 4e07  …
第 2 行：丐 4e10  丑 4e11  丒 4e12  专 4e13  且 4e14  丕 4e15  世 4e16  丗 4e17  …
第 3 行：丠 4e20  両 4e21  丢 4e22  丣 4e23  两 4e24  严 4e25  並 4e26  丧 4e27  …
第 4 行：丰 4e30  丱 4e31  串 4e32  丳 4e33  临 4e34  丵 4e35  丶 4e36  丷 4e37  …
第 5 行：乀 4e40  乁 4e41  乂 4e42  乃 4e43  乄 4e44  久 4e45  乆 4e46  乇 4e47  …
…………
```

在 Java 语言的字符 Unicode 编码中，汉字编码范围为 0x4E00 - 0x9FFF。本程序输出十六进制形式的汉字的 Unicode 编码表，而且每行输出 16 个汉字的 Unicode 编码。

Float 和 Double 是与基本类型 float 和 double 相对应的包装类。

Float 类中两个常用的方法及其功能和用法如下：

1. public static int compare(float f1, float f2)。该方法是类方法。通过类名 Float 调用该方法，可以比较两个 float 类型数据 f1 和 f2 的大小，并根据 f1 小于、等于或大于 f2 分别返回负整数、零或正整数。

2. public int compareTo(Float anotherFloat)。该方法是实例方法。通过当前 Float 对象调用该方法，可以比较当前 Float 对象和引用变量 anotherFloat 所指向 Float 对象中数值的大小，并根据当前 Float 对象中的数值小于、等于或大于引用变量 anotherFloat 所指向 Float 对象中的数值分别返回负整数、零或正整数。

Double 类中也有类似的两个方法：

1. public static int compare(double d1,double d2)。

2. public int compareTo(Double anotherDouble)。

【例 8 - 14】 比较浮点数大小的通用方法。Java 程序代码如下：

```
public class FloatDouble {
    public static void main(String [ ] args) {
        int result = Float.compare(0.23f, 23.0f);
        System.out.println(result);
        Float f1 = .23f;                    // 自动装箱
        Float f2 = new Float(23.f);         // 显式创建 Float 对象
        System.out.println(f1.compareTo(f2));
        float f3 = f2 + f1;                 // 拆箱
        System.out.println(f3);

        result = Double.compare(0.23, 0.230000000000001);
```

```
        System.out.println(result);
        Double d = new Double(.23);              // 显式创建 Double 对象
        System.out.println(d.compareTo(.230000000000001));  // 自动装箱
        double d1 = 23 + d;                      // 自动类型转换、拆箱
        System.out.println(d1);
    }
}
```

程序运行结果如下：

```
-1
-1
23.23
-1
-1
23.23
```

在 Java 程序中，一般通过调用 compare 类方法或 compareTo 实例方法比较两个浮点数的大小。这两个方法都是根据第 1 个浮点数小于、等于或大于第 2 个浮点数分别返回负整数、零或正整数。

本例还应用了 Java 编译器的自动装箱和拆箱功能。

自动装箱(Autoboxing)是指，Java 编译器能够自动将基本类型数据转换为对应的包装类对象。自动装箱出现在以下两种情况：

1. 对于包装类对象作为形参的方法，在调用该方法时可以传递对应的基本类型数据。如本例中的代码“d.compareTo(.230000000000001)”。

2. 将基本类型的表达式赋值给对应的包装类的引用变量。如本例中的代码“Float f1 = .23f”。

拆箱(Unboxing)是指 Java 编译器能够自动将包装类对象转换为对应的基本类型数据。拆箱出现在以下两种情况：

1. 对于基本类型数据作为形参的方法，在调用该方法时可以传递对应的包装类对象。如本例中的代码“d.compareTo(.230000000000001)”。

2. 将含有包装类引用变量的表达式赋值给对应的基本类型变量。如本例中的代码“float f3 = f2 + f1”和“double d1 = 23 + d”。

8.4 Scanner 类

Scanner 类位于 java.util 包。Scanner 类的定义原型如下：

```
public final class java.util.Scanner extends java.lang.Object {
    ......
}
```

Scanner 类用于接收和处理键盘输入。使用 Scanner 类接收和处理键盘输入一般包括以下 3 个步骤：

1. 导入 Scanner 类。在 Java 源程序首部的 package 语句之后，使用以下任意一条语句导入 java. util 包中的 Scanner 类：

```
import java.util. * ;              // 导入 java.util 包中的所有类，包括 Scanner 类
import java.util.Scanner;          // 仅导入 java.util 包中的 Scanner 类
```

2. 定义引用变量，并将引用变量指向新创建的 Scanner 对象。为此，可以使用以下语句：

```
Scanner scanner = new Scanner(System.in);
```

其中 scanner 是指向新创建的 Scanner 对象的引用变量。

3. 通过引用变量、调用在 Scanner 类中定义的实例方法，可以判断能否从键盘接收到特定类型的数据。为此，可以调用以下相应的 public 方法：

```
public boolean hasNextByte()  判断能否接收到 byte 型整数
public boolean hasNextShort()  判断能否接收到 short 型整数
public boolean hasNextInt()  判断能否接收到 int 型整数
public boolean hasNextLong()  判断能否接收到 long 型整数
public boolean hasNextFloat()  判断能否接收到 float 型浮点数
public boolean hasNextDouble()  判断能否接收到 double 型浮点数
public boolean hasNextLine()  判断能否接收到字符串
```

如果能够从键盘接收到特定类型的数据，上述相应的方法将返回 true，否则返回 false。

此外，通过引用变量、调用在 Scanner 类中定义的实例方法，还可以将从键盘接收到的输入转换为特定类型的数据。为此，可以调用以下相应的 public 方法：

```
public byte nextByte()  接收键盘输入，并将键盘输入转换为 byte 型整数
public short nextShort()  接收键盘输入，并将键盘输入转换为 short 型整数
public int nextInt()  接收键盘输入，并将键盘输入转换为 int 型整数
public long nextLong()  接收键盘输入，并将键盘输入转换为 long 型整数
public float nextFloat()  接收键盘输入，并将键盘输入转换为 float 型浮点数
public double nextDouble()  接收键盘输入，并将键盘输入转换为 double 型浮点数
public String nextLine()  接收键盘输入，并将键盘输入转换为字符串
```

hasNext×××和 next×××方法的配对使用，可以很方便地接收和处理从键盘输入的多项同一类型的数据。

【例 8-15】 使用 Scanner 类接收和处理从键盘输入的若干整数，并计算这些整数的平方和。Java 程序代码如下：

```
// 计算若干整数的平方和
// 使用 import 语句导入 java.util 包中的所有类，包括 Scanner 类
import java.util. * ;
```

```
public class ScannerDemo1 {
    public static void main(String [ ] args) {
        double sum = 0;

        System.out.println ("请输入若干整数:");
        // 创建用于接收和处理键盘输入的 Scanner 对象
        Scanner scanner = new Scanner(System.in);

        while (scanner.hasNextInt()) {
            int i = scanner.nextInt();
            sum = sum + i*i;
        }

        System.out.println ("这些整数的平方之和是:" + sum);
    }
}
```

程序运行结果如下：

请输入若干整数：

-2 -1 0 -1 -2 end

这些整数的平方之和是:10.0

本例 Java 源程序对应的程序流程图如图 8-10 所示。

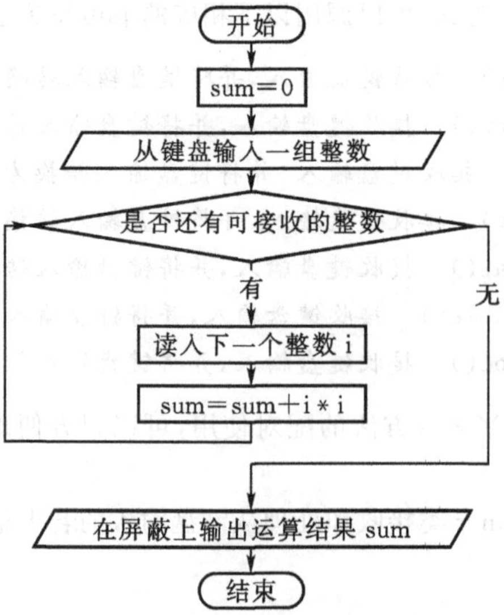

图 8-10 接收和处理从键盘输入的若干整数

8.5 Math 类

Math 类是 java. lang 包中的一个常用类，其中的方法主要用于数值计算。Math 类的定义原型如下：

```
public final class java.lang.Math extends java.lang.Object {
    ……
}
```

在 Math 类中使用关键字 static 和 final 定义了两个可作为常数使用的类常量：

public static final double E，表示自然对数的底数

public static final double PI，表示圆周率

此外，Math 类中的方法也都是静态的。因此，在 Java 源程序中需要使用“类名. 方法名”的格式调用这些方法。

表 8－4 列出了 Math 类中常用的类方法及其功能和用法。

表 8－4 Math 类中常用的类方法及其功能和用法

方法	功能和用法
public static int abs(int i) public static long abs(long lng) public static float abs(float f) public static double abs(double d)	返回所给算术表达式的绝对值，例如 Math. abs(－10)的返回值是 10 Math. abs(－10. 2f)的返回值是 10. 2 Math. abs(－10. 2)的返回值是 10. 2
public static double ceil(double d)	返回大于或等于所给算术表达式值的 double 型的最小整数，例如 Math. ceil(3. 45)的返回值是 4 Math. ceil(－3. 45)的返回值是－3
public static double floor(double d)	返回小于或等于所给算术表达式值的 double 型的最大整数，例如 Math. floor(3. 45)的返回值是 3 Math. floor(－3. 45)的返回值是－4
public static double random()	随机生成一个区间[0,1)内的浮点数
public static int round(float f) public static long round(double d)	对算术表达式的值，返回一个四舍五入到个位数的整数，例如 Math. round(123. 45f)的返回值是 123 Math. round(1234. 56d)的返回值是 1235
public static double sqrt(double d)	返回所给算术表达式值的平方根，例如 Math. sqrt(16. 0d)的返回值是 4. 0

注意：Math 类中的方法大都是重载的。例如，方法 abs 的参数可以是 int、long、float 或 double 型数据，返回值也分别是 int、long、float 或 double 型数据。

【例 8-16】 使用 Scanner 类接收和处理从键盘输入的若干个整数，并计算这些整数的平方根之和。如果在输入的整数中发现负整数，则跳过这些负整数继续计算，以便保证程序的正常运行。程序流程图如图 8-11 所示。

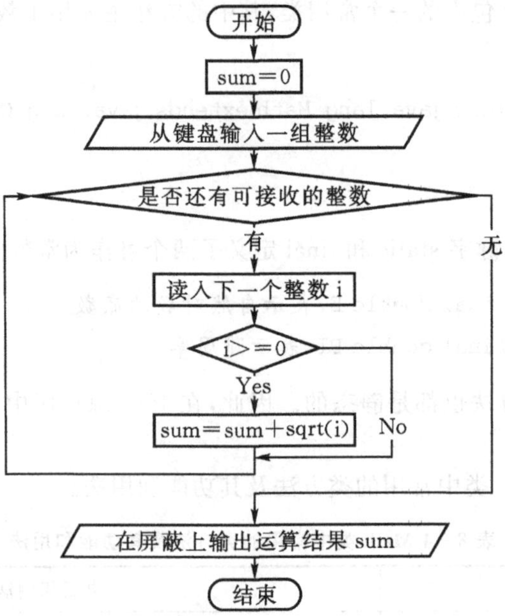

图 8-11　计算若干整数的平方根之和

对应的 Java 程序代码如下：

```
// 计算若干整数的平方根之和
// 如果发现负整数，则跳过该负整数继续计算
import java.util.*;

public class ScannerDemo2 {
    public static void main(String [ ] args) {
        double sum = 0;

        System.out.println ("请输入若干整数:");
        Scanner scanner = new Scanner(System.in);

        while (scanner.hasNextInt()) {
            int i = scanner.nextInt();
            if (i > = 0)
                sum + = Math.sqrt(i);
        }
```

```
            System.out.println ("这些整数的平方根之和是:" + sum);
        }
}
```

程序运行结果如下：

```
请输入若干整数:
1 4 -9 16 end
```

这些整数的平方根之和是:7.0

【例 8-17】 求一元二次方程 $ax^2 + bx + c = 0$ 的解，并考虑以下几种可能情况：

1. a = 0，不是二次方程。
2. $b^2 - 4ac > 0$，有两个不同的实根。
3. $b^2 - 4ac = 0$，有两个相等的实根。
4. $b^2 - 4ac < 0$，有两个共轭的复根。

求解一元二次方程的 N-S 流程图如图 8-12 所示。

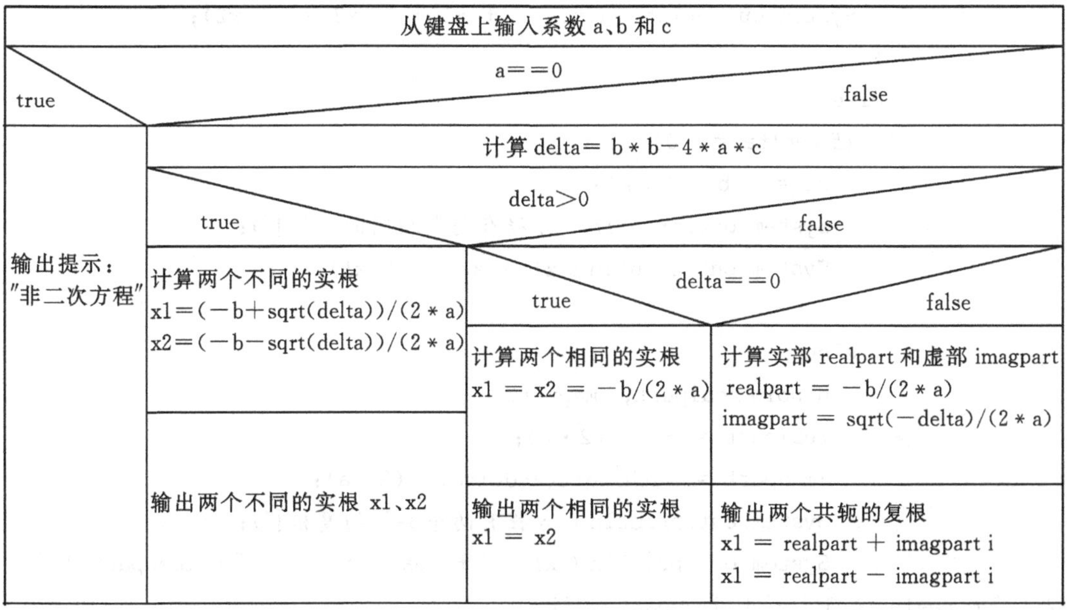

图 8-12　求解一元二次方程的 N-S 流程图

与图 8-12 的 N-S 流程图相对应，Java 程序代码如下：

```
import java.util.*;

public class QuadraticEquation {
    public static void main(String [ ] args) {
        System.out.println ("请从键盘输入三个实数,然后单击回车键:");
        Scanner scanner = new Scanner(System.in);
```

```
        double a = scanner.nextDouble();
        double b = scanner.nextDouble();
        double c = scanner.nextDouble();

        if (a == 0)
          System.out.println ("a = 0,因此系数 a、b 和 c 不能构成一元二次方程");
        else {
          double delta = b * b - 4 * a * c;
          double x1, x2;

          if (delta > 0) {
            x1 = (-b + Math.sqrt(delta)) / (2 * a);
            x2 = (-b - Math.sqrt(delta)) / (2 * a);
            System.out.println ("方程有两个不同的实根!");
            System.out.println ("x1 = "+ x1 + "  x2 = "+ x2);
          }
          else
            if (delta == 0) {
              x1 = -b / (2 * a);
              System.out.println ("方程有两个相同的实根!");
              System.out.println ("x1 = x2 = "+ x1);
            }
            else {
              double realpart, imagpart;
              realpart = -b / (2 * a);
              imagpart = Math.sqrt(-delta) / (2 * a);
              System.out.println ("方程有两个共轭的复根!");
              System.out.println ("x1 = "+ realpart + "+ "+ imagpart + "i
x2 = "+ realpart + "-"+ imagpart + "i");
            }
        }
    }
}
```

8.6 Date 类与 SimpleDateFormat 类

Date 类位于 java.util 包。Date 类的定义原型如下：

```
public class java.util.Date extends java.lang.Object {
```

```
    ……
}
```

Date 类用于处理日期和时间数据。在 Java 源程序首部的 package 语句之后，需要使用以下任意一条语句导入 java.util 包中的 Date 类：

```
import java.util.*;          // 导入 java.util 包中的所有类，包括 Date 类
import java.util.Date;       // 仅导入 java.util 包中的 Date 类
```

在 Java 源程序中，可以使用构造器 public Date()创建保存系统当前日期和时间的 Date 对象。

调用方法 public String toString()，可以将保存在 Date 对象中的日期和时间转换为一个包含 28 个字符、系统规定格式的字符串。

【例 8-18】 使用 Date 类输出系统的当前日期和时间。Java 程序代码如下：

```
// 使用 import 语句导入 java.util 包中的 Date 类
import java.util.Date;

public class DateDemo {
    public static void main(String [ ] args) {
        // 创建保存系统当前日期和时间的 Date 对象
        Date nowDate = new Date();
        // 将保存在 Date 对象中的日期和时间转换为规定格式的字符串
        String str = nowDate.toString();
        System.out.println(str);
    }
}
```

程序运行结果如下：

```
Sun Nov 11 20:13:14 CST 2018
```

注意：调用方法 public String toString()，可以将保存在 Date 对象中的日期和时间转换为系统规定格式的字符串，该字符串包含 28 个字符，其中最后 4 个字符表示日期中的年份。

在 Java 程序中，有时还需要将日期和时间数据转换为特定格式的字符串，这时可以使用 SimpleDateFormat 类及其方法。SimpleDateFormat 类位于 java.text 包，SimpleDateFormat 类的定义原型如下：

```
public class java.text.SimpleDateFormat extends java.text.DateFormat {
    ……
}
```

将日期和时间数据转换为特定格式字符串的方法和步骤如下：首先创建一个 SimpleDateFormat 对象，同时指定日期和时间的模式字符串；然后通过该 SimpleDateFormat

对象调用 format 方法对一个 Date 对象进行处理，即可根据指定模式得到特定格式的用字符串表示的日期和时间。

【例 8-19】 将日期和时间数据转换为特定格式的字符串。Java 程序代码如下：

```
import java.util.Date;
import java.text.SimpleDateFormat;

public class SimpleDateFormatDemo {
  public static void main(String [ ] args) {
    // 创建 SimpleDateFormat 对象，同时指定日期和时间的模式字符串
    SimpleDateFormat dateFormat = new SimpleDateFormat ("yyyy 年 MM 月 dd 日  HH 时 mm 分 ss 秒");
    // 创建保存系统当前日期和时间的 Date 对象
    Date nowDate = new Date();
    // 将保存在 Date 对象中的日期和时间数据转换为特定格式的字符串
    String str = dateFormat.format(nowDate);
    System.out.println(str);
    }
}
```

程序运行结果如下：

```
2013 年 01 月 04 日  13 时 01 分 04 秒
```

注意：调用构造器创建 SimpleDateFormat 对象时，以实参形式指定了日期和时间数据的模式字符串"yyyy 年 MM 月 dd 日　HH 时 mm 分 ss 秒"。其中，yyyy、MM、dd、HH、mm、ss 分别表示年、月、日、时、分、秒。也可以指定其他模式字符串，如"yyyy-MM-dd　HH 时 mm 分 ss 秒"，此时程序运行结果就变为" 2013-01-04　13 时 01 分 04 秒"。

【例 8-20】 使用循环结构对身份证号码的合规性进行检验，并根据身份证号码计算年龄。具体要求如下：

1. 定义指向 String 对象的引用变量 idno 以存放身份证号码，定义 int 型变量 age 以存放年龄或身份证号码合规性的检验标志。

2. 如果身份证号码不包含 18 个字符，则为 int 型变量 age 赋值－1。

3. 从左向右逐个检查身份证号码中的字符，如果在前 17 个字符中发现非数字字符（0～9 之外的字符），则为 int 型变量 age 赋值－2。

4. 如果在前 17 个字符中没有发现非数字字符（0～9 之外的字符），则根据身份证号码计算年龄，并将年龄赋值给 int 型变量 age。

5. 最后，显示 int 型变量 age 的值。

程序流程图如图 8-13 所示。

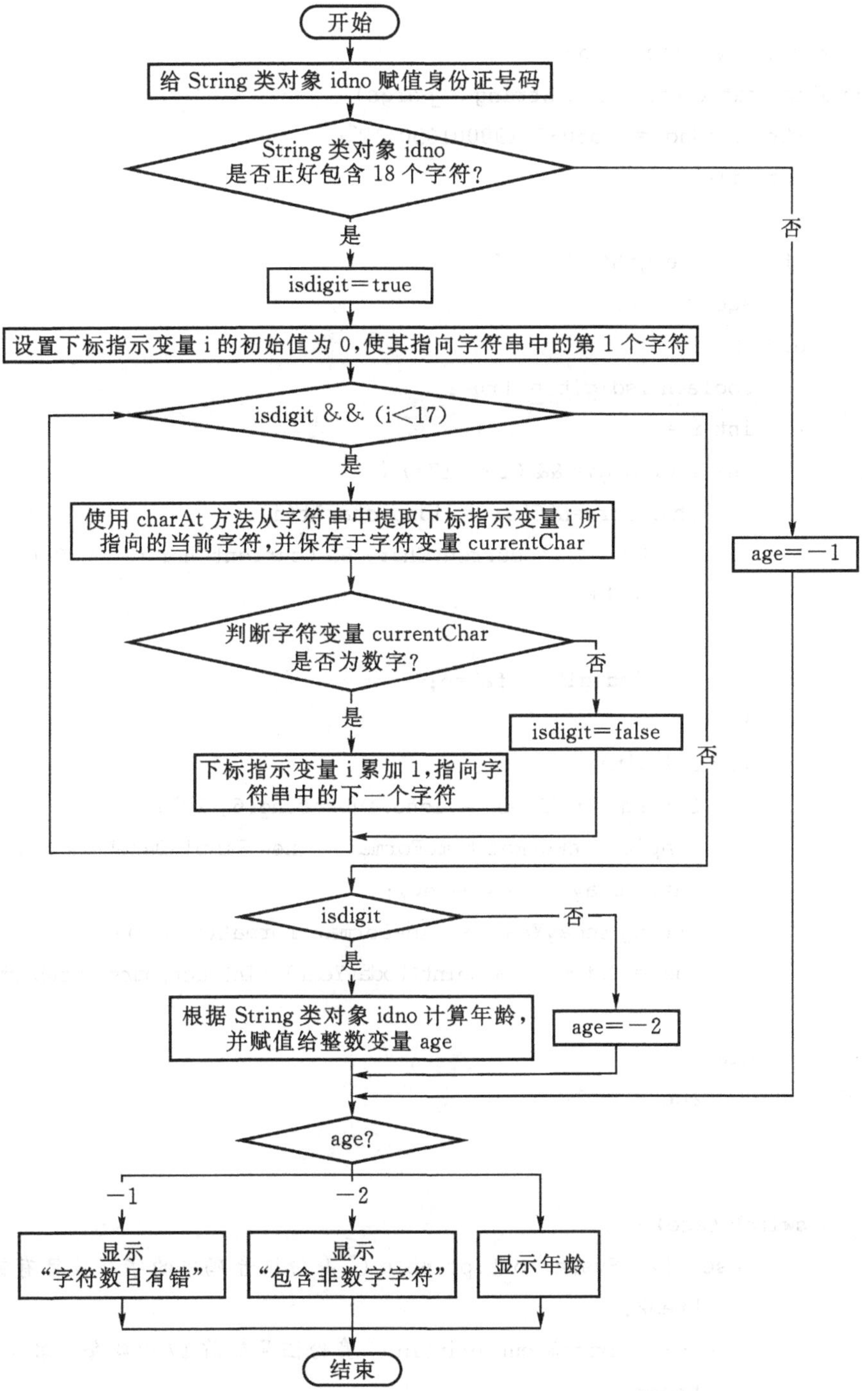

图 8-13　根据身份证号码计算年龄的程序流程图

与图 8-13 的程序流程图相对应,Java 程序代码如下:

```
import java.util.Date;
import java.text.SimpleDateFormat;
```

```
public class AgeCalculation {
    public static void main(String [ ] args) {
        String idno = " 550327198001050112";
        int age;

        if (idno.length() ! = 18)
            age = -1;
        else {
            boolean isdigit = true;
            int i = 0;
            while (isdigit && (i < 17)) {
                char currentChar = idno.charAt(i);
                if (('0' < = currentChar) && (currentChar < = '9'))
                    i ++ ;
                else
                    isdigit = false;
            }
            if (isdigit) {
                String birthYear = idno.substring(6, 10);
                SimpleDateFormat timeFormat = new SimpleDateFormat ("yyyy" );
                Date today = new Date();
                String todayYear = timeFormat.format(today);
                age = Integer.parseInt(todayYear) - Integer.parseInt(birthYear);
            }
            else
                age = -2;
        }

        switch (age) {
            case -1:  System.out.println (" 身份证号码中的字符数目有错!" );
                break;
            case -2:  System.out.println (" 身份证号码前 17 中包含非数字字符!" );
                break;
            default: System.out.println (" 身份证号码基本正确! 根据该身份证号
码推算的年龄是" + age);
        }
    }
}
```

注意：调用构造器创建 SimpleDateFormat 对象时，以实参形式指定了日期和时间数据的模式字符串"yyyy"，这样通过代码"timeFormat.format(today)"即可获取字符串形式的当前年份 todayYear。

8.7　Object 类

Object 类位于 java.lang 包。在 Java 语言和源程序中，Object 类是整个类层次结构的根，也是其他任何类的直接或间接超类。Object 类的定义原型如下：

```
public class java.lang.Object {
    ……
}
```

在 Object 类的声明中定义了一些描述对象最基本行为的 public 方法。另外，由于 Object 类是其他任何类的直接或间接超类，所以任何类都会继承在 Object 类中定义的 public 方法，并且 Object 类的任何直接或间接子类都可以覆盖或重载这些 public 方法。在这些 public 方法中，最常见的是 equals 和 toString 方法。

1. public boolean equals(Object obj)。该方法用于比较两个引用变量所指向对象中的数据是否相同。该方法的返回值是 boolean 类型的数据，即 true 或 false。

2. public String toString()。该方法以字符串形式返回有关当前对象的一些重要属性信息。该方法的返回值是指向 String 对象的引用类型。

其中，equals 方法满足自反性(reflexive)、对称性(symmetric)和传递性(transitive)。自反性是指对于指向对象的任意引用变量 x，x.equals(x)的值一定是 true。对称性是指对于指向对象的任意引用变量 x 和 y，如果 x.equals(y)的值是 true，则 y.equals(x)的值也一定是 true。传递性是指对于指向对象的任意引用变量 x、y 和 z，如果 x.equals(y)和 y.equals(z)的值都是 true，则 x.equals(z)的值也一定是 true。

在 Object 类的直接或间接子类中有时需要覆盖 equals 方法，此时同样需要确保 equals 方法满足自反性、对称性和传递性。例如，String 类是 Object 类的子类，在 String 类中定义的 equals 方法就是对 Object 类中 equals 方法的覆盖，该方法用于比较两个 String 对象所存储的字符串是否相同，而且该方法也满足自反性、对称性和传递性。

【例 8-21】 演示 String 类中 equals 方法的自反性、对称性和传递性。Java 程序代码如下：

```
public class EqualsDemo {
    public static void main(String [ ] args) {
        String s1 = "Java" , s2 = "Java";
        String s3 = new String ("Java" );

        System.out.println((s1 == s2) + "  " + (s2 == s3) + "  " +
(s3 == s1));
        System.out.println(s1.equals(s1));                  // 自反性
```

```
        System.out.println(s1.equals(s2) + " " + s2.equals(s1)); // 对称性
        System.out.println(s1.equals(s2) + " " + s2.equals(s3) + " " +
s1.equals(s3));                                              // 传递性
    }
}
```

程序运行结果如下：

```
true false false
true
true true
true true true
```

在上述 Java 源程序中，引用变量 s1、s2 和 s3 所指向的 String 对象存储的字符串都是"Java"。但是，引用变量 s1 和 s2 指向同一个 String 对象，而引用变量 s3 则指向另一个 String 对象。所以，表达式"s1 == s2"的值是 true，而表达式"s2 == s3"和"s3 == s1"的值则是 false。

在程序运行结果中，第 2 行输出（true）是因为 equals 方法满足自反性，第 3 行输出（true true）是因为 equals 方法满足对称性，第 4 行输出（true true true）是因为 equals 方法满足传递性。

在 Object 类的直接或间接子类中可以覆盖 toString 方法，也可以重载 toString 方法。

1. Date 类是 Object 类的子类。在 Date 类中即对 toString 方法进行了覆盖，通过指向 Date 对象的引用变量调用 toString 方法，可以将保存在 Date 对象中的日期和时间转换为一个包含 28 个字符、系统规定格式的字符串。

2. Integer 类是 Number 类的子类，Number 类又是 Object 类的子类，所以 Integer 类是 Object 类的间接子类。在 Integer 类中即对 toString 方法进行了重载。例如，Integer.toString(31)返回字符串"31"，而 Integer.toString(31,16)返回字符串"1f"。

8.8　引用类型的实例变量和类变量

在大多数情况下，实例变量属于基本类型，但在一个类的声明中也可以定义引用类型的实例变量。例如，String 和 Date 是 JDK 在类库中预先声明的 public 类。为了记录和存储雇员的姓名和雇佣日期，可以在 Employee 类的声明中定义能够指向 String 对象和 Date 对象的引用变量，同时这些引用变量也是实例变量。

【例 8-22】 定义引用类型的实例变量。Java 程序代码如下：

```
import java.util.Date;
import java.text.SimpleDateFormat;

class Employee {
    // 实例变量 name 和 hiredDate 是分别指向 String 对象和 Date 对象的引用变量
    String name;  Date hiredDate;  int salary, ID;
```

```
    Employee(String name, int salary, int ID) {
        // 将引用类型的实例变量 name 和 hiredDate 分别指向 String 对象和 Date 对象
        this.name = name;
        this.hiredDate = new Date();
        this.salary = salary;
        this.ID = ID;
    }

    @Override
    public String toString() {// 覆盖 java.lang.Object 中的 toString 方法
        SimpleDateFormat dateFormat = new SimpleDateFormat ("yyyy/MM/dd" );
        return "职工号:" + ID + "\t 姓名:" + name + "\t 入职日期:" +
dateFormat.format(hiredDate) + "\t 薪水:" + salary;
    }
}

public class ObjectComposition1 {
    public static void main(String [ ] args) {
        Employee e = new Employee ("Bob" , 1000, 1);
        // 以下两行语句是等价的。简单起见,可以直接使用第 2 行
        System.out.println(e.toString());
        System.out.println(e);
    }
}
```

程序运行结果如下：

```
职工号:1    姓名:Bob    入职日期:2018/03/16    薪水:1000
```

在上述 Employee 类的声明中,除定义了 int 类型的实例变量 salary 和 ID 外,还定义了引用类型的实例变量 name 和 hiredDate——分别指向 String 对象和 Date 对象的引用变量。

注意：

1. 在进行对象初始化时,默认的构造器将 byte、short、int、long、float、double 和 char 类型的实例变量的值初始化为 0,将 boolean 类型的实例变量的值初始化为 false,而将引用类型的实例变量的值初始化为 null(表示引用变量不指向任何对象)。

2. 如果在类的声明中定义了引用类型的实例变量以及构造器,则在调用构造器进行对象初始化时,一般需要将引用类型的实例变量指向新创建的对象。例如,在 Employee 类的构造器中,将引用类型的实例变量 name 和 hiredDate 分别指向 String 对象和 Date 对象。

3. 通过在一个类的声明中定义引用类型的实例变量,可以实现对象的组合(Composition)。在本例中,一个 Employee 对象不仅包含 int 类型的实例变量 salary 和 ID,而

且包含能够分别指向 String 对象和 Date 对象的引用类型的实例变量 name 和 hiredDate。换言之，一个 Employee 对象是由两个 int 类型的实例变量 salary 和 ID、一个 String 对象和一个 Date 对象组合而成的。同时也说明，通过对象的组合可以实现在一个类的对象中包含其他类的对象。

实际上，在 Java 源程序中也可以使用自定义类实现对象的组合。

【例 8-23】 使用自定义类实现对象的组合。Java 程序代码如下：

```
class Point {
    double x, y;

    Point(double x, double y) {this.x = x; this.y = y;}

    void outputCoordinate() {System.out.println ("X = " + x + "Y = " + y);}
}

class Circle {
    Point center;  // 实例变量 center 是指向 Point 对象的引用变量
    double radius;

    Circle(double x, double y, double radius) {
        center = new Point(x, y);  // 将引用类型的实例变量 center 指向新建
Point 对象
        this.radius = radius;
    }

    double getArea() {return Math.PI * radius * radius;}
}

public class ObjectComposition2 {
    public static void main(String [ ] args) {
        Circle c = new Circle(1.0, 2.0, 10.0);
        System.out.println (" Area of circle is " + c.getArea());
        c.center.outputCoordinate();
    }
}
```

程序运行结果如下：

```
Area of circle is 314.1592653589793
X = 1.0  Y = 2.0
```

在上述代码中，首先声明 Point 类；然后在 Circle 类的声明中，除定义 double 类型的实例

变量 radius 外，还定义了引用类型的实例变量 center——能够指向 Point 对象的引用变量。这即是一种对象组合技术，意味着在一个 Circle 对象中又包含一个 Point 对象。

在 CompositionTest 类的 main 方法中，定义了能够指向 Circle 对象的引用变量 c；代码"c. center"指向 Point 对象，语句"c. center. outputCoordinate()；"表示通过该 Point 对象调用在 Point 类中定义的实例方法 outputCoordinate。

注意：在 Circle 类的构造器中，必须将引用类型的实例变量 center 指向新创建的 Point 对象。否则，当程序执行到 main 方法的最后一条语句时将发生异常。

除实例变量外，类变量也可以是引用类型的。在 Java 类库中，System 是在包 java. lang 中声明的一个 public 类，PrintStream 是在包 java. io 中声明的另一个 public 类。在语句"System. out. println(……)；"中，println 则是在 PrintStream 类中定义的一个没有返回值的实例方法；out 既是在 System 类中定义的类变量，又是指向 PrintStream 对象的引用变量，并且可以通过引用类型的类变量 out 调用实例方法 println。

第 9 章 抽象类和接口

在 Java 语言中，类、数组和接口都属于引用类型，都可以用来定义指向对象的引用变量。在 Java 程序中利用抽象类和接口，可以实现更丰富的数据处理功能。

9.1 抽象类和抽象方法

可以使用关键字 abstract 声明抽象类(Abstract Class)。在抽象类中可以使用关键字 abstract 定义抽象方法(Abstract Method)，但抽象方法没有实现代码，或者说没有方法体。在继承抽象类的子类中可以给出抽象方法的实现代码。

声明抽象类并在其中定义抽象方法可以采用如下基本语法格式：

```
abstract class AbstractClassName {
    ……
    abstract type abstractMethod(Parame terList);
    ……
}
```

声明抽象类和定义抽象方法都需要使用关键字 abstract，其他语法格式与声明一般类和定义一般方法类似。

9.1.1 抽象类与多态性

抽象类和抽象方法不仅扩展了类和方法的外延，而且使用抽象类及其子类可以扩展面向对象程序设计的多态性。

【例 9 - 1】 使用抽象类及其子类扩展面向对象程序设计的多态性。Java 程序代码如下：

```
abstract class CollegeStudent {              // 声明抽象类 CollegeStudent
    String name;                             // 实例变量
    public CollegeStudent(String name) {this.name = name;}
    abstract void study();                   // 定义抽象方法 study,但没有实现代码
}

class Freshman extends CollegeStudent {      // 子类 Freshman 继承抽象类 CollegeStudent
    public Freshman(String name) {super(name);}

    // 在子类 Freshman 中实现父类(抽象类 CollegeStudent)中的抽象方法 study
    // 或者说覆盖父类 CollegeStudent 中的 study 方法
```

```
    @Override
    void study() {
        System.out.println(name + " studies Object-Oriented Programming");
    }
}

class Sophomore extends CollegeStudent {
    public Sophomore(String name) {super(name);}

    // 在子类 Sophomore 中实现父类(抽象类 CollegeStudent)中的抽象方法 study
    @Override
    void study() {
        System.out.println(name + " studies Java Programming Language");
    }
}

class Junior extends CollegeStudent {
    public Junior(String name) {super(name);}

    // 在子类 Junior 中实现父类(抽象类 CollegeStudent)中的抽象方法 study
    @Override
    void study() {
        System.out.println(name + " studies Unified Modeling Language");
    }
}

public class AbstractClassDemo1 {
    public static void main(String[] args) {
        // 父类 CollegeStudent 引用变量 st1 指向子类 Freshman 的对象
        CollegeStudent st1 = new Freshman ("Alice");
        // 父类 CollegeStudent 引用变量 st2 指向子类 Sophomore 的对象
        CollegeStudent st2 = new Sophomore ("Bob");
        // 父类 CollegeStudent 引用变量 st3 指向子类 Junior 的对象
        CollegeStudent st3 = new Junior ("James");

        st1.study();     // 表现多态性
        st2.study();
        st3.study();
    }
}
```

程序运行结果如下：

```
Alice studies Object-Oriented Programming
Bob studies Java Programming Language
James studies Unified Modeling Language
```

在本例中，以抽象类 CollegeStudent 为父类，派生出 Freshman、Sophomore 和 Junior 3 个子类。由于一年级(Freshman)、二年级(Sophomore)和三年级(Junior)学生的专业课程不同，所以在父类 CollegeStudent 中没有给出 study 方法的实现代码，而只将其定义为抽象方法。

而在 Freshman、Sophomore 和 Junior 3 个子类中，均对从父类 CollegeStudent 继承的 study 抽象方法给出相应的实现代码，或者说覆盖父类 CollegeStudent 中的 study 方法。

在 AbstractClassDemo1 类的 main 方法中，父类 CollegeStudent 引用变量 st1、st2 和 st3 分别指向子类 Freshman、Sophomore 和 Junior 的对象，代码 st1. study()、st2. study()和 st3. study()分别调用子类 Freshman、Sophomore 和 Junior 中的实例方法 study，从而表现出多态性。

注意：

1. 抽象类主要用于类的继承，并在其子类中实现抽象方法。

2. 在继承抽象类的子类中可以给出抽象方法的实现代码，同时也是对父类中抽象方法的覆盖。

3. 定义有抽象方法的类必须声明为抽象类，但在抽象类的声明中可以不定义抽象方法，也可以定义非抽象方法并给出实现代码。

4. 不能创建抽象类的对象，但可以创建非抽象子类的对象。

5. 在抽象类中可以定义实例变量，也可以定义类变量。

6. 在声明抽象类时不能使用关键字 final，因为使用关键字 final 声明的类是终极类，终极类不能被其他类继承，这与设计抽象类的初衷相抵触。

7. 抽象方法是没有具体实现代码的方法，其主要特点是将方法的设计与方法的实现进行分离，即在抽象类中定义抽象方法时只是指定方法名、参数列表和返回值类型，而在继承抽象类的子类中覆盖抽象方法并给出实现代码。

【例 9-2】 使用抽象类及其子类扩展面向对象程序设计的多态性。Java 程序代码如下：

```
abstract class Graphics {                    // 声明抽象类 Graphics
    abstract double getArea();               // 定义抽象方法 getArea,但没有实现代码
}

class Circle extends Graphics {              // 子类 Circle 继承抽象类 Graphics
    private double radius;                   // radius 代表圆的半径

    public Circle(double r) {radius = r;}

    // 在子类 Circle 中实现父类(抽象类 Graphics)中的抽象方法 getArea
    // 或者说覆盖父类 Graphics 中的 getArea 方法
```

```
    @Override
    double getArea() {
        return Math.PI * radius * radius;
    }

    // 覆盖超类 java.lang.Object 中的 toString 方法
    @Override
    public String toString() {
        return "Circle{ (" + radius + ") = " + getArea() + "}";
    }
}

class Triangle extends Graphics {           // 子类 Triangle 继承抽象类 Graphics
    private double a, b, c;                 // a、b、c 代表三角形的三条边

    public Triangle(double a, double b, double c) {
        this.a = a; this.b = b; this.c = c;
    }

    // 在子类 Triangle 中实现父类(抽象类 Graphics)中的抽象方法 getArea
    @Override
    double getArea() {
        double s = 0.5 * (a + b + c);   // Heron's Formula
        return Math.sqrt(s * (s - a) * (s - b) * (s - c));
    }

    // 覆盖超类 java.lang.Object 中的 toString 方法
    @Override
    public String toString() {
        return "Triangle{ (" + a + "," + b + "," + c + ") = " + getArea() + "}";
    }
}

public class AbstractClassDemo2 {
    public static void main(String [ ] args) {
        // 父类 Graphics 引用变量 g1 指向子类 Circle 的对象
        Graphics g1 = new Circle(2);
        // 父类 Graphics 引用变量 g2 指向子类 Triangle 的对象
        Graphics g2 = new Triangle(5, 6, 6);
```

```
        System.out.println(g1.getArea());   // 表现多态性
        System.out.println(g2.getArea());

        System.out.println(g1.toString());  // 表现多态性
        System.out.println(g2.toString());  // 可以省略 toString
    }
}
```

程序运行结果如下：

```
12.566370614359172
13.635890143294644
Circle{(2.0) = 12.566370614359172}
Triangle{(5.0,6.0,6.0) = 13.635890143294644}
```

在本例中，以抽象类 Graphics 为父类，派生出 Circle 和 Triangle 两个子类。由于圆(Circle)和三角形(Triangle)的面积计算公式不同，所以在父类 Graphics 中没有给出 getArea 方法的实现代码，而只将其定义为抽象方法。

而在 Circle 和 Triangle 两个子类中，均对从抽象类 Graphics 继承的 getArea 方法给出相应的实现代码，或者说覆盖父类 Graphics 中的 getArea 方法。

此外，在类 Circle 和类 Triangle 的声明中均定义了 toString 方法，以字符串形式返回相关图形的基本属性信息，实际上是对超类 java.lang.Object 中 toString 方法的覆盖。

在 AbstractClassDemo2 类的 main 方法中，父类 Graphics 引用变量 g1 和 g2 分别指向子类 Circle 和 Triangle 的对象，代码"g1.getArea()"和"g2.getArea()"分别调用子类 Circle 和 Triangle 中的实例方法 getArea，从而表现出多态性。此时，多态性具备以下 3 个条件：

1. 子类 Circle 和 Triangle 继承抽象类 Graphics。

2. 子类 Circle 和 Triangle 中的 getArea 方法覆盖父类 Graphics 中的 getArea 方法，并给出相应的实现代码。

3. 父类 Graphics 引用变量 g1 和 g2 分别指向子类 Circle 和 Triangle 的对象。

类似地，代码"g1.toString()"和"g2.toString()"分别调用子类 Circle 和 Triangle 中的实例方法 toString，从而表现出多态性。此时，多态性具备以下 3 个条件：

1. 子类 Circle 和 Triangle 继承超类 java.lang.Object。

2. 子类 Circle 和 Triangle 中的 toString 方法覆盖超类 java.lang.Object 中的 toString 方法，并给出相应的实现代码。

3. 父类 Graphics 引用变量 g1 和 g2 分别指向子类 Circle 和 Triangle 的对象。

9.1.2 比较不同类型的对象

利用抽象类和抽象方法，还可以比较具有共同父类的不同类型对象的相关属性。例如，圆和三角形都是具有面积属性的图形，利用抽象类和抽象方法，即可比较圆和三角形的面积大小。

【例 9 - 3】 比较圆和三角形的面积。Java 程序代码如下：

```
abstract class Graphics {                // 代码与前例完全一致
    abstract double getArea();
}

class Circle extends Graphics {          // 代码与前例完全一致
    private double radius;

    public Circle(double r) {radius = r;}

    @Override
    double getArea() {return Math.PI * radius * radius;}

    @Override
    public String toString() {
        return "Circle{ (" + radius + ") = " + getArea() + "}";
    }
}

class Triangle extends Graphics {        // 代码与前例完全一致
    private double a, b, c;

    public Triangle(double a, double b, double c) {
        this.a = a; this.b = b; this.c = c;
    }

    @Override
    double getArea() {
        double s = 0.5 * (a + b + c);
        return Math.sqrt(s * (s - a) * (s - b) * (s - c));
    }

    @Override
    public String toString() {
        return "Triangle{ (" + a + "," + b + "," + c + ") = " + getArea() + "}";
    }
}

public class AbstractClassDemo3 {
```

```
    // 类方法 findBigger 的形参和返回值都是基于抽象类 Graphics 的引用类型
    // 类方法 findBigger 能够从两个图形中找出面积较大的图形
    static Graphics findBigger(Graphics g1, Graphics g2) {
        Graphics bigger = g2;        // 首先假设图形 g2 的面积较大
        if (g1.getArea() > g2.getArea())
            bigger = g1;

        return bigger;
    }

    public static void main(String [ ] args) {
        // 父类 Graphics 引用变量 g1 指向子类 Circle 的对象
        Graphics g1 = new Circle(2);
        // 父类 Graphics 引用变量 g2 指向子类 Triangle 的对象
        Graphics g2 = new Triangle(5, 6, 6);

        System.out.println(g1.toString());  // 表现多态性
        System.out.println(g2);      // 可以省略 toString

        // 从两个图形中找出面积较大的图形
        Graphics biggerGraphics = findBigger(g1, g2);
        System.out.println ("The Bigger Graphics is " + biggerGraphics);
    }
}
```

程序运行结果如下：

```
Circle{(2.0) = 12.566370614359172}
Triangle{(5.0,6.0,6.0) = 13.635890143294644}
The Bigger Graphics is Triangle{(5.0,6.0,6.0) = 13.635890143294644}
```

在本例中，抽象类 Graphics 及其子类 Circle 和 Triangle 中的代码与前例完全一致。

在主类 AbstractClassDemo3 中，类方法 findBigger 的两个形参(g1 和 g2)以及返回值都是基于超类 Graphics 的引用类型，因此均可指向子类 Circle 或子类 Triangle 的对象。在类方法 findBigger 中，根据形参 g1 和 g2 所具体指向的子类对象，代码“g1. getArea() > g2. getArea()”能够比较两个图形对象的面积，并将面积较大的图形对象所对应的形参作为返回值。

在 main 方法中，首先将父类 Graphics 类型的引用变量 g1 和 g2 分别直接指向新创建的子类 Circle 和 Triangle 对象。调用类方法 findBigger 之后，父类 Graphics 类型的引用变量 biggerGraphics 将指向面积较大的图形对象。

9.1.3　将不同类型的对象组织在一个数组中

利用抽象类和抽象方法，还可以将具有共同父类的不同类型的对象组织在一个数组中，并实现更多的数据处理功能。例如，将一些不同类型的图形对象（如圆、三角形、矩形、正方形等）组织在一个数组中，然后按照面积大小对数组中的各种图形对象进行排序。

【例 9-4】 对数组中的不同图形对象按照面积大小进行排序。Java 程序代码如下：

```
abstract class Graphics {                          // 代码与前例完全一致
    abstract double getArea();
}

class Circle extends Graphics {                    // 代码与前例完全一致
    private double radius;
    public Circle(double r) {radius = r;}
    double getArea() {return Math.PI * radius * radius;}
    public String toString() {
        return "Circle{ (" + radius + ") = " + getArea() + "}";
    }
}

class Triangle extends Graphics {                  // 代码与前例完全一致
    private double a, b, c;
    public Triangle(double a, double b, double c) {
        this.a = a;  this.b = b;  this.c = c;
    }
    double getArea() {
        double s = 0.5 * (a + b + c);
        return Math.sqrt(s * (s - a) * (s - b) * (s - c));
    }
    public String toString() {
        return "Triangle{ (" + a + "," + b + "," + c + ") = " + getArea() + "}";
    }
}

public class AbstractClassDemo4 {
    // 定义一个能够实现冒泡排序的类方法 bubbleSort
    public static void bubbleSort(Graphics a [ ] ) {
        for (int i = 0; i < a.length - 1; i ++)      // 开始冒泡排序
            for (int j = 0; j < a.length - i - 1; j ++)
                if (a[j].getArea() > a[j + 1].getArea()) {
```

```
                    Graphics temp = a[j];
                    a[j] = a[j + 1];
                    a[j + 1] = temp;
                }
        }

        public static void main(String [ ] args) {
            Graphics [ ] graphicsArray = new Graphics[3];
            graphicsArray[0] = new Circle(3);
            graphicsArray[1] = new Circle(2);
            graphicsArray[2] = new Triangle(5, 6, 5);

            System.out.println (" 排序之前:");
            for (int i = 0; i < graphicsArray.length; i ++)  // 基本 for 语句
                System.out.println(graphicsArray[i]);          // 省略了 toString

            bubbleSort(graphicsArray);

            System.out.println (" 排序之后:");
            for (Graphics g : graphicsArray)                   // 增强型 for 语句
                System.out.println(g);                         // 省略了 toString
        }
    }
```

程序运行结果如下：

```
排序之前:
Circle{(3.0) = 28.274333882308138}
Circle{(2.0) = 12.566370614359172}
Triangle{(5.0,6.0,5.0) = 12.0}
排序之后:
Triangle{(5.0,6.0,5.0) = 12.0}
Circle{(2.0) = 12.566370614359172}
Circle{(3.0) = 28.274333882308138}
```

在本例中，类 Graphics、Circle 和 Triangle 中的代码与前两例完全一致，并且抽象类 Graphics 是类 Circle 和类 Triangle 的共同父类。

在 Java 程序中，虽然不能创建抽象类的对象，但可以定义基于抽象类的数组。例如，在主类 AbstractClassDemo4 的 main 方法中，即基于抽象类 Graphics 定义了包含 3 个元素的数组 graphicsArray，其中的每个元素又是基于抽象类 Graphics 的引用类型。由于抽象类 Graphics 又是类 Circle 和类 Triangle 的共同父类，因此数组 graphicsArray 中的每个元素可以指向子类 Circle 或 Triangle 的对象——在排序之前，前两个元素指向 Circle 对象，最后一个元素指向 Triangle 对象。

类似地，类方法 bubbleSort 的形参 a 也是基于抽象类 Graphics 的数组，其中的每个元素也可以指向子类 Circle 或 Triangle 的对象，并且在程序运行时能够根据所指向的具体对象调用相应的 getArea 方法——如果 a[j]指向 Circle 对象，则调用计算圆面积的 getArea 方法；如果 a[j]指向 Triangle 对象，则调用计算三角形面积的 getArea 方法。这样，即可在类方法 bubbleSort 中按照面积大小对数组 a 中的不同图形对象进行排序。

注意：在主类 AbstractClassDemo4 的方法 main 中，输出排序前的数组元素时，使用的是基本 for 语句；而输出排序后的数组元素时，使用的则是增强型 for 语句。

9.2　接口

在 Java 语言中，接口（Interface）可以是一组常量（Constant）、抽象方法（Abstract Method）、默认方法（Default Method）和静态方法（Static Method）的集合。接口的声明可以采用如下基本语法格式：

```
[public]interface InterfaceName {
    type CONSTANT = value;                                        //定义常量

    returnType abstractMethod(formal_parameter_list);             //定义抽象方法
    default returnType defaultMethod(formal_parameter_list) {     //定义默认方法
        method_body
    }

    static returnType staticMethod(formal_parameter_list) {       //定义静态方法
        method_body
    }
}
```

其中，关键字 interface 表示接口的声明。InterfaceName 是接口名，接口名通常使用形容词或名词，且每个单词的首字母大写，其他字母小写。

与类的声明类似，声明接口时可以选择使用关键字 public，即 public 接口既可以在同一个包的内部使用，又可以在包以外的程序中使用，而非 public 接口只能在同一个包的内部使用。

最外层大括号括起来的部分是接口体，在接口体中可以定义零个或多个常量、抽象方法、默认方法和静态方法。没有定义任何常量、抽象方法、默认方法和静态方法的接口称为空接口。

在接口中定义的方法可以返回一个某种类型的数据（值），此时 returnType 指定返回值的数据类型。方法也可以没有返回值，此时 returnType 需要使用关键字 void。

常量名中的字母均大写。xxxMethod 表示方法名，方法名中的第 1 个单词通常使用小写字母的动词，其后使用首字母大写、其他字母小写的若干名词。方法名后面的圆括号中是形参列表,形参之间用逗号分隔。方法也可以没有形参,此时圆括号中为空。

默认方法和静态方法有方法体,而抽象方法没有方法体,只有方法签名。

常量隐含被关键字 public、static 和 final 修饰,抽象方法隐含被关键字 public 和 abstract 修饰。定义默认方法和静态方法时,不能省略关键字 default 和 static。

接口不能被实例化,但能被多个类实现。在一个接口中定义的抽象方法能够为多个实现类提供相似的操作,但在接口中并不给出抽象方法的实现代码。抽象方法的实现代码是在该接口的实现类中给出的,基本语法格式如下:

```
class ClassName implements InterfaceName1, …, InterfaceNameN {
    ……
    public returnType abstractMethod(type para1, …, type paraN) {
        ……
        // 通过具体代码实现在接口中定义的抽象方法 abstractMethod
        ……
    }
}
```

注意:

1. 一个类实现接口时,在类名后面需要使用关键字 implements。

2. 一个类可以实现多个接口。此时,在关键字 implements 后面的接口名之间用逗号分隔。

【例 9-5】 接口及其实现类。Java 程序代码如下:

```
interface Interface {
    int CONSTANT = 1;                          // 常量

    void abstractMethod();                     // 抽象方法

    default void defaultMethod() {             // 默认方法
    System.out.println ("defaultMethod is invoked !");
}

    static void staticMethod() {               // 静态方法
        System.out.println (" staticMethod is invoked !");
    }
}

class ImplementClass implements Interface {
    // 实现接口 Interface 中的抽象方法 abstractMethod,且必须使用关键字 public
    // 或者说,覆盖接口 Interface 中的 abstractMethod 方法
    @Override                                  // 可省略此标注
```

```
    public void abstractMethod() {          // 被实现的抽象方法
        System.out.println (" implemented abstractMethod is invoked !" );
    }
}

public class InterfaceDemo1 {
    public static void main(String [ ] args) {
        Interface obj = new ImplementClass();  // 创建实现类对象
        System.out.println (" CONSTANT of Interface is " + Interface.CONSTANT);
        System.out.println (" CONSTANT of Interface is " + ImplementClass.CONSTANT);
        System.out.println (" CONSTANT of Interface is " + obj.CONSTANT);
        obj.abstractMethod();               // 通过实现类对象调用被实现的抽象方法
        obj.defaultMethod();                // 通过实现类对象调用默认方法
        Interface.staticMethod();           // 通过接口调用静态方法
    }
}
```

程序运行结果如下：

```
CONSTANT of Interface is 1
CONSTANT of Interface is 1
CONSTANT ofInterface is 1
implemented abstractMethod is invoked !
defaultMethod is invoked !
staticMethod is invoked !
```

在本例中，首先声明接口 Interface，并在其中定义常量 CONSTANT、抽象方法 abstractMethod、默认方法 defaultMethod 和静态方法 staticMethod。与在抽象类中定义的抽象方法类似，在接口 Interface 中定义的抽象方法 abstractMethod 也没有实现代码，或者说没有方法体。

随后声明的类 ImplementClass 实现了接口 Interface，同时实现了在接口 Interface 中定义的抽象方法 abstractMethod——给出了具体的实现代码，或者说覆盖接口 Interface 中的 abstractMethod 方法。相应地，类 ImplementClass 称为接口 Interface 的实现类。

在 InterfaceDemo1 类的 main 方法中，接口 Interface 类型的引用变量 obj 指向实现类 ImplementClass 的对象，代码“obj. abstractMethod()”调用实现类 ImplementClass 中的实例方法 abstractMethod，而代码“obj. defaultMethod()”表示通过实现类 ImplementClass 的对象调用接口 Interface 中的默认方法 defaultMethod。由此可见，接口也是一种引用类型，基于一个接口定义的引用变量可以指向属于该接口实现类的对象。

在 main 方法中，代码“Interface. CONSTANT”表示直接通过接口 Interface 访问在其中定义的常量 CONSTANT；代码“ImplementClass. CONSTANT”和“obj. CONSTANT”既说明接口 Interface 中的常量 CONSTANT 隐含被关键字 static 修饰，又说明实现类

ImplementClass 能够继承接口 Interface 中的常量 CONSTANT。

注意：实现类 ImplementClass 能继承接口 Interface 中的常量 CONSTANT，也能继承、覆盖、实现接口 Interface 中的抽象方法 abstractMethod，还能继承接口 Interface 中的默认方法 defaultMethod，但不能继承接口 Interface 中的静态方法 staticMethod。

9.2.1 接口与多态性

如 9.1.1 小结，使用抽象类及其子类可以扩展面向对象程序设计的多态性。类似地，使用接口及其实现类也可以扩展面向对象程序设计的多态性。

【例 9-6】 使用接口及其实现类扩展面向对象程序设计的多态性。Java 程序代码如下：

```
interface Graphics {                              // 声明接口 Graphics
    double getArea();                             // 定义抽象方法 getArea
}

class Circle implements Graphics {                // 类 Circle 实现接口 Graphics
    private double radius;                        // radius 代表圆的半径

    public Circle(double r) {radius = r;}

    // 实现在接口 Graphics 中定义的抽象方法 getArea，且必须使用关键字 public
    // 或者说覆盖接口 Graphics 中的 getArea 方法
    @Override
    public double getArea() {return Math.PI * radius * radius;}

    // 覆盖超类 java.lang.Object 中的 toString 方法
    @Override
    public String toString() {
        return "Circle{("+ radius + ") ="+ getArea() + "}";
    }
}

class Triangle implements Graphics {              // 类 Triangle 实现接口 Graphics
    private double a, b, c;                       // a、b、c 代表三角形的三条边

    public Triangle(double a, double b, double c) {
        this.a = a;    this.b = b; this.c = c;
    }

    // 实现在接口 Graphics 中定义的抽象方法 getArea，且必须使用关键字 public
    @Override
```

```
    public double getArea() {
        double s = 0.5 * (a + b + c);          // Heron's Formula
        return Math.sqrt(s * (s - a) * (s - b) * (s - c));
    }

    // 覆盖超类 java.lang.Object 中的 toString 方法
    @Override
    public String toString() {
        return "Triangle{(" + a + "," + b + "," + c + ") = " + getArea() + "}";
    }
}

public class InterfaceDemo2 {
    public static void main(String [ ] args) {
        // 接口 Graphics 类型的引用变量 g1 指向实现类 Circle 的对象
        Graphics g1 = new Circle(2);
        // 接口 Graphics 类型的引用变量 g2 指向实现类 Triangle 的对象
        Graphics g2 = new Triangle(5, 6, 6);

        System.out.println(g1.getArea());   // 表现多态性
        System.out.println(g2.getArea());

        System.out.println(g1.toString()); // 表现多态性
        System.out.println(g2);             // 省略了 toString()
    }
}
```

程序运行结果如下：

```
12.566370614359172
13.635890143294644
Circle{(2.0) = 12.566370614359172}
Triangle{(5.0,6.0,6.0) = 13.635890143294644}
```

在本例中，首先声明接口 Graphics，并在其中定义抽象方法 getArea。与在抽象类中定义的抽象方法类似，在接口 Graphics 中定义的抽象方法 getArea 也没有实现代码，或者说没有方法体。

随后声明的类 Circle 实现了接口 Graphics，同时实现了在接口 Graphics 中定义的抽象方法 getArea——给出了具体的实现代码，或者说覆盖接口 Graphics 中的 getArea 方法。相应地，类 Circle 称为接口 Graphics 的实现类。

类似地，随后声明的类 Triangle 也是接口 Graphics 的实现类，并在其中实现抽象方法

getArea 时也给出了相应的实现代码，或者说覆盖接口 Graphics 中的 getArea 方法。

此外，在类 Circle 和类 Triangle 的声明中均定义了 toString 方法，以字符串形式返回相关图形的基本属性信息，实际上是对超类 java. lang. Object 中 toString 方法的覆盖。

在 InterfaceDemo2 类的 main 方法中，接口 Graphics 类型的引用变量 g1 和 g2 分别指向实现类 Circle 和 Triangle 的对象，代码“g1. getArea()”和“g2. getArea()”分别调用实现类 Circle 和 Triangle 中的实例方法 getArea。由此可见，接口也是一种引用类型，基于一个接口定义的引用变量可以指向属于该接口实现类的对象。同时，代码“g1. getArea()”和“g2. getArea()”也表现出多态性。此时，多态性具备以下 3 个条件：

1. 类 Circle 和 Triangle 实现接口 Graphics。

2. 实现类 Circle 和 Triangle 中的 getArea 方法覆盖接口 Graphics 中的 getArea 方法，并给出相应的实现代码。

3. 接口 Graphics 类型的引用变量 g1 和 g2 分别指向实现类 Circle 和 Triangle 的对象。

注意：

1. 在接口中定义的抽象方法隐含被关键字 public 和 abstract 修饰，因此通常省去关键字 public 和 abstract。但在相应的实现类中实现抽象方法时，则必须使用关键字 public。例如，在接口 Graphics 中定义抽象方法 getArea 时，可以不使用关键字 public，但在类 Circle 和类 Triangle 中实现抽象方法 getArea 时，则必须使用关键字 public。

2. 接口与实现类的关系实质上是将方法的设计与方法的实现进行分离。例如，在接口 Graphics 中定义抽象方法 getArea 时，只需指定方法名 getArea、无参数和返回值类型 double，而方法 getArea 的实现代码则是在实现类 Circle 和 Triangle 中给出的。

3. 本例的大多数程序代码与【例 9－2】相同，并且程序功能及运行结果与【例 9－2】完全一致。但两例所使用的技术手段不同：【例 9－2】使用的是抽象类 Graphics 及其子类 Circle 和 Triangle，而本例使用的则是接口 Graphics 及其实现类 Circle 和 Triangle。

9.2.2 比较不同类型的对象

除在方法内定义和使用接口类型的引用变量外，还可以在方法的形参和返回值中使用基于接口的引用类型。

【例 9－7】 在方法的形参和返回值中使用基于接口的引用类型，以比较不同图形对象的面积。Java 程序代码如下：

```
interface Graphics {                          // 代码与前例完全一致
    double getArea();
}

class Circle implements Graphics {            // 代码与前例完全一致
    private double radius;
    public Circle(double r) {radius = r;}
    public double getArea() {return Math.PI * radius * radius;}
    public String toString() {
        return " Circle{ (" + radius + " ) = " + getArea() + " }";
```

```
    }
}

class Triangle implements Graphics {            // 代码与前例完全一致
    private double a, b, c;
    public Triangle(double a, double b, double c) {
        this.a = a; this.b = b; this.c = c;
    }
    public double getArea() {
        double s = 0.5 * (a + b + c);
        return Math.sqrt(s * (s - a) * (s - b) * (s - c));
    }
    public String toString() {
        return "Triangle{ (" + a + "," + b + "," + c + ") = " + getArea() + "}";
    }
}

public class InterfaceDemo3 {
    // 类方法 findBigger 的形参和返回值都是基于接口 Graphics 的引用类型
    // 类方法 findBigger 能够从两个图形中找出面积较大的图形
    static Graphics findBigger(Graphics g1, Graphics g2) {
        Graphics bigger = g2;                   // 首先假设图形 g2 的面积较大
        if (g1.getArea() > g2.getArea())
            bigger = g1;
        return bigger;
    }

    public static void main(String [ ] args) {
        // 接口 Graphics 类型的引用变量 g1 指向实现类 Circle 的对象
        Graphics g1 = new Circle(2);
        // 接口 Graphics 类型的引用变量 g2 指向实现类 Triangle 的对象
        Graphics g2 = new Triangle(5, 6, 6);

        System.out.println(g1.toString()); // 表现多态性
        System.out.println(g2);            // 省略了 toString

        // 从两个图形中找出面积较大的图形
        Graphics biggerGraphics = findBigger(g1, g2);
        System.out.println (" The Bigger Graphics is " + biggerGraphics);
```

```
    }
}
```

程序运行结果如下：

```
Circle{(2.0) = 12.566370614359172}
Triangle{(5.0,6.0,6.0) = 13.635890143294644}
The Bigger Graphics is Triangle{(5.0,6.0,6.0) = 13.635890143294644}
```

在本例中，接口 Graphics 及其实现类 Circle 和 Triangle 中的代码与前例完全一致。

在主类 InterfaceDemo3 中，类方法 findBigger 的两个形参(g1 和 g2)以及返回值都是基于接口 Graphics 的引用类型，因此均可指向实现类 Circle 或 Triangle 的对象。在类方法 findBigger 中，根据形参 g1 和 g2 所具体指向的实现类对象，代码"g1. getArea() > g2. getArea()"能够比较两个图形对象的面积，并将面积较大的图形对象所对应的形参作为返回值。

在 main 方法中，首先将接口 Graphics 类型的引用变量 g1 和 g2 分别直接指向新创建的实现类 Circle 和 Triangle 对象。调用类方法 findBigger 之后，接口 Graphics 类型的引用变量 biggerGraphics 将指向面积较大的图形对象。

注意：

1. 本例的大多数程序代码与【例 9-3】相同，并且程序功能及运行结果与【例 9-3】完全一致。但两例所使用的技术手段不同:【例 9-3】使用的是抽象类 Graphics 及其子类 Circle 和 Triangle，而本例使用的则是接口 Graphics 及其实现类 Circle 和 Triangle。

2. 本例的类方法 findBigger 与【例 9-3】的类方法 findBigger 及其代码完全一致。但在本例中，类方法 findBigger 的两个形参(g1 和 g2)以及返回值都是基于接口 Graphics 的引用类型；而在【例 9-3】中，类方法 findBigger 的两个形参(g1 和 g2)以及返回值都是基于抽象类 Graphics 的引用类型。

9.2.3 使用接口对不同类的对象进行类似操作

在 Java 程序设计中有时会遇到如下情况：有些类及对象相互独立，但又需要进行类似的操作。例如，类 Student 表示学生，类 Rectangle 表示矩形，如果按照成绩对一组 Student 对象排序和按照面积对一组 Rectangle 对象排序能够调用代码相同的方法，则可以提高程序代码的利用效率。在 Java 语言中，使用接口及其引用类型可以解决这类问题。

【例 9-8】 接口应用举例——排序方法在多个类中的应用。Java 程序代码如下：

```
interface MyComparable {                          // 声明接口 MyComparable
    // 定义抽象方法 compareTo，以比较当前对象与指定对象的大小
    // 当前对象调用 compareTo 方法，形参 o 表示指定对象
    // 并根据当前对象小于、等于或大于另一个指定对象分别返回负整数、零或正整数
    int compareTo(MyComparable o);
}

// 声明类 Student，并实现接口 MyComparable
```

```
class Student implements MyComparable {
    private int score;                          // 学生成绩

    Student(int s) {score = s;}

    // 实现接口 MyComparable 中的抽象方法 compareTo
    public int compareTo(MyComparable s) {
        Student stud = (Student) s;             // 强制类型转换
        return this.score - stud.score;
    }

    public String toString() {
        return Integer.toString(score);
    }
}

// 声明类 Rectangle,并实现接口 MyComparable
class Rectangle implements MyComparable {
    private double length, width;

    Rectangle(double l, double w) {length = l; width = w;}

    public double getArea() {return length * width;}

    // 实现接口 MyComparable 中的抽象方法 compareTo
    public int compareTo(MyComparable r) {
        Rectangle rect = (Rectangle) r;         // 强制类型转换
        return Double.compare(this.getArea(), rect.getArea());
    }

    public String toString() {
        return "{(" + length + "," + width + ") = " + getArea() + "}";
    }
}

// 声明类 MyArrays,其中仅定义一个能够实现冒泡排序的类方法 sort
class MyArrays {
    public static void sort(MyComparable [] a) {
        // 形参 a 表示一个数组,其中的元素 a[i]属于基于接口 Comparable 的引用类型
```

```
        // 故可以指向接口 Comparable 实现类的对象
        for (int i = 0; i < a.length - 1; i ++)  // 开始冒泡排序
            for (int j = 0; j < a.length - i - 1; j ++)
                if (a[j].compareTo(a[j + 1]) > 0) {
                    MyComparable temp = a[j];
                    a[j] = a[j + 1];
                    a[j + 1] = temp;
                }
    }
}

public class InterfaceDemo4 {
    public static void main(String [ ] args) {
        Student [ ] studentArray = new Student[8];
        // 随机生成 8 个学生及其成绩
        for (int i = 0; i < studentArray.length; i ++)
            studentArray[i] = new Student((int) (Math.random() * 100));

        System.out.print ("排序之前的学生成绩:");
        for (Student s : studentArray)
            System.out.print(s + " ");

        // 按照成绩对数组 studentArray 排序
        MyArrays.sort(studentArray);

        System.out.print ("\n 排序之后:");
        for (Student s : studentArray)
            System.out.print(s + " ");

        Rectangle [ ] rectangleArray = new Rectangle[6];
        // 随机生成 6 个矩形及其长度和宽度
        for (int i = 0; i < rectangleArray.length; i ++)
            rectangleArray[i] = new Rectangle((int) (Math.random() * 10 + 1),
(int) (Math.random() * 10) + 1);

        System.out.print ("\n 排序之前的矩形长度、宽度及其面积:");
        for (Rectangle r : rectangleArray)
            System.out.print(r + " ");
```

```
        // 按照面积对数组 rectangleArray 排序
        MyArrays.sort(rectangleArray);

        System.out.print ("\n 排序之后:");
        for (Rectangle r : rectangleArray)
            System.out.print(r + "  ");
    }
}
```

程序运行结果如下：

排序之前的学生成绩:84 58 48 65 88 23 49 51

排序之后:23 48 49 51 58 65 84 88

排序之前的矩形长度、宽度及其面积:{(8,2) = 16} {(3,7) = 21} {(4,7) = 28} {(5,6) = 30} {(2,2) = 4} {(8,4) = 32}

排序之后:{(2,2) = 4} {(8,2) = 16} {(3,7) = 21} {(4,7) = 28} {(5,6) = 30} {(8,4) = 32}

注意:由于学生成绩以及矩形的长度和宽度等数据都是调用随机方法 Math.random()自动产生的,因此以上给出的程序运行结果仅供参考。

在上述代码中,声明了 MyComparable 接口和 Student、Rectangle、MyArrays、InterfaceDemo4 4 个类。其中,Student 类和 Rectangle 类是 MyComparable 接口的实现类。MyArrays 类及其 sort 类方法用于对基于 MyComparable 接口实现类的对象数组进行冒泡排序。此外,InterfaceDemo4 类是 public 类,所以 Java 源程序文件名必须是 InterfaceDemo4.java。如图 9-1 所示,编译该 Java 源程序文件后将生成 5 个字节码文件,分别对应 MyComparable 接口和 Student、Rectangle、MyArrays、InterfaceDemo4 4 个类。

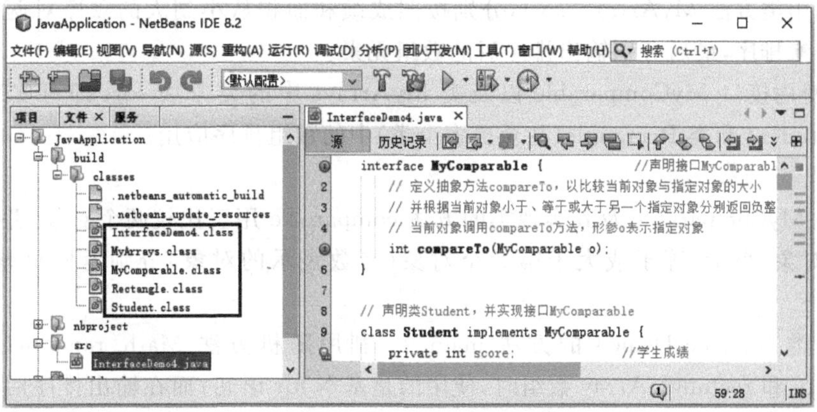

图 9-1 接口和类以及对应的字节码文件

在 Java 语言中,接口是一种引用类型,基于接口定义的引用变量可以指向接口实现类的对象。由于类 Student 和类 Rectangle 是接口 MyComparable 的实现类,所以抽象方法

compareTo 中基于接口 MyComparable 定义的形参 o 既是一个引用变量，又可以指向接口 MyComparable 实现类的对象(Student 对象或者 Rectangle 对象)。

在类 Student 中实现抽象方法 compareTo 时，基于接口 MyComparable 定义的形参 s 指向 Student 对象，但需要通过强制类型转换才能将其转换为基于类 Student 的引用类型，并使引用变量 stud 指向该 Student 对象。之后，即可比较两个 Student 对象的大小——如果当前 Student 对象的成绩(this. score)小于引用变量 stud 所指向的 Student 对象的成绩(stud. score)，则该方法返回负整数；如果当前 Student 对象的成绩(this. score)等于引用变量 stud 所指向的 Student 对象的成绩(stud. score)，则该方法返回零；否则，该方法返回正整数。

同理，在类 Rectangle 中实现抽象方法 compareTo 时，基于接口 MyComparable 定义的形参 r 指向 Rectangle 对象，但同样需要通过强制类型转换才能将其转换为基于类 Rectangle 的引用类型，并使引用变量 rect 指向该 Rectangle 对象。之后，即可比较两个 Rectangle 对象的大小——如果当前 Rectangle 对象的面积(this. getArea)小于引用变量 rect 所指向的 Rectangle 对象的面积(rect. getArea)，则该方法返回负整数；如果当前 Rectangle 对象的面积(this. getArea)等于引用变量 rect 所指向的 Rectangle 对象的面积(rect. getArea)，则该方法返回零；否则，该方法返回正整数。

在类 MyArrays 中定义了类方法 sort，该方法的形参 a 是指向数组对象的引用变量，数组中的每个元素 a[j]又是基于接口 MyComparable 的引用类型，可以指向接口 MyComparable 实现类(类 Student 或类 Rectangle)的对象——如果 a[j]指向 Student 对象，则 a[j]. compare(a[j + 1])表示 a[j]指向的 Student 对象与 a[j + 1]指向的 Student 对象比较成绩 score；如果 a[j]指向 Rectangle 对象，则 a[j]. compare(a[j + 1])表示 a[j]指向的 Rectangle 对象与 a[j + 1]指向的 Rectangle 对象比较面积 getArea()。因此，调用类方法 sort 可以对数组 a 中的 Student 对象或 Rectangle 对象进行冒泡排序。

在主类 InterfaceDemo4 的方法 main 中，首先利用随机方法 Math. random()分别自动生成由 Student 对象组成的数组 studentArray 和由 Rectangle 对象组成的数组 rectangleArray，然后两次调用类方法 MyArrays. sort，分别按照成绩和面积从小到大的顺序对两个数组中的元素进行冒泡排序，最后分别输出排序后的数组元素。

这样，使用接口 MyComparable 以及类 MyArrays 中的类方法 sort 即可实现同一方法 sort 在类 Student 和类 Rectangle(甚至更多个类)中的数组排序应用。

注意：

1. 接口 MyComparable 及其实现类的方法 compareTo 用于比较两个对象，并根据第 1 个对象(当前对象)小于、等于或大于第 2 个对象(参数表示的对象)分别返回负整数、零或正整数。

2. 在主类 InterfaceDemo4 的方法 main 中，利用随机方法 Math. random()自动生成 studentArray 和 rectangleArray 数组时，使用的是基本 for 语句；而在输出排序后的数组元素时，使用的则是增强型 for 语句。

3. 在类 Rectangle 实现接口 MyComparable 的抽象方法 compareTo 时，调用了 Double 类的类方法 public static int compare(double d1, double d2)，该方法可以对 double 型数值 d1 和 d2 进行比较，并根据 d1 小于、等于或大于 d2 分别返回负整数、零或正整数。

9.2.4　抽象类和接口的比较

本章例题分别使用抽象类和接口实现了一些类似的数据处理功能，因此两者在某些方面存在相似之处：

1. 在抽象类和接口中都可以定义抽象方法，并且这些抽象方法均没有实现代码。

2. 抽象类和接口都属于引用类型，都能够用来定义可以指向对象的引用变量。

3. 虽然抽象类和接口都属于引用类型，但二者都没有构造器，因此不能直接使用关键字 new 创建对象。

另外，抽象类和接口又有重要的区别，主要包括以下几点：

1. 抽象类可以被子类继承，而接口需要由相关联的类实现。

2. 在抽象类中既可以定义抽象方法（但必须使用关键字 abstract），又可以定义非抽象方法。在接口中定义的方法主要是抽象方法，但在接口中定义抽象方法时可以不使用关键字 abstract。

3. 在抽象类中可以定义实例变量和类变量，但在接口中不允许定义任何变量，不过可以定义隐含被关键字 public、static 和 final 修饰的常量。

4. 基于抽象类的引用类型和基于接口的引用类型所指向的对象不同，前者指向子类对象，而后者则指向实现类对象。

5. 一个类只能继承一个抽象类，抽象类与其子类之间是一种“单继承”的关系；而一个类可以实现多个接口，实现类与多个接口之间是一种“多继承”的关系。

第 10 章 泛型

在 Java 语言中，泛型(**Generics**)允许在声明类和接口或定义方法时使用类型作为形式参数，在应用泛型时则使用具体的引用类型(类、接口)替换形式类型参数。泛型的本质是参数化类型(**Parameterized Type**)，或者说所操作数据的类型被指定为一个参数。这种参数化类型可以出现在类和接口的声明或方法的定义中，分别称为泛型类、泛型接口、泛型方法。

泛型的主要作用是在编译的时候检查类型安全。另外，应用泛型还能够避免强制类型转换，使得编译器能够在编译 Java 源程序时发现类型转换错误(而不用等到运行 Java 程序时再由系统报错)。此外，使用泛型还可以实现通用算法。

10.1 泛型接口和泛型方法

在 Java 程序中，最常见的泛型是泛型接口和泛型方法。使用泛型接口，可以实现并改进【例 9-8】的功能——排序方法在多个类中的应用。

【例 10-1】 泛型接口应用举例——排序方法在多个类中的应用。Java 程序代码如下：

```
interface MyComparable <T> {  // 声明泛型接口 MyComparable，其中 T 表示形式类型参数
    // 定义抽象方法 compareTo，以比较当前对象与指定对象
    // 当前对象调用 compareTo 方法，形参 o 表示指定对象
    // 并根据当前对象小于、等于或大于另一个指定对象分别返回负整数、零或正整数
    int compareTo(T o);
}

// 类 Student 实现泛型接口 MyComparable 时需指定实际类型参数(此处为类 Student)
class Student implements MyComparable < Student > {
    private int score;

    Student(int s) {score = s;}

    // 实现泛型接口 MyComparable 中的抽象方法 compareTo
    public int compareTo(Student s) {
        return score - s.score;             // 无需强制类型转换
    }

    public String toString() {return Integer.toString(score);}
```

```
}

// 类 Rectangle 实现泛型接口 MyComparable 时需指定实际类型参数(此处为类 Rectangle)
class Rectangle implements MyComparable < Rectangle > {
    private double length, width;

    Rectangle(double l, double w) {length = l; width = w;}

    public double getArea() {return length * width;}
    // 实现泛型接口 MyComparable 中的抽象方法 compareTo
    public int compareTo(Rectangle r) {
        return Double.compare(getArea(), r.getArea());  // 无需强制类型转换
    }

    public String toString() {
        return "{(" + length + "," + width + ") = " + getArea() + "}";
    }
}

class MyArrays {  // 声明类 MyArrays
    // 在以下@SuppressWarnings 标注中使用了 unchecked 和 rawtypes 两个关键字
    // unchecked 抑制编译器对没有进行类型检查操作的警告
    // rawtypes 抑制使用泛型时没有指定相应类型的警告
    @SuppressWarnings({"unchecked", "rawtypes"})
    public static void sort(MyComparable [ ] a) {
        // 形参 a 表示一个数组,其中的元素 a[i]可以指向泛型接口 MyComparable 实现类
的对象
        for (int i = 0; i < a.length-1; i ++)  // 开始冒泡排序
          for (int j = 0; j < a.length-i-1; j ++)
            if (a[j].compareTo(a[j + 1]) > 0) {
              MyComparable temp = a[j];
              a[j] = a[j + 1];
              a[j + 1] = temp;
            }
    }
}

public class GenericsDemo1 {
  public static void main(String [ ] args) {
```

```
        Student [ ] studentArray = new Student[8];
        for (int i = 0; i < studentArray.length; i ++)  //随机生成8个学生及其成绩
          studentArray[i] = new Student((int) (Math.random() * 100) + 1);
        System.out.print ("排序之前的学生成绩:");
        for (Student s : studentArray)
          System.out.print(s + "  ");
        MyArrays.sort(studentArray);  //按照成绩对数组 studentArray 排序
        System.out.print ("\n排序之后:");
        for (Student s : studentArray)
          System.out.print(s + " ");

        Rectangle [ ] rectangleArray = new Rectangle[6];
        for (int i = 0; i < rectangleArray.length; i ++)  //随机生成6个矩形及其
长度和宽度
          rectangleArray[i] = new Rectangle((int) (Math.random() * 10 + 1), (int)
(Math.random() * 10 + 1));
          System.out.print ("\n排序之前的矩形长度、宽度及其面积:");
          for (Rectangle r : rectangleArray)
            System.out.print(r + "  ");
          MyArrays.sort(rectangleArray);  //按照面积对数组 rectangleArray 排序
          System.out.print ("\n排序之后:");
          for (Rectangle r : rectangleArray)
            System.out.print(r + "  ");
        }
    }
```

在上述代码中，声明了 MyComparable 接口和 Student、Rectangle、MyArrays、GenericsDemo1 4 类。与【例 9－8】类似，Student 类和 Rectangle 类是接口 MyComparable 的实现类，MyArrays 类及其 sort 类方法用于对基于 MyComparable 接口实现类的对象数组(基于 Student 类或 Rectangle 类的对象数组)进行冒泡排序。此外，GenericsDemo1 类是 public 类，所以 Java 源程序文件名必须是 GenericsDemo1. java。

在接口 MyComparable 中定义了抽象方法 compareTo，调用方法 compareTo 的当前对象可以与另一个指定对象按照某种属性值进行比较，并根据当前对象的该属性值小于、等于或大于另一个指定对象的该属性值分别返回负整数、零或正整数。此外，在接口名 MyComparable 后面使用一对左右尖括号指定了形式类型参数 T，并且在定义抽象方法 compareTo 的形参 o 时也使用了类型参数 T。这样，可以限定形参 o 属于由类型参数 T 所代表的引用类型。由于在声明接口 MyComparable 时使用了形式类型参数 T，因此 MyComparable 是一个泛型接口。

类 Student 实现泛型接口 MyComparable 时，在接口名 MyComparable 后面使用一对左右尖括号指定实际类型参数(类 Student 本身)，如“class Student implements MyComparable < Student > { … }”。在实现抽象方法 compareTo 时，又使用实际类型参数(类 Student 本

身)限定参数 s 的类型,如"public int compareTo(Student s)"。调用方法 compareTo 的当前 Student 对象可以按照成绩与另一个指定 Student 对象进行比较,并根据当前 Student 对象的成绩小于、等于或大于另一个指定 Student 对象的成绩分别返回负整数、零或正整数。

类似地,类 Rectangle 实现泛型接口 MyComparable 时,在接口名 MyComparable 后面使用一对左右尖括号指定实际类型参数(类 Rectangle 本身),如"class Rectangle implements MyComparable < Rectangle > { … }"。在实现抽象方法 compareTo 时,又使用实际类型参数(类 Rectangle 本身)限定参数 r 的类型,如"public int compareTo(Rectangle r)"。调用方法 compareTo 的当前 Rectangle 对象可以按照面积与另一个指定 Rectangle 对象进行比较,并根据当前 Rectangle 对象的面积小于、等于或大于另一个指定 Rectangle 对象的面积分别返回负整数、零或正整数。

在类 MyArrays 中定义类方法 sort 时,该方法的形参 a 是指向数组对象的引用变量,数组中的每个元素 a[i]又是基于泛型接口 MyComparable 的引用类型,可以指向泛型接口 MyComparable 实现类(类 Student 或类 Rectangle)的对象。因此,调用类方法 sort 可以对数组 a 中的 Student 对象或 Rectangle 对象进行冒泡排序。

在主类 GenericsDemo1 中,首先利用随机方法 Math. random()分别自动生成由 Student 对象组成的数组 studentArray 和由 Rectangle 对象组成的数组 rectangleArray,然后两次调用类方法 MyArrays. sort,分别按照成绩和面积从小到大的顺序对两个数组中的元素进行冒泡排序,最后分别输出排序后的数组元素。

这样,使用泛型接口 MyComparable 以及类 MyArrays 中的类方法 sort 即可实现同一方法 sort 在类 Student 和类 Rectangle(甚至更多个类)上的数组排序应用。

注意:

1. 实际类型参数只能是表示类和接口的引用类型,而不能是 int、double 和 char 等基本类型,但可以是基本类型的包装类,如 Integer、Double 和 Character 类。

2. 由于泛型接口 MyComparable <T> 属于原始类型(Rawtypes),因此需要对 MyArrays 类的 sort 类方法添加标注"@SuppressWarnings({"unchecked","rawtypes"})",以抑制 Java 编译器对源程序中可能错误的警告。

3. 在类 Rectangle 实现泛型接口 MyComparable 的抽象方法 compareTo 时,调用了 Double 类的类方法 public static int compare(double d1,double d2),该方法可以对 double 型数值 d1 和 d2 进行比较,并根据 d1 小于、等于或大于 d2 分别返回负整数、零或正整数。

本例与【例 9-8】都是使用接口实现同一排序方法在多个类中的应用,大部分代码也类似,但两者在解决问题的方式上还是存在较大的差异。表 10-1 对比了两者的差异之处。

表 10-1　一般接口与泛型接口之比较

	【例 9-8】	本例
接口声明	interface MyComparable { … } 一般接口,没有指定类型参数	interface MyComparable <T> {…} 泛型接口,指定表示引用类型的形式类型参数 T

续表

	【例 9-8】	本例
抽象方法	int compareTo(MyComparable o) 形参 o 属于基于接口 MyComparable 的引用类型，可以指向接口 MyComparable 实现类的对象(Student 对象或者 Rectangle 对象)	int compareTo(T o) 限定形参 o 必须属于由形式类型参数 T 所代表的引用类型，并非可以指向任意的对象
实现接口时 (以 Student 类为例)	class Student implements MyComparable 没有指定类型参数	class Student implements MyComparable <Student> 指定实际类型参数(类 Student 本身)

实现抽象方法时
比较两个对象
(以比较两个 Student 对象为例)
	public int compareTo (MyComparable s) {
	　// 需要强制类型转换
	　Student stud = (Student)s;
	return this. score-stud. score;
	}
		public int compareTo(Student s) {
		　// 无需强制类型转换
		　return score－s. score;
		}

sort 类方法	public staticvoid sort(MyComparable [ ] a) 形参 a 指向数组对象，数组中的每个元素指向接口 MyComparable 实现类(类 Student 或类 Rectangle)的对象	public static void sort(MyComparable [ ] a) 形参 a 指向数组对象，数组中的每个元素指向泛型接口 MyComparable 实现类(类 Student 或类 Rectangle)的对象

在本例中，Rectangle 类实现了泛型接口 MyComparable 及其抽象方法 compareTo，从而通过一个 Rectangle 对象调用 compareTo 方法可以与另一个 Rectangle 对象比较面积。如果需要比较 Rectangle 对象的周长，可以在 Rectangle 类中增加一个计算周长的 getCircumference 方法，但必须改写方法 compareTo 中的代码。这样，就无法在一个程序中同时比较面积和周长两个属性的值。换言之，当一组对象具有多个相同属性时，无法使用泛型接口 MyComparable 及其实现类同时比较多个相同属性的值。类方法 MyArrays. sort 的通用性也随之降低。然而，在下例中通过声明新的泛型接口 MyComparator 并使用泛型方法，可以寻找到问题的解决途径。

【例 10-2】 泛型接口和泛型方法应用举例——排序方法的改进。Java 程序代码如下：

```
interface MyComparator <T> {  // 声明泛型接口 MyComparator，其中 T 表示形式类型参数
    // 比较两个 T 类型的对象 o1 和 o2。根据对象 o1 小于、等于或大于对象 o2 分别返回负整数、零或正整数
    int compare(T o1, T o2);
}
```

```
class Rectangle {  // 声明类 Rectangle,但没有实现泛型接口 MyComparator
    private double length, width;

    Rectangle(double l, double w) {length = l; width = w;}

    public double getArea() {return length * width;}
    public double getCircumference() {return 2 * (length + width);}

    public String toString() {
        return "{ (" + length + "," + width + ") = 面积:" + getArea() + ",周长:" + getCircumference() + " }";
    }
}

    // 类 AreaComparator 实现泛型接口 MyComparator 时需指定实际类型参数(此处为类 Rectangle)
    // 面积比较器:比较两个矩形的面积
    class AreaComparator implements MyComparator < Rectangle > {
    // 通过 AreaComparator 对象调用 compare 方法,可以比较两个矩形的面积
    public int compare(Rectangle r1, Rectangle r2) {
      return Double.compare(r1.getArea(), r2.getArea());
    }
}

// 类 CircumferenceComparator 实现泛型接口 MyComparator 时需指定实际类型参数(此处为类 Rectangle)
// 周长比较器:比较两个矩形的周长
class CircumferenceComparator implements MyComparator < Rectangle > {
    // 通过 CircumferenceComparator 对象调用 compare 方法,可以比较两个矩形的周长
    public int compare(Rectangle r1, Rectangle r2) {
        return Double.compare(r1.getCircumference(), r2.getCircumference());
    }
}
class MyArrays { // 声明类 MyArrays,其中仅定义一个能够实现冒泡排序的类方法 sort
    public static <T> void sort(T [ ] a, MyComparator <T> c) { // 类方法 sort 是泛型方法
        // 形参 a 表示一个数组,其中的元素 a[i]属于引用类型 T
        // 形参 c 属于基于泛型接口 MyComparator 的引用类型,故可以指向泛型接口 MyComparator 实现类的对象(通过该对象调用 compare 方法,可以比较两个属于引用类型 T 的
```

对象)

```
        for (int i = 0; i < a.length - 1; i ++)  //开始冒泡排序
          for (int j = 0; j < a.length - i - 1; j ++)
            if (c.compare(a[j], a[j + 1]) > 0) {
              T temp = a[j];
              a[j] = a[j + 1];
              a[j + 1] = temp;
            }
      }
    }

    public class GenericsDemo2 {
      public static void main(String [ ] args) {
        Rectangle [ ] rectangleArray = new Rectangle[6];
        for (int i = 0; i < rectangleArray.length; i ++)  //随机生成6个矩形及其长度和宽度
          rectangleArray[i] = new Rectangle((int) (Math.random() * 10 + 1), (int) (Math.random() * 10 + 1));
        System.out.print ("\n排序之前的矩形长度、宽度及其面积和周长:");
        for (Rectangle r : rectangleArray)
          System.out.print(r + "  ");

        //按照面积(使用 AreaComparator 对象)对数组 rectangleArray 排序
        MyArrays.sort(rectangleArray, new AreaComparator());
        System.out.print ("\n按照面积排序之后:");
        for (Rectangle r : rectangleArray)
          System.out.print(r + "  ");

        //按照周长(使用 CircumferenceComparator 对象)对数组 rectangleArray 排序
        MyArrays.sort(rectangleArray, new CircumferenceComparator());
        System.out.print ("\n按照周长排序之后:");
        for (Rectangle r : rectangleArray)
          System.out.print(r + "  ");
      }
    }
```

在上述代码中，声明了 MyComparator 接口和 Rectangle、AreaComparator、CircumferenceComparator、MyArrays、GenericsDemo2 等 5 类。其中，AreaComparator 类和 CircumferenceComparator 类是 MyComparator 接口的实现类。MyArrays 类及其 sort 类方法用于对基于 Rectangle 类的对象数组进行冒泡排序。此外，GenericsDemo2 类是 public 类，

所以 Java 源程序文件名必须是 GenericsDemo2. java。

在接口 MyComparator 中定义了抽象方法 compare，抽象方法 compare 可以按照某种属性值比较两个对象，并根据第 1 个对象 o1 的该属性值小于、等于或大于第 2 个对象 o2 的该属性值分别返回负整数、零或正整数。此外，在接口名 MyComparator 后面使用一对左右尖括号指定形式类型参数 T，并且在定义抽象方法 compare 的两个形参 o1 和 o2 时也使用了类型参数 T。这样，可以限定形参 o1 和 o2 同属于由类型参数 T 所代表的引用类型。由于在声明接口 MyComparator 时使用了形式类型参数 T，因此 MyComparator 是一个泛型接口。

类 AreaComparator 是泛型接口 MyComparator 的实现类。在类 AreaComparator 中实现抽象方法 compare 时，可以按照面积比较两个 Rectangle 对象，并根据第 1 个 Rectangle 对象 r1 的面积小于、等于或大于第 2 个 Rectangle 对象 r2 的面积分别返回负整数、零或正整数。

类似地，类 CircumferenceComparator 也是泛型接口 MyComparator 的实现类。在类 CircumferenceComparator 中实现抽象方法 compare 时，可以按照周长比较两个 Rectangle 对象，并根据第 1 个 Rectangle 对象 r1 的周长小于、等于或大于第 2 个 Rectangle 对象 r2 的周长分别返回负整数、零或正整数。

在类 MyArrays 中定义类方法 sort 时，在关键字 void 之前使用一对左右尖括号指定形式类型参数 T，并且在定义该方法的两个形参 a 和 c 时也使用类型参数 T。其中，形参 a 是指向数组对象的引用变量，数组中的每个元素 a[i]属于由类型参数 T 所代表的引用类型；形参 c 是基于接口 MyComparator 的引用类型，可以指向接口 MyComparator 实现类（类 AreaComparator 或类 CircumferenceComparator）的对象。如果 c 指向 AreaComparator 对象，则方法体内的 c. compare(a[j], a[j + 1])表示比较两个 Rectangle 对象的面积；如果 c 指向 CircumferenceComparator 对象，则 c. compare(a[j], a[j + 1])表示比较两个 Rectangle 对象的周长。这样，类方法 sort 可以对数组 a 中的 Rectangle 对象进行冒泡排序。由于在定义类方法 sort 时使用了类型参数 T，因此 sort 是一个泛型方法。

在主类 GenericsDemo2 中，首先利用随机方法 Math. random()自动生成由 Rectangle 对象组成的数组 rectangleArray，然后两次调用类方法 MyArrays. sort，分别按照面积和周长从小到大的顺序对数组 rectangleArray 中的元素(Rectangle 对象)进行冒泡排序，最后分别输出排序后的数组元素。

这样，使用泛型接口 MyComparator 以及类 MyArrays 中的泛型方法 sort，即可实现同一方法 sort 既可按照面积又可按照周长对数组 rectangleArray 中的元素(Rectangle 对象)进行排序。

注意：在声明泛型接口时，需要在接口名后面使用一对左右尖括号指定形式类型参数。在定义泛型方法时，则需要在方法返回值类型之前使用一对左右尖括号指定形式类型参数；如果方法没有返回值，则在关键字 void 之前使用一对左右尖括号指定形式类型参数。

前例【例 10 - 1】与本例【例 10 - 2】都是使用泛型接口实现同一排序方法在多个类中的应用，很多代码也类似，但两者在解决问题的方式上还存在较大差异。表 10 - 2 对比了两者的差异之处。

表 10－2 前例和本例之比较

	前例【例 10－1】	本例【例 10－2】
接口声明	interface MyComparable <T> { … } 泛型接口，指定表示引用类型的形式类型参数 T	interface MyComparator <T> { … } 泛型接口，指定表示引用类型的形式类型参数 T
抽象方法	int compareTo(T o) 只有一个形参 o，而且限定形参 o 必须属于由类型参数 T 所代表的引用类型	int compare(T o1，T o2) 有两个形参 o1 和 o2，而且限定形参 o1 和 o2 必须属于由类型参数 T 所代表的引用类型
接口的实现类	Student 类和 Rectangle 类实现泛型接口 MyComparable	Rectangle 类并没有实现泛型接口 MyComparator，而是 AreaComparator 类和 CircumferenceComparator 类实现泛型接口 MyComparator

实现抽象方法时比较两个对象的方式（以比较两个 Rectangle 对象的面积为例）	public int compareTo(Rectangle r) {
	return
	Double. compare (getArea ( ), r. getArea())
	}
	通过一个 Rectangle 对象调用 compareTo 方法，并完成与另一个 Rectangle 对象的比较
		public int compare (Rectangle r1, Rectangle r2) {
		return
		Double. compare (r1. getArea ( ), r2. getArea())
		}
		通过一个 AreaComparator 对象调用 compare 方法，并完成两个 Rectangle 对象的比较

sort 类方法	public static void sort(Object [ ] a) ①一般方法，没有指定类型参数 ②只有一个形参 a ③形参 a 指向数组对象，数组中的每个元素属于 java. lang. Object 类的引用类型，可以指向泛型接口 MyComparable 实现类的对象（Student 对象或者 Rectangle 对象）	public static <T> void sort(T [ ] a, MyComparator <T> c) ①泛型方法，指定表示引用类型的形式类型参数 T ②有两个形参 a 和 c ③形参 a 指向数组对象，数组中的每个元素 a[i]属于由类型参数 T 所代表的引用类型(类 Rectangle) ④形参 c 指向泛型接口 MyComparator 实现类（类 AreaComparator 或类 CircumferenceComparator)的对象

10.2 Java API 泛型的应用

实际上，Java API 已经提供了能够完成数组排序以及查找的泛型接口和类。表 10－3 列出了这些泛型接口和类的声明及其常用方法。

表 10－3　Java API 中与数组排序和查找有关的泛型接口和类及其常用方法

接口和类	泛型接口和类的声明及其常用方法

java. lang. Comparable 接口	public interfaceComparable <T> {
	　public int compareTo(T o);
	}
	在泛型接口 Comparable 中仅定义了一个抽象方法 compareTo

java. util. Comparator 接口	public interface Comparator <T> {
	　……
	　int compare(T o1,T o2);
	　……
	}
	在泛型接口 Comparator 中定义了多个方法，其中最重要的是抽象方法 compare

java. util. Arrays 类	以下两个类方法能够完成数组的排序 　public static void sort(Object [ ] a) 　public static <T> void sort(T [ ] a,Comparator < ? super T > c) 以下两个类方法能够完成数组的查找 　public static int binarySearch(Object [ ] a,Object key) 　public static <T> int binarySearch(T [ ] a,T key,Comparator < ? super T > c) 注：在 < ? super T > 中，类型通配符“?”所代表的类型是 T 类型的父类。

这样，使用 java. lang. Comparable 泛型接口和 java. util. Arrays 类，即可完成【例 10－1】的数组排序。

【例 10－3】 java. lang. Comparable 泛型接口和 java. util. Arrays 类在数组排序中的应用。Java 程序代码如下：

```
// 导入 java.util 包中的类 Arrays
import java.util.Arrays;

// 类 Student 直接实现 java.lang 包中的泛型接口 Comparable,同时指定实际类型参数
(此处为类 Student)
class Student implements Comparable < Student > {
    private int score;

    Student(int s) {score = s;}

    @Override  // 实现泛型接口 Comparable 中的抽象方法 compareTo
    public int compareTo(Student s) {return score - s.score;}

    @Override
```

```
        public String toString() {return Integer.toString(score);}
    }

    // 类 Rectangle 直接实现 java.lang 包中的泛型接口 Comparable,同时指定实际类型参数(此处为类 Rectangle)
    class Rectangle implements Comparable < Rectangle > {
        private double length, width;

        Rectangle(double l, double w) {length = l; width = w;}

        public double getArea() {return length * width;}

        @Override  // 实现泛型接口 Comparable 中的抽象方法 compareTo
        public int compareTo(Rectangle r) {
          return Double.compare(getArea(), r.getArea());
        }

        @Override
        public String toString() {
          return "{ (" + length + "," + width + ") = " + getArea() + "}";
        }
    }

    public class GenericsDemo3 {
      public static void main(String [ ] args) {
        Student [ ] studentArray = new Student[8];
        for (int i = 0; i < studentArray.length; i ++ ) //随机生成8个学生及其成绩
          studentArray[i] = new Student((int) (Math.random() * 100));

        System.out.print ("排序之前的学生成绩:");
        for (Student s : studentArray)
          System.out.print(s + "  ");

        // 直接调用 java.util.Arrays 类的 sort 类方法对数组 studentArray 排序
        Arrays.sort(studentArray);

        System.out.print ("\n排序之后:");
        for (Student s : studentArray)
          System.out.print(s + "  ");
```

```
    Rectangle [ ] rectangleArray = new Rectangle[6];
    for (int i = 0; i < rectangleArray.length; i ++ )  // 随机生成 6 个矩形及其长度和宽度
      rectangleArray[i] = new Rectangle((int) (Math.random() * 10 + 1), (int) (Math.random() * 10 + 1));

    System.out.print (" \n 排序之前的矩形长度、宽度及其面积:");
    for (Rectangle r : rectangleArray)
      System.out.print(r + "  ");

    // 直接调用 java.util.Arrays 类的 sort 类方法对数组 rectangleArray 排序
    Arrays.sort(rectangleArray);

    System.out.print (" \n 排序之后:");
    for (Rectangle r : rectangleArray)
      System.out.print(r + "  ");
    }
}
```

与【例 10 - 1】不同，本例只声明了 Student、Rectangle、GenericsDemo3 这 3 个类，而没有声明用于一个对象与另一个对象比较的 MyComparable 泛型接口，也没有声明用于完成数组排序的 MyArrays 类。其中，Student 类和 Rectangle 类是 Java API 泛型接口 java. lang. Comparable 的实现类。在 GenericsDemo3 类的 main 方法中，直接调用 Java API 类 java. util. Arrays 的 sort 类方法对数组 studentArray 和数组 rectangleArray 排序。此外，GenericsDemo3 类是 public 类，所以 Java 源程序文件名必须是 GenericsDemo3. java。

另外，本例的大多数程序代码与【例 10 - 1】相同，两者也都是使用泛型接口及其相同原理完成了相同的数组排序。但在本例中，并没有再自行声明泛型接口 MyComparable 和类 MyArrays，而是使用 java. lang. Comparable 泛型接口，并使用 import 语句导入 java. util 包中的类 Arrays，以及直接调用类方法 Arrays. sort，这样就大大简化了程序代码。

类似地，使用 java. util. Comparator 泛型接口和 java. util. Arrays 类，也可以完成【例 10 - 2】的数组排序。

【例 10 - 4】 java. util. Comparator 泛型接口和 java. util. Arrays 类在数组排序中的应用。Java 程序代码如下：

```
import java.util.Arrays;
import java.util.Comparator;

class Rectangle {  // 声明类 Rectangle，但没有实现泛型接口 java.util.Comparator
    private double length, width;
```

```
        Rectangle(double l, double w) {length = l; width = w;}
        public double getArea() {return length * width;}
        public double getCircumference() {return 2 * (length + width);}
        public String toString() {
            return "{(" + length + "," + width + ") = 面积:" + getArea() + ",周长:"
+ getCircumference() + "}";
        }
    }

    // 类 AreaComparator 实现泛型接口 java.util.Comparator 时需指定实际类型参数(此
处为类 Rectangle)
    // 面积比较器:比较两个矩形的面积
    class AreaComparator implements Comparator < Rectangle > {
        // 通过 AreaComparator 对象调用 compare 方法,可以比较两个矩形的面积
        public int compare(Rectangle r1, Rectangle r2) {
            return Double.compare(r1.getArea(), r2.getArea());
        }
    }

    // 类 CircumferenceComparator 实现泛型接口 java.util.Comparator 时需指定实际类
型参数(此处为类 Rectangle)
    // 周长比较器:比较两个矩形的周长
    class CircumferenceComparator implements Comparator < Rectangle > {
        // 通过 CircumferenceComparator 对象调用 compare 方法,可以比较两个矩形的周长
        public int compare(Rectangle r1, Rectangle r2) {
            return Double.compare(r1.getCircumference(), r2.getCircumference());
        }
    }

    public class GenericsDemo4 {
        public static void main(String [ ] args) {
            Rectangle [ ] rectangleArray = new Rectangle[6];
            for (int i = 0; i < rectangleArray.length; i ++)  // 随机生成 6 个矩形
及其长度和宽度

                rectangleArray[i] = new Rectangle((int) (Math.random() * 10 + 1), (int)
(Math.random() * 10 + 1));
            System.out.print ("\n 排序之前的矩形长度、宽度及其面积和周长:");
            for (Rectangle r : rectangleArray)
```

```
        System.out.print(r + "  ");

      // 按照面积(使用 AreaComparator 对象)对数组 rectangleArray 排序
      Arrays.sort(rectangleArray, new AreaComparator());
      System.out.print ("\n 按照面积排序之后:");
      for (Rectangle r : rectangleArray)
        System.out.print(r + "  ");

      // 按照周长(使用 CircumferenceComparator 对象)对数组 rectangleArray 排序
      Arrays.sort(rectangleArray, new CircumferenceComparator());
      System.out.print ("\n 按照周长排序之后:");
      for (Rectangle r : rectangleArray)
        System.out.print(r + "  ");
    }
}
```

与【例 10-2】不同,本例只声明了 Rectangle、AreaComparator、CircumferenceComparator、GenericsDemo4 这 4 个类,而没有声明用于比较两个对象的 MyComparator 泛型接口,也没有声明用于完成数组排序的 MyArrays 类。其中,AreaComparator 类和 CircumferenceComparator 类是 Java API 泛型接口 java.util.Comparator 的实现类。在 GenericsDemo4 类的 main 方法中,两次调用 Java API 类 java.util.Arrays 的 sort 类方法对数组 rectangleArray 排序——第 1 次使用 AreaComparator 对象,按照面积对数组 rectangleArray 排序;第 2 次使用 CircumferenceComparator 对象,按照周长对数组 rectangleArray 排序。此外,GenericsDemo4 类是 public 类,所以 Java 源程序文件名必须是 GenericsDemo4.java。

另外,本例的大多数程序代码与【例 10-2】相同,两者也都是使用泛型接口和泛型方法及其相同原理完成了相同的数组排序。但在本例中,并没有再自行声明泛型接口 MyComparator 和类 MyArrays,而是使用 import 语句导入 java.util 包中的泛型接口 Comparator 和类 Arrays,并直接调用类方法 Arrays.sort,这样就大大简化了程序代码。

在【例 9-4】中,利用抽象类和抽象方法,将一些不同类型的图形对象(如圆、三角形、矩形等)组织在一个数组中,然后按照面积大小对数组中的各种图形对象进行排序。类似地,也可以利用接口将一些不同类型的图形对象组织在一个数组中,然后使用 java.util 包中的泛型接口 Comparator 和类 Arrays,按照面积大小对数组中的各种图形对象进行排序。此外,调用类 Arrays 的 binarySearch 类方法还可以实现二分查找。

【例 10-5】 Java API 泛型接口 java.util.Comparator 和类 java.util.Arrays 的更多应用。Java 程序代码如下:

```
import java.util.Arrays;
import java.util.Comparator;

interface Graphics {
```

```
    double getArea();
}

class Rectangle implements Graphics {
    private double length, width;
    Rectangle(double l, double w) {length = l; width = w;}
    @Override
    public double getArea() {return length * width;}
    @Override
    public String toString() {
        return "Rectangle{ (" + length + "," + width + ") = " + getArea() + "}";
    }
}

class Triangle implements Graphics {
    private double a, b, c;
    public Triangle(double a, double b, double c) {
        this.a = a; this.b = b; this.c = c;
    }
    @Override
    public double getArea() {
        double s = 0.5 * (a + b + c);
        return Math.sqrt(s * (s - a) * (s - b) * (s - c));
    }

    @Override
    public String toString() {
        return "Triangle{ (" + a + "," + b + "," + c + ") = " + getArea() + "}";
    }
}

// 图形面积比较器:比较两个图形的面积
// 尖括号中的实际类型参数是接口 Graphics
class GraphicsAreaComparator implements Comparator < Graphics > {
    public int compare(Graphics g1, Graphics g2) {
        return Double.compare(g1.getArea(), g2.getArea());
    }
}
```

```
public class GenericsDemo5 {
    public static void main(String [ ] args) {
        Graphics [ ] graphicsArray = {
          new Rectangle(3, 5),
          new Rectangle(5, 6),
          new Triangle(5, 6, 6),
          new Triangle(5, 6, 5)
        };

        System.out.println ("排序之前的图形及其面积:");
        for (Graphics g : graphicsArray)
          System.out.println(g);

        // 使用 GraphicsAreaComparator 比较器进行排序
        Arrays.sort(graphicsArray, new GraphicsAreaComparator());

        System.out.println ("排序之后:");
        for (Graphics g : graphicsArray)
          System.out.println(g);

        System.out.println ("测试 binarySearch 方法:");
        Graphics g = new Triangle(5, 6, 6);
// Graphics g = new Rectangle(4, 4);
// Graphics g = new Triangle(5,6,7);
// Graphics g = new Rectangle(2,6);  // 只是查找与 Rectangle(2,6)面积相等的图形
(但不一定是矩形)
      int reVal = Arrays.binarySearch(graphicsArray, g, new GraphicsAreaComparator());
      if (reVal >= 0)
        System.out.println ("Found! Index of " + g + " is " + reVal);
      else  // 输出插入点
        System.out.println(g + " should be inserted at " + (-1 - reVal));
      }
}
```

程序运行结果如下：

```
排序之前的图形及其面积:
Rectangle{(3.0,5.0) = 15.0}
Rectangle{(5.0,6.0) = 30.0}
Triangle{(5.0,6.0,6.0) = 13.635890143294644}
```

```
Triangle{(5.0,6.0,5.0) = 12.0}
排序之后：
Triangle{(5.0,6.0,5.0) = 12.0}
Triangle{(5.0,6.0,6.0) = 13.635890143294644}
Rectangle{(3.0,5.0) = 15.0}
Rectangle{(5.0,6.0) = 30.0}
测试 binarySearch 方法：
Found! Index of Triangle{(5.0,6.0,6.0) = 13.635890143294644} is 1
```

在本例中，类 Rectangle 和类 Triangle 都是接口 Graphics 的实现类。为了比较两个图形对象的面积，声明了泛型接口 java. util. Comparator 的实现类 GraphicsAreaComparator，同时将接口 Graphics 指定为实际类型参数，以限定在方法 compare 中比较的两个对象 g1 和 g2 都属于接口 Graphics 的实现类(类 Rectangle 或类 Triangle)。

在主类 GenericsDemo5 的 main 方法中，基于接口 Graphics 定义了包含 4 个元素的数组 graphicsArray，其中的每个元素又是基于接口 Graphics 的引用类型，因此每个元素可以指向实现类 Rectangle 或实现类 Triangle 的对象——在排序之前，前两个元素指向两个 Rectangle 对象，后两个元素指向两个 Triangle 对象；而在排序之后，前两个元素指向两个 Triangle 对象，后两个元素指向两个 Rectangle 对象。

在对数组 graphicsArray 排序之后，即可在数组 graphicsArray 中查找与指定图形对象面积相等的 Rectangle 对象或 Triangle 对象。为此，可以调用类 java. util. Arrays 的 binarySearch 类方法以实现二分查找。如果在数组中发现与指定图形对象面积相等的元素，binarySearch 方法的返回值是元素在数组中对应的下标。例如，在数组 graphicsArray 中查找与“Triangle(5,6,6)”面积相等的元素时，最后一行的输出就是“Found! Index of Triangle{(5.0,6.0,6.0) = 13.635890143294644} is 1”。如果在数组中没有发现指定与指定图形对象面积相等的元素，binarySearch 方法的返回值 reVal 是“－1－(Insertion Point)”，因此“－1－reVal”即表示 Insertion Point。例如，如果将语句“Graphics g = new Triangle(5,6,6)”换为“Graphics g = new Rectangle(4,4)”，最后一行的输出将变为“Rectangle{(4.0,4.0) = 16.0} should be inserted at 3”，其中的数值 3 即是插入点(Insertion Point)的值。

由此可见，如能熟练运用 Java API 中的类和接口及其中的方法，可以大大提高 Java 应用程序的开发效率，并在 Java 应用程序中更便捷地实现丰富的数据处理功能。

10.3　Java API 泛型接口 Comparable 和 Comparator 之比较

在数组排序和查找中比较两个元素大小时，有时可以使用泛型接口 java. lang. Comparable <T> ，有时需要使用泛型接口 java. util. Comparator <T>。除这两个泛型接口在两个不同的包外，两者还有一些其他不同之处。

在接口 Comparable 中，用于比较两个元素大小的抽象方法 int compareTo(T o)只有一个形参 o，是由数组中的一个元素对象调用该方法并与另一个同类型的元素对象 o 进行比较。compareTo 方法是一种自然比较方法(Natural Comparison Method)。例如，比较两个数值的大小、按字母顺序比较字符串、比较两个日期时间的先后就属于自然比较。在 java. util.

Arrays 类的类方法 sort(Object [ ] a)和 binarySearch(Object [ ] a,Object key)中使用的就是自然比较方法。实际上,java. lang 包中所有基本类型的包装类和 String 类以及 java. util. Date 类都是接口 Comparable 的实现类。因此,当数组中的元素属于基本类型的包装类、String 类或 java. util. Date 类时,就可以直接调用 java. util. Arrays 类的类方法 sort(Object [ ] a)和 binarySearch(Object [ ] a,Object key)进行通常意义上的排序和查找。

在接口 Comparator 中,用于比较两个元素大小的抽象方法 int compare(T o1,T o2)有两个形参 o1 和 o2,是由一个接口 Comparator 实现类的对象,调用该方法以比较另外两个同类型的对象 o1 和 o2。当数组中对象元素的所属类尚未实现接口 Comparable,或者需要按照自然比较之外的方法比较对象元素,或者数组中的对象元素具有多个相同属性时,可以首先以对象元素的某个属性为比较基准,并声明一个接口 Comparator 的实现类,然后将该实现类的一个对象作为比较器传递给 java. util. Arrays 类的类方法 sort(T [ ] a,Comparator < ? super T > c)和 binarySearch(T [ ] a,T key,Comparator < ? super T > c),即可进行更灵活的数组排序和查找。

【例 10-6】 泛型接口 Comparable 和 Comparator 之比较。Java 程序代码如下:

```
import java.util.Arrays;
import java.util.Comparator;

class StringLengthComparator implements Comparator < String > {
    public int compare(String s1, String s2) {
        return s1.length() - s2.length();
    }
}

public class GenericsDemo6 {
    public static void main(String [ ] args) {
        String [ ] stringArray = {"generics", " interface", "class", "JDK", " Oracle"
, " NetBeans", " Eclipse"};
        for (String s : stringArray)
          System.out.print(s + "  ");
        System.out.println();

        Arrays.sort(stringArray);  // 自然排序(Natural Ordering)
        for (String s : stringArray)
          System.out.print(s + "  ");
        System.out.println();

        // 在排序中使用 StringLengthComparator 对象比较两个字符串的长度
        Arrays.sort(stringArray, new StringLengthComparator());
        for (String s : stringArray)
```

```
            System.out.print(s +" ");
        System.out.println();
    }
}
```

程序运行结果如下：

```
generics  interface  class  JDK  Oracle  NetBeans  Eclipse
Eclipse  JDK  NetBeans  Oracle  class  generics  interface
JDK  class  Oracle  Eclipse  NetBeans  generics  interface
```

在本例中，引用变量 stringArray 指向元素为字符串的数组对象，并对数组 stringArray 进行了两次排序。第 1 次排序时，默认使用泛型接口 Comparable，按字母顺序比较数组 stringArray 中的字符串。由于大写字母的 ASCII 码小于小写字母的 ASCII 码，所以第 1 次排序后首字符大写的字符串在前，而首字符小写的字符串在后。第 2 次排序时，使用泛型接口 Comparator 实现类的对象作为比较器，按照长度比较数组 stringArray 中的字符串。

在程序运行结果中，第 1 行是排序前数组 stringArray 中的各个字符串，第 2 行是按字母顺序排序后数组 stringArray 中的各个字符串，第 3 行是按字符串长度排序后数组 stringArray 中的各个字符串。

第 11 章　Lambda 表达式和流

Lambda 表达式（Lambda Expressions）和流（Stream）是在 Java 8 中发布的新特性。Lambda 表达式使 Java 语言具备了函数式编程的基本功能。使用 Lambda 表达式，还可以简洁地表达可能会在未来的某个时间点执行的代码块。流提供一种对数据源（如数组、列表）进行表达和运算的高阶抽象，并可以让程序员以一种声明的方式处理数据源中的数据。

11.1　函数式接口及 Lambda 表达式

为了支持 Lambda 表达式及其应用，在 Java 8 中还发布了函数式接口（Functional Interface）。在 Java 语言中，函数式接口是一种具有独特性质的接口——在函数式接口中必须且只能定义一个抽象方法（但在函数式接口中可以定义常量、静态方法和默认方法）。使用 Lambda 表达式，可以直接创建函数式接口实现类的对象。

在程序的一个方法体中，可以使用局部类（Local Class）创建函数式接口实现类的对象，也可以使用匿名类（Anonymous Class）创建函数式接口实现类的对象，但更加推崇使用 Lambda 表达式直接创建函数式接口实现类的对象。

【例 11－1】 创建函数式接口实现类对象的 3 种方式。Java 程序代码如下：

```
@FunctionalInterface  // 不是必需的
interface Greeting {
    void sayHello();  // 无参数
}

public class FIDemo0 {
    public static void main(String [ ] args) {
        // 1.使用局部类、声明接口 Greeting 的实现类 GreetingImpl
        class GreetingImpl implements Greeting {
            @Override
            public void sayHello() {
                System.out.println ("你好!");
            }
        }
        Greeting g1 = new GreetingImpl();      // 创建实现类 GreetingImpl 的对象
        g1.sayHello();

        // 2.使用匿名类、隐式声明接口 Greeting 的实现类,同时创建该实现类的对象
```

```
        Greeting g2 = new Greeting() {
            @Override
            public void sayHello() {
                System.out.print ("你好,");
                System.out.println ("小崔!");
            }
        };
        g2.sayHello();

        // 3.使用 Lambda 表达式,直接创建接口 Greeting 实现类的对象
        // 箭头左侧,必须用圆括号且其中为空,表示无参数
        // 箭头右侧,单条语句(System.out.println...)可以不在,也可以在语句块{}中
        Greeting g3 = () -> System.out.println ("你好,小向!");
        g3.sayHello();

        // 4.使用 Lambda 表达式,直接创建接口 Greeting 实现类的对象
        // 箭头左侧,必须用圆括号且其中为空,表示无参数
        // 箭头右侧,多条语句(System.out.println...)必须在语句块{}中
        Greeting g4 = () -> {
            System.out.print ("你好,");
            System.out.println ("小周!");
        };
        g4.sayHello();
    }
}
```

程序运行结果如下：

```
你好!
你好,小崔!
你好,小向!
你好,小周!
```

在本例中,使用@FunctionalInterface 标注显式指定 Greeting 是函数式接口。加上这个标注,接口中的抽象方法必须有且只能有一个——如果没有抽象方法或者抽象方法多于一个,Java 编译器都会提示错误。不过,@FunctionalInterface 标注不是必需的,只要接口仅包含一个抽象方法,Java 编译器就会将该接口理解为函数式接口。在函数式接口 Greeting 中,仅定义一个无参数且无返回值的抽象方法 sayHello。

在 FIDemo0 类的 main 方法中,使用以下 4 种方式创建函数式接口 Greeting 实现类的对象。

1.使用局部类、声明接口 Greeting 的实现类 GreetingImpl,并将接口 Greeting 类型的引

用变量 g1 指向实现类 GreetingImpl 的对象。这样，就可以通过引用变量 g1 指向的实现类 GreetingImpl 对象调用在实现类 GreetingImpl 中定义的 sayHello 方法。

2. 使用匿名类、隐式声明接口 Greeting 的实现类，同时创建该匿名实现类的对象，并将接口 Greeting 类型的引用变量 g2 指向匿名实现类的对象。这样，就可以通过引用变量 g2 指向的匿名实现类对象调用在匿名实现类中定义的 sayHello 方法。

使用匿名类、隐式声明接口 Greeting 的实现类，同时创建该匿名实现类的对象，具有如下语法格式：最前面是创建对象时使用的 new 运算符，然后是匿名类将要实现的接口名 Greeting，接着是一对不带任何参数的左右圆括号，最后在匿名类的声明体中实现接口 Greeting 的抽象方法 sayHello。

3. 使用 Lambda 表达式直接创建接口 Greeting 实现类的对象，同时将接口 Greeting 类型的引用变量 g3 指向该对象。

4. 也是使用 Lambda 表达式直接创建接口 Greeting 实现类的对象，同时将接口 Greeting 类型的引用变量 g4 指向该对象。

Lambda 表达式的基本语法格式如下：

(参数列表) - ＞　表达式 | 语句 | 语句块

在 Lambda 表达式中，箭头左侧是一对圆括号及其中的参数列表，对应函数式接口中抽象方法的参数列表；箭头右侧是表达式或语句或语句块，对应抽象方法的实现代码。但是，根据抽象方法的参数个数及有无返回值，具体的 Lambda 表达式语法会稍有变化或可以简化。

在本例中，抽象方法无参数且无返回值，此时用于创建函数式接口实现类对象的 Lambda 表达式具有如下语法格式：

() - ＞ 结尾不带分号的单条语句 | {一条或多条语句}

在箭头左侧，内部为空的一对圆括号表示函数式接口中的抽象方法无参数。在箭头右侧，结尾不带分号的单条语句或语句块及其中的多条语句表示抽象方法的实现代码。

从本例可以看出，同样是为了创建函数式接口实现类的对象，但与使用局部类或匿名类相比，使用 Lambda 表达式可以使代码更为简洁——既没有出现函数式接口名 Greeting，又没有出现抽象方法名 sayHello，从而可以减少代码冗余，使代码更为简洁。此外，使用 Lambda 表达式还能够增强代码的逻辑相关性、紧凑性和封装性。

注意：本例中创建函数式接口 Greeting 实现类对象的后两种方式，Lambda 表达式都是出现在赋值运算符的右边。Lambda 表达式之所以被称为“表达式”，就是因为在使用任何一种编程语言的程序中，赋值运算符的左边应该是变量，而赋值运算符的右边则应该是表达式。

除无参数外，函数式接口中的抽象方法还经常有一个或两个参数。对于抽象方法有一个或两个参数的函数式接口，同样可以使用 Lambda 表达式直接创建函数式接口实现类的对象。

【例 11 - 2】 抽象方法有一个参数的函数式接口及 Lambda 表达式。Java 程序代码如下：

```
// 没有使用@FunctionalInterface 标注
interface Greeting {
    void sayHello(String msg); // 一个参数
```

```
}

public class FIDemo1 {
    public static void main(String [ ] args) {
        // 以下使用 4 个 Lambda 表达式,直接创建接口 Greeting 实现类的对象
        // 1.箭头左侧,用圆括号,其中msg表示参数,且声明参数 msg 的类型 String
        // 箭头右侧,单条语句(System.out.println...)可以不在语句块{}中
        Greeting japaneseGreeting = (String msg) - > System.out.println(msg);
        japaneseGreeting.sayHello ("こんにちは");

        // 2.箭头左侧,用圆括号,其中 msg 表示参数,但省略参数 msg 的类型(使用类
型推断)
        // 箭头右侧,单条语句(System.out.println...)也可以在语句块{}中
        Greeting englishGreeting = (msg) - > {System.out.println(msg); };
        englishGreeting.sayHello ("Good morining");

        // 3.箭头左侧,不用圆括号,但 msg 仍然表示参数,更是省略参数 msg 的类型
(使用类型推断)
        // 箭头右侧,单条语句(System.out.println...)可以不在语句块{}中
        Greeting frenchGreeting = msg- > System.out.println(msg);
        frenchGreeting.sayHello ("Salut");

        // 4.箭头左侧,不用圆括号,但 msg 仍然表示参数,更是省略参数 msg 的类型
(使用类型推断)
        // 箭头右侧,多条语句(System.out.println...)必须在语句块{}中
        Greeting chineseGreeting = msg- > {
            System.out.print(msg);
            System.out.println ("。吃了!?");
        };
        chineseGreeting.sayHello ("你好");
    }
}
```

程序运行结果如下:

```
こんにちは
Good morining
Salut
你好。吃了!?
```

在本例中,虽然没有使用@FunctionalInterface标注显式指定Greeting是函数式接口。

但由于接口 Greeting 仅包含一个抽象方法，因此 Java 编译器会将接口 Greeting 理解为函数式接口。在函数式接口 Greeting 中定义的抽象方法 sayHello 有一个参数但无返回值。

在 FIDemo1 类的 main 方法中，4 次使用 Lambda 表达式直接创建接口 Greeting 实现类的对象，但每次使用的 Lambda 表达式是不同的，每次创建的 Greeting 接口实现类对象也是不同的。

当抽象方法有一个参数但无返回值时，用于创建函数式接口实现类对象的 Lambda 表达式具有如下语法格式：

(类型 参数) | (参数) | 参数　->　结尾不带分号的单条语句 | {一条或多条语句}

箭头左侧表示抽象方法的参数，可以是内部包含参数类型及参数的一对圆括号，也可以是内部仅含参数的一对圆括号，还可以是仅仅有参数但不用圆括号；对于省略参数类型的后两种情况，Java 编译器会根据上下文推导参数的类型。箭头右侧表示抽象方法的实现代码，可以是结尾不带分号的单条语句，也可以是语句块及其中的一条或多条语句。

在 Java 程序中，抽象方法有两个参数且有返回值的函数式接口也是很常见的。此时，使用 Lambda 表达式创建的函数式接口实现类对象还可以作为实参直接传递给另一个方法。

【例 11-3】 抽象方法有两个参数且有返回值的函数式接口及 Lambda 表达式。Java 程序代码如下：

```
@FunctionalInterface
interface MathOperation {
    int operate(int a, int b);  // 两个参数 a 和 b
}

public class FIDemo2 {
    static int calculate(int a, int b, MathOperation mathOperation) {
        // 使用函数式接口 MathOperation 的实现类对象对参数 a 和 b 进行算数运算，并返回运算结果
        // 具体的运算规则及过程由 MathOperation 对象决定，因此 MathOperation 对象起着“函数”的作用
        return mathOperation.operate(a, b);
    }

    public static void main(String [ ] args) {
        // 以下分 5 种情况介绍 Lambda 表达式的语法及其应用场合
        // 1. 箭头左侧，必须用圆括号，其中 a 和 b 表示参数，且均声明参数类型
        // 箭头右侧，使用 return 语句返回运算结果，但 return 语句必须在语句块{}中
        MathOperation addition = (int a, int b) -> {return a + b;};
        // 通过 MathOperation 对象调用 operate 方法，对 10 和 5 进行加法运算，并返回运算结果

        int result = addition.operate(10, 5);
```

```
        System.out.println ("10 + 5 = " + result);

        // 将 MathOperation 对象作为实参传递给静态方法 calculate(值得注意)
        result = calculate(10, 5, addition);
        System.out.println ("10 + 5 = " + result);

        // 2.将 Lambda 表达式作为实参直接传递给静态方法 calculate(更加推崇)
        // 箭头左侧,必须用圆括号,其中 a 和 b 表示参数,且均声明参数类型
        // 箭头右侧,使用 return 语句返回运算结果,但 return 语句必须在语句块{}中
        result = calculate(10, 5, (int a, int b) -> {return a + b;});
        System.out.println ("10 + 5 = " + result);

        // 3.箭头左侧,必须用圆括号,其中 c 和 d 表示参数,且均声明参数类型
        // 箭头右侧,使用表达式 c-d 返回运算结果,且表达式 c-d 不能在语句块{}中
        result = calculate(10, 5, (int c, int d) -> c-d);
        System.out.println ("10-5 = " + result);

        // 4.箭头左侧,必须用圆括号,其中 e 和 f 表示参数,且均省略参数类型(使用
类型推断)
        // 箭头右侧,使用 return 语句返回运算结果,但 return 语句必须在语句块{}中
        result = calculate(10, 5, (e, f) -> {return e*f;});
        System.out.println ("10*5 = " + result);

        // 5.箭头左侧,必须用圆括号,其中 i 和 j 表示参数,且均省略参数类型(使用
类型推断)
        // 箭头右侧,使用表达式 i/j 返回运算结果,且表达式 i/j 不能在语句块{}中
(最简洁)
        result = calculate(10, 5, (i, j) -> i / j);
        System.out.println ("10 / 5 = " + result);
    }
}
```

程序运行结果如下：

```
10 + 5 = 15
10 + 5 = 15
10 + 5 = 15
10-5 = 5
10*5 = 50
10 / 5 = 2
```

在本例中，函数式接口 MathOperation 中的抽象方法 operate 有两个 int 类型的参数 a 和 b，且返回值也是 int 类型。

在 FIDemo2 类中，首先定义静态方法 calculate。调用该方法时，需要传递的第 3 个参数表示函数式接口 MathOperation 的实现类对象；使用该 MathOperation 对象可以对参数 a 和 b 进行算数运算，并返回 int 类型的运算结果，而具体的运算规则及过程则由 MathOperation 对象决定，因此 MathOperation 对象起着“函数”的作用。

在 FIDemo2 类的 main 方法中，5 次使用 Lambda 表达式创建函数式接口 MathOperation 的实现类对象，同时指定具体的运算规则及过程。

1. 在赋值运算符的右边，使用 Lambda 表达式创建 MathOperation 对象，同时指定对参数 a 和 b 进行加法运算，并将接口 MathOperation 类型的引用变量 addition 指向该 MathOperation 对象。之后，可以通过引用变量 addition 指向的 MathOperation 对象调用 operate 方法，对 10 和 5 进行加法运算，并返回运算结果。值得注意的是，还可以在调用静态方法 calculate 时，将引用变量 addition 指向的 MathOperation 对象作为第 3 个实参进行传递，同样可以使用该 MathOperation 对象对 10 和 5 进行加法运算，并由静态方法 calculate 返回运算结果。

2. 更加推崇的是，无需借助于指向 MathOperation 对象的引用变量，将 Lambda 表达式及其创建的 MathOperation 对象作为第 3 个实参直接传递给静态方法 calculate，同样可以使用该 MathOperation 对象对 10 和 5 进行加法运算，并由静态方法 calculate 返回运算结果。

与第 2 次同理，第 3 次、第 4 次和第 5 次也都是将 Lambda 表达式及其创建的 MathOperation 对象作为第 3 个实参直接传递给静态方法 calculate，但对前两个参数进行的算数运算分别是减法、乘法和除法运算。此外，Lambda 表达式也越来越简洁，尤其以第 5 个 Lambda 表达式最为简洁——箭头左侧仅仅是内部包含参数 i 和 j 的一对圆括号（均省略参数类型），箭头右侧仅仅是使用表达式“i / j”表示 operate 方法的返回值。

当抽象方法有两个参数且有返回值时，用于创建函数式接口实现类对象的 Lambda 表达式具有如下语法格式：

(类型 参数 1,类型 参数 2) | (参数 1,参数 2) - > 表达式 | {return 语句}

箭头左侧必须是带一对圆括号的参数列表，可以两个参数均有类型声明，也可以两个参数均省略类型声明，但不能一个参数有类型声明，而另一个参数省略类型声明。对于两个参数均省略类型声明的情况，Java 编译器会根据上下文推导每个参数的类型。箭头右侧表示抽象方法的实现代码，可以是一个代表返回值的表达式，也可以使用 return 语句提供返回值，但 return 语句必须在语句块中。

总结上述 3 个例题，可以发现：

1. 使用 Lambda 表达式，可以直接创建函数式接口实现类的对象。这样，不仅可以减少代码冗余，使代码更为简洁，而且能够增强代码的逻辑相关性、紧凑性和封装性。

2. 在 Java 程序中，任何可以接受一个函数式接口实现类对象的地方，都可以使用 Lambda 表达式创建函数式接口实现类的对象。

3. 在 Java 语言中，函数式接口及其包含的抽象方法是为 Lambda 表达式而声明和定义的，并将函数式接口作为 Lambda 表达式的目标类型。或者说，Lambda 表达式不能脱离程序上下文单独存在，它必须要有一个明确的目标类型，该目标类型也就是函数式接口。Lambda 表达式箭头左侧的参数列表对应抽象方法的形参列表，箭头右侧的表达式或语句块对应抽象方法的实现代码。

4. 更有意义的是，Lambda 表达式是函数式编程(Functional Programming)的一项重要工具和特性。在 Java 程序中调用一个专门定义的方法时，可以将 Lambda 表达式与表示数据的其他参数一起作为实参传递给该方法，并在该方法中使用由 Lambda 表达式创建的函数式接口实现类对象处理其他参数中的数据。此时，Lambda 表达式起着“函数”的作用。这样，可以达到“将函数作为参数传递给方法”的效果和目的。

11.2 Java API 中常用的函数式接口

在之前数组排序程序中使用的 java.util.Comparator 接口不仅是一个泛型接口，也是一个函数式接口，因此，可以使用 Lambda 表达式创建 Comparator 对象。

【例 11-4】 使用 Lambda 表达式创建 Comparator 对象改写【例 10-5】。Java 程序代码如下：

```
import java.util.Arrays;
// 由于是使用 Lambda 表达式创建接口 Comparator 的实现类对象，故无需导入 java.
util.Comparator

interface Graphics {                          // 代码与【例 10-5】完全一致
    double getArea();
}

class Rectangle implements Graphics {  // 代码与【例 10-5】完全一致
    private double length, width;
    Rectangle(double l, double w) {length = l; width = w;}
    public double getArea() {return length * width;}
    public String toString() {
      return "Rectangle{ (" + length + "," + width + ") = " + getArea() + "}";
    }
}

class Triangle implements Graphics {   // 代码与【例 10-5】完全一致
    private double a, b, c;
    public Triangle(double a, double b, double c) {
      this.a = a; this.b = b; this.c = c;
    }
    public double getArea() {
      double s = 0.5 * (a + b + c);
```

```
            return Math.sqrt(s * (s - a) * (s - b) * (s - c));
        }
        public String toString() {
            return "Triangle{ (" + a + "," + b + "," + c + ") = " + getArea() + "}";
        }
    }

    // 此处无需再声明函数式接口 Comparator 的实现类 GraphicsAreaComparator，即省略以下代码
    // class GraphicsAreaComparator implements Comparator < Graphics > {
    //    public int compare(Graphics g1,Graphics g2) {
    //        return Double.compare(g1.getArea(),g2.getArea());
    //    }
    // }
    public class API_FI1 {
        public static void main(String [ ] args) {
            Graphics [ ] graphicsArray = {
                new Rectangle(3, 5),
                new Rectangle(5, 6),
                new Triangle(5, 6, 6),
                new Triangle(5, 6, 5)
            };

            System.out.println ("排序之前的图形及其面积:");
            for (Graphics g : graphicsArray)
                System.out.println(g);

            // 此处不再显式创建函数式接口 Comparator 的实现类对象，即不再使用下一行代码
            // Arrays.sort(graphicsArray,new GraphicsAreaComparator());
            // 而是将 Lambda 表达式及其创建的 Comparator 对象作为实参直接传递给方法 sort
            Arrays.sort(graphicsArray, (g1, g2) -> Double.compare(g1.getArea(), g2.getArea()));
            System.out.println ("排序之后:");
            for (Graphics g : graphicsArray)
                System.out.println(g);

            System.out.println ("测试 binarySearch 方法:");
            Graphics g = new Triangle(5, 6, 6);
            // 此处不再显式创建函数式接口 Comparator 的实现类对象，即不再使用下一行代码
```

```
        // int reVal = Arrays.binarySearch(graphicsArray,g,new GraphicsAreaComparator
());
        // 而是将 Lambda 表达式及其创建的 Comparator 对象作为实参直接传递给方
法 binarySearch
        int reVal = Arrays.binarySearch(graphicsArray, g, (g1, g2) - > Double.
compare(g1.getArea(), g2.getArea()));
        if (reVal > = 0)
          System.out.println(" Found! Index of " + g + " is " + reVal);
        else  // 输出插入点
          System.out.println(g + " should be inserted at " + ( - 1 - reVal));
    }
}
```

在 Lambda 表达式“(g1,g2)－ > Double. compare(g1. getArea()， g2. getArea())”箭头左侧，省略了参数 g1 和 g2 的类型，但 Java 编译器会根据上下文推导出参数 g1 和 g2 属于 Graphics 类型。在箭头右侧，表达式“Double. compare(g1. getArea()， g2. getArea()))”既是函数式接口 Comparator 中抽象方法 int compare(T o1， T o2)的实现代码，又表示调用 int compare(T o1， T o2)方法得到的返回值。

由于使用 Lambda 表达式直接创建 Comparator 对象，不再声明接口 Comparator 的实现类，使代码更为简洁。

在 Java 程序中经常需要进行多种形式的数据处理——或是判断数据的特性，进而构造程序流程控制条件，或是输出数据，或是使用数据进行数值计算，或是对数据进行类型转换。为此，Java API 在 java. util. function 包中声明了很多支持 Lambda 表达式的函数式接口，这些函数式接口为多种数据处理提供了规范。表 11－1 列出了其中常用的函数式接口及其中的抽象方法。

表 11－1　java. util. function 包中常用的函数式接口及其抽象方法、功能和用法

函数式接口	抽象方法	抽象方法说明	功能和用法
IntConsumer	void accept(int value)	接受一个 int 类型的参数，无返回值	消费整数 value，如输出整数 value
IntPredicate	boolean test(int value)	接受一个 int 类型的参数，返回值为 boolean 类型	判断整数 value 的特性，如是否大于指定值，或是否为偶数
IntUnaryOperator	int applyAsInt (int operand)	接受一个 int 类型的参数，返回值也为 int 类型	对整数 value 进行一元数值计算，如求平方
DoubleConsumer	void accept (double value)	接受一个 double 类型的参数，无返回值	消费浮点数 value，如输出浮点数 value
DoublePredicate	boolean test (double value)	接受一个 double 类型的参数，返回值为 boolean 类型	判断浮点数 value 的特性，如是否大于指定浮点数

续表

函数式接口	抽象方法	抽象方法说明	功能和用法
DoubleUnary Operator	double applyAsDouble (double operand)	接受一个 double 类型的参数，返回值也为 double 类型	对浮点数 value 进行一元数值计算，如求平方根
Consumer <T>	void accept(T t)	接受一个 T 类型的参数，无返回值	消费引用变量 t 指向的对象及其数据，如输出对象数据
BiConsumer <T,U>	void accept(T t,U u)	接受一个 T 类型的参数和一个 U 类型的参数，无返回值	消费引用变量 t 和 u 分别指向的两个对象及其数据，如输出这两个对象数据
Function <T,R>	R apply(T t)	接受一个 T 类型的参数，返回 R 类型的对象数据	将 T 类型的对象转换为 R 类型的对象
ToDoubleFunction <T>	double applyAsDouble (T value)	接受一个 T 类型的参数，返回值为 double 类型	将 T 类型对象中的某些数据转换为 double 类型的浮点数
Predicate <T>	boolean test(T t)	接受一个 T 类型的参数，返回值为 boolean 类型	判断引用变量 t 指向的对象是否具有某一特性
Supplier <T>	T get()	返回一个 T 类型的对象	提供一个 T 类型的对象

注意：表 11 - 1 中，前 3 种函数式接口用于 int 类型的整数处理，接着的 3 种函数式接口用于 double 类型的浮点数处理，最后 6 种函数式接口用于引用类型的数据处理（处理对象数据），且都是泛型接口。

【例 11 - 5】 java.util.function 包中函数式接口的应用。Java 程序代码如下：

```
import java.util.function.IntConsumer;
import java.util.function.IntPredicate;
import java.util.function.IntUnaryOperator;

public class API_FI2 {
    // 使用 IntConsumer 对象消费整数 value，如输出整数 value
    static void forEach(int value, IntConsumer intConsumer) {
        intConsumer.accept(value);
    }

    //使用 IntPredicate 对象判断整数 value 的特性，如是否大于 5
    static boolean filter(int value, IntPredicate intPredicate) {
        return intPredicate.test(value);
    }
```

```
    // 使用 IntUnaryOperator 对象对整数 operand 进行一元数值计算，如求平方
    static int map(int operand, IntUnaryOperator intUnaryOperator) {
        return intUnaryOperator.applyAsInt(operand);
    }

    public static void main(String [ ] args) {
        forEach(2, i -> System.out.println(i));  // 输出整数 2

        boolean bool = filter(2, i -> i > 5);  // 判断整数 2 是否大于 5
        System.out.println(bool);

        int result = map(2, i -> i * i);  // 求整数 2 的平方
        System.out.println(result);

    }
}
```

程序运行结果如下：

```
2
false
4
```

在本例中，定义了 forEach、filter 和 map3 个静态方法，这 3 个静态方法的第 1 个参数都是 int 类型，第 2 个参数分别属于 IntConsumer、IntPredicate 和 IntUnaryOperator 函数式接口类型。

在 main 方法中调用 forEach、filter 和 map 3 个静态方法时，都是将一个 int 类型的数据和一个 Lambda 表达式一起作为实参传递给被调用的静态方法。这样，就可以使用由 Lambda 表达式创建的函数式接口，实现类对象处理第 1 个参数中的数据。

11.3 方法引用

方法引用(Method Reference)是在 Java 8 中发布的与 Lambda 表达式高度相关的另一个新特性——在使用 Lambda 表达式创建函数式接口实现类的对象时，如果 Lambda 表达式比较简单，而且可以仅仅是调用一个已经定义的方法，则可以使用方法引用替代 Lambda 表达式，这样能够进一步减少代码冗余，使代码更为简洁。

方法引用，就是通过方法名引用已经定义的方法。方法引用有 4 种形式：

1. 静态方法引用，语法格式为：类(或接口)::静态方法，可视为通过类型(包括类和接口)调用已经定义的静态方法。

2. 特定对象的实例方法引用，语法格式为：引用变量::实例方法，可视为通过引用变量指向的对象调用已经定义的实例方法。

3. 特定类型的任意对象的实例方法引用，语法格式为：类(或接口)::实例方法，可视为通

过类型(包括类和接口)的任意对象调用已经定义的实例方法。

4. 构造方法引用,语法格式为:类名::new,可视为通过调用已经定义的无参构造方法创建特定类型的对象。

【例 11-6】 方法引用举例。Java 程序代码如下:

```
import java.util.Arrays;
import java.util.function.Supplier;

class Item {
    private Integer id;
    private String name;
    private Float price;
    private Integer inventory;

    public Item() {}                    // 必须有
    public Item(int id, String name, float price, int inventory) {
        this.id = id;                   // 自动装箱
        this.name = name;
        this.price = price;             // 自动装箱
        this.inventory = inventory;// 自动装箱
    }

    public Integer getId() {return id;}
    public String getName() {return name;}
    public Float getPrice() {return price;}
    public Integer getInventory(){return inventory;}

    public String toString() {
        return id + "\t" + name + "\t" + price + "\t" + inventory;
    }

    public static int compareByName(Item item1, Item item2) {  // 静态方法
        return item1.getName().compareTo(item2.getName());
    }

    public int compareByInventory(Item item) {  // 实例方法
        return this.inventory - item.inventory;  // 拆箱
    }
}
```

```
class ComparisonProvider {
    public int compareByPrice(Item item1, Item item2) {  // 实例方法
        return Float.compare(item1.getPrice(), item2.getPrice());  // 拆箱
    }
}

public class MethodReference {
    public static void main(String [ ] args) {
      Item [ ] itemArray = {
        new Item(1, " HUAWEI HONOR" , 1888.0f, 50),
        new Item(2, " Redmi Note" , 1199.0f, 55),
        new Item(3, " OPPO R15" , 2666.0f, 32),
        new Item(4, " ZTE Blade V10" , 1566.0f, 18)
      };

      System.out.println (" 排序之前的商品信息:" );
      for (Item item : itemArray)
        System.out.println(item);

    // Arrays.sort(itemArray, (item1, item2) - > Item.compareByName(item1, item2));
      Arrays.sort(itemArray, Item::compareByName);  // 静态方法引用
      System.out.println (" 按照名称(字符的 Unicode 编码)排序之后的商品信息:" );
      for (Item item : itemArray)
        System.out.println(item);

      ComparisonProvider cp = new ComparisonProvider();
    // Arrays.sort(itemArray, (item1, item2) - > cp.compareByPrice(item1, item2));
    Arrays.sort(itemArray, cp::compareByPrice);  // 特定对象的实例方法引用
    System.out.println (" 按照价格排序之后的商品信息:" );
    for (Item item : itemArray)
      System.out.println(item);
    // Arrays.sort(itemArray, (item1, item2) - > item1.compareByInventory(item2));
    Arrays.sort(itemArray, Item::compareByInventory);  // 特定类型的任意对象
的实例方法引用
    System.out.println (" 按照库存排序之后的商品信息:" );
    for (Item item : itemArray)
      System.out.println(item);
      // Supplier <Item> supplier = () - > new Item();  // Item 类必须存在无
参构造方法
```

```
        Supplier <Item> supplier = Item::new;  // 构造方法引用
        Item item = supplier.get();
        System.out.println (" 通过函数式接口 Supplier 的实现类对象调用 get 方法创
建 Item 对象:");

        System.out.println(item);
    }
}
```

程序运行结果如下:

```
排序之前的商品信息:
1  HUAWEI HONOR    1888.0  50
2  Redmi Note      1199.0  55
3  OPPO R15        2666.0  32
4  ZTE Blade V10   1566.0  18
按照名称(字符的 Unicode 编码)排序之后的商品信息:
1  HUAWEI HONOR    1888.0  50
3  OPPO R15        2666.0  32
2  Redmi Note      1199.0  55
4  ZTE Blade V10   1566.0  18
按照价格排序之后的商品信息:
2  Redmi Note      1199.0  55
4  ZTE Blade V10   1566.0  18
1  HUAWEI HONOR    1888.0  50
3  OPPO R15        2666.0  32
按照库存排序之后的商品信息:
4  ZTE Blade V10   1566.0  18
3  OPPO R15        2666.0  32
1  HUAWEI HONOR    1888.0  50
2  Redmi Note      1199.0  55
通过函数式接口 Supplier 的实现类对象调用 get 方法创建 Item 对象:
null  null  null  null
```

在本例中,声明了 Item、ComparisonProvider 和 MethodReference 3 个类。

在 Item 类中,定义了 3 个基本类型包装类和一个 String 类的实例变量 id、price、inventory 和 name。在 Item 类带参数的构造方法中,应用 Java 编译器的自动装箱功能,将基本类型的参数 id、price 和 inventory 分别赋值给对应包装类的引用变量 this. id、this. price 和 this. inventory。对应每个 private 的实例变量,通过 public 的 getXXX 方法获取实例变量的值。toString 方法以字符串形式返回 Item 对象的属性信息。通过类名 Item 调用静态方法 compareByName,可以按照名称 name(字符的 Unicode 编码)比较两个 Item 对象。一个 Item

对象调用实例方法 compareByInventory，可以与另一个 Item 对象比较库存量。

在 ComparisonProvider 类中仅定义一个实例方法 compareByPrice。通过一个 ComparisonProvider 对象可以比较两个 Item 对象的价格——首先应用 Java 编译器的拆箱功能将两个 Item 对象中的 Float 包装类对象 price 转换为 float 基本类型的数据，然后调用 Float 类的静态方法 compare 比较两个 Item 对象的价格。

在 MethodReference 类的 main 方法中，首先创建 Item 对象数组 itemArray。对数组 itemArray 进行 3 次排序，均是调用 java. util. Arrays 类的静态方法 public static ＜T＞ void sort(T [ ] a,Comparator ＜ ? super T ＞ c)。每次调用 sort 方法时，所传递的第 2 个参数均是一个 java. util. Comparator 函数式接口的实现类对象。因此，可以使用 Lambda 表达式创建用于比较两个 Item 对象的 Comparator 对象。但由于 Lambda 表达式箭头右侧代码比较简单，而且可以仅仅是调用一个已经定义的方法，所以可以使用对应的方法引用替代 Lambda 表达式。

1. 在第 1 次按照 name 排序时，可以使用 Lambda 表达式“(item1, item2)-＞ item1. getName(). compareTo(item2. getName())”创建 Comparator 对象，该 Comparator 对象可以按照 name 比较 item1 和 item2 对象。另外，调用在 Item 类中已经定义的静态方法 compareByName，同样可以按照 name 比较 item1 和 item2 对象，所以 Lambda 表达式也可以写为“(item1, item2)-＞ Item. compareByName(item1,item2)”。此时，使用静态方法引用 Item::compareByName 替代 Lambda 表达式，同样可以创建需要的 Comparator 对象。

2. 在第 2 次按照 price 排序时，可以使用 Lambda 表达式“(item1, item2)-＞ Float. compare(item1. getPrice(), item2. getPrice())”创建 Comparator 对象，该 Comparator 对象可以按照 price 比较 item1 和 item2 对象。另外，通过引用变量 cp 指向的 ComparisonProvider 对象调用在 ComparisonProvider 类中已经定义的实例方法 compareByPrice，同样可以按照 price 比较 item1 和 item2 对象，所以 Lambda 表达式也可以写为“(item1, item2)-＞ cp. compareByPrice(item1, item2)”。此时，使用特定对象的实例方法引用 cp::compareByPrice 替代 Lambda 表达式，同样可以创建需要的 Comparator 对象。

3. 在第 3 次按照 inventory 排序时，可以使用 Lambda 表达式“(item1, item2)-＞ item1. getInventory()- item2. getInventory()”创建 Comparator 对象，该 Comparator 对象可以按照 inventory 比较 item1 和 item2 对象。另外，通过引用变量 item1 指向的 Item 对象调用在 Item 类中已经定义的实例方法 compareByInventory，同样可以按照 inventory 比较 item1 和 item2 对象，所以 Lambda 表达式也可以写为“(item1, item2)-＞ item1. compareByInventory (item2)”。此时，使用特定类型的任意对象的实例方法引用 Item::compareByInventory 替代 Lambda 表达式，同样可以创建需要的 Comparator 对象。

注意：在上述 3 个方法引用中，特定类型的任意对象的实例方法引用 Item:: compareByInventory 中的实例方法 compareByInventory 只有一个 Item 类型的参数，而静态方法引用中的静态方法 compareByName 和特定对象的实例方法引用中的实例方法 compareByPrice 都有两个 Item 类型的参数。

在 MethodReference 类的 main 方法最后，使用 Lambda 表达式“()-＞ new Item()”创建 java. util. function. Supplier 函数式泛型接口的实现类对象，同时指定实际类型参数为 Item；由于 Supplier 接口中的抽象方法 get 是无参方法，所以 Lambda 表达式箭头左侧必须是内部为空的一对圆括号，箭头右侧必须调用 Item 类的无参构造方法。此时，使用构造方法引用 Item::new 替代 Lambda 表达式，同样可以创建 Supplier 对象。之后，通过引用变量 supplier 指向的 Supplier 对象调用 get 方法（实际上最终调用 Item 类的无参构造方法），即可创建一个 Item 对象。

11.4　流及其操作

流(Stream)是在 Java 8 中发布的另一项全新特性。类似于在关系数据库中使用 SELECT 语句查询数据，流提供一种对数据源（如数组、列表）进行表达和运算的高阶抽象，并可以让程序员以一种声明的方式处理数据源中的数据——只需声明通过流对数据源执行什么操作，流就会自动对数据源执行指定的操作（操作完全由 JVM 自动执行），并返回操作执行的结果。

图 11－1 说明了流的工作原理。使用流处理数据源中的数据，一般分为以下 3 个阶段。

1. 从数据源（如数组、列表）创建流，将数据源中的数据组织在一个流当中。

2. 对流中的数据执行去重(distinct)、筛选(filter)、映射(map)、排序(sorted)等一系列中间操作(Intermediate Operation)，每个中间操作都将继续生成一个新的流，以便后续操作的执行。

3. 最后执行计数(count)、求和(sum)和输出(forEach)等一次性终端操作(Terminal Operation)。

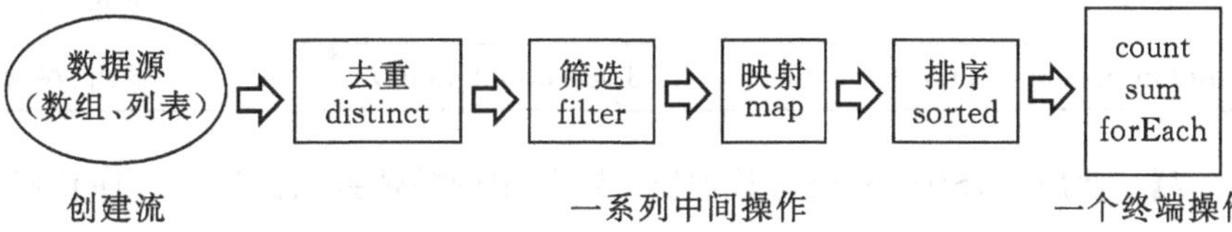

图 11－1　流的工作原理

在 Stream API 中，主要包括 java.util.stream 包中的 5 个接口以及 java.lang.AutoCloseable 接口。图 11－2 说明了这些接口之间的继承关系。其中，BaseStream 接口是 java.lang.AutoCloseable 接口的子接口，IntStream、LongStream、DoubleStream 和 Stream 4 个接口是 BaseStream 接口的子接口。IntStream、LongStream 和 DoubleStream 对应 Integer、Long 和 Double 3 种基本类型的包装类，它们的用法基本相同。Stream 对应除 Integer、Long 和 Double 外的其他引用类型。由于 java.lang.AutoCloseable 接口是所有流接口的祖先，所以每个流在执行一个终端操作之后会自动关闭，但可以从数据源重新创建流，然后再执行一系列的中间操作和一个终端操作。

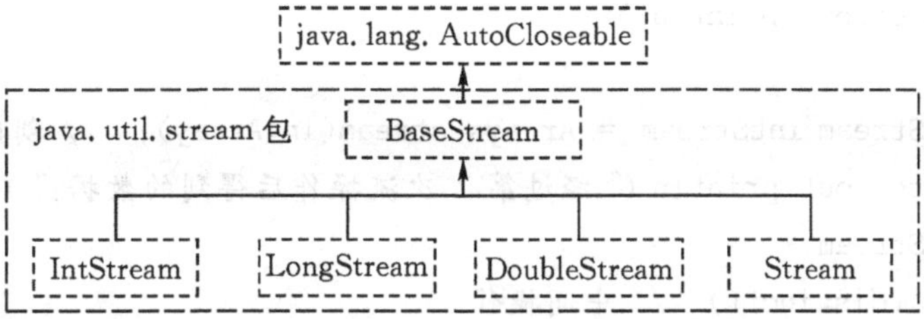

图 11－2　java.util.stream 包中的接口及其继承关系

11.4.1 IntStream

Stream API 提供 3 种与数值处理有关的流：IntStream、LongStream、DoubleStream，它们的用法基本相同，只是分别针对包含 int、long 和 double 基本类型数据的数据源。

如果数据源中是一组整数，则可以使用 IntStream 处理数据源中的整数数据。表 11-2 列出了 java.util.stream.IntStream 接口中的常用方法及其功能和用法。其中，每一个方法对应一种中间操作或终端操作——distinct、filter、map 和 sorted 方法依次对应去重、筛选、映射和排序等中间操作，并且每种中间操作都将生成一个新的 IntStream，count、sum 和 forEach 方法依次对应计数、求和和输出等终端操作。

表 11-2 java.util.stream.IntStream 接口中常用的实例方法及其功能和用法

实例方法	函数式接口(参数的类型)中的抽象方法	功能和用法
IntStream distinct()		去重(中间操作)
IntStream filter(IntPredicate predicate)	boolean test(int value)	筛选(中间操作)
IntStream map(IntUnaryOperator mapper)	int applyAsInt(int operand)	映射(中间操作)
IntStream sorted()		排序(中间操作)
long count()		计数(终端操作)
int sum()		求和(终端操作)
void forEach(IntConsumer action)	void accept(int value)	输出(终端操作)

【例 11-7】 使用 IntStream 处理数据源(数组)中的整数数据。Java 程序代码如下：

```
import java.util.Arrays;
import java.util.stream.IntStream;

public class IntStreamDemo {
    public static void main(String [ ] args) {
        int [ ] intArray = {1, 10, 3, 5, 7, 6, 2, 1, 9, 10, 4};

        System.out.println ("数组中的原始数据:");
        for (int i : intArray)
            System.out.print(i + "  ");
        System.out.println();

        IntStream intStream = Arrays.stream(intArray); //创建流
        System.out.println ("经过第 1 次流操作后得到的数据:");
        intStream
            .distinct() // 中间操作
            .forEach(i-> System.out.print(i + "  ")); // 终端操作
```

```
        System.out.println();

        intStream = Arrays.stream(intArray); // 重新创建流
        System.out.print ("经过第 2 次流操作后发现,");
        long count = intStream
            .distinct()  // 中间操作
            .count();  // 终端操作
        System.out.println ("原数组中有" + count + "个不同的整数");

        intStream = Arrays.stream(intArray); //重新创建流
        System.out.println ("经过第 3 次流操作后得到的数据:");
        intStream
            .distinct().filter(i-> i > 5).map(i-> i*i).sorted()  // 中间操作
            .forEach(i-> System.out.print(i + "  ")); // 终端操作
        System.out.println();

        System.out.println ("经过 3 次流操作后,数组中的数据(是否发生变化?):");
        for (int i : intArray)
            System.out.print(i + "  ");
        System.out.println();
    }
}
```

程序运行结果如下：

```
数组中的原始数据:
1  10  3  5  7  6  2  1  9  10  4
经过第 1 次流操作后得到的数据:
1  10  3  5  7  6  2  9  4
经过第 2 次流操作后发现,原数组中有 9 个不同的整数
经过第 3 次流操作后得到的数据:
36  49  81  100
经过 3 次流操作后,数组中的数据(是否发生变化?):
1  10  3  5  7  6  2  1  9  10  4
```

在本例中，流的数据源是 int 型数组 intArray。调用 java. util. Arrays 类的 public static IntStream stream(int [ ] array)静态方法，可以创建一个 IntStream，并将数组 intArray 中的整数组织在该 IntStream 中。在 IntStream 中，可以对其中的整数执行后续的中间操作和终端操作。

在第 1 次流操作中，首先调用 distinct 方法对 IntStream 中的整数执行去重操作，这样在 IntStream 中就不再出现相同的整数。然后调用 forEach 方法输出 IntStream 中去重之后的整数。由于调用 forEach 方法所执行的是一个终端操作，所以之后 IntStream 会自动关闭，因此

在第 2 次流操作之前，需要从数组 intArray 重新创建一个 IntStream。

在第 2 次流操作中，首先调用 distinct 方法对 IntStream 中的整数执行去重操作，这样在 IntStream 中就不再出现相同的整数，然后调用 count 方法对去重之后 IntStream 中的整数执行计数操作，并得到计数结果 count。由于调用 count 方法所执行的也是一个终端操作，所以之后 IntStream 同样会自动关闭，因此在第 3 次流操作之前，仍然需要从数组 intArray 重新创建一个 IntStream。

在第 3 次流操作中，首先依次调用 distinct、filter、map 和 sorted 方法对 IntStream 中的整数先后执行去重、筛选、映射和排序等中间操作，然后调用 forEach 方法输出 IntStream 中一组新的整数。

经过 3 次流操作后，再次输出数组 intArray，会发现其中的整数没有发生任何改变。

11.4.2 Stream

如果数据源中是一组同类型的对象，则可以使用 Stream 处理数据源中的对象数据。表 11－3 列出了 java.util.stream.Stream 接口中的常用方法及其功能和用法。其中，每一个方法对应一种中间操作或终端操作——distinct、filter、map 和 sorted 方法依次对应去重、筛选、映射和排序等中间操作，并且每种中间操作都将生成一个新的 Stream，count 和 forEach 方法依次对应计数和输出等终端操作。

表 11－3　java.util.stream.Stream 接口中常用的实例方法及其功能和用法

实例方法	函数式接口（参数的类型）中的抽象方法	功能和用法
Stream <T> distinct()		去重（中间操作）
Stream <T> filter(Predicate <T> predicate)	boolean test(T t)	筛选（中间操作）
<R> Stream <R> map(Function <T, R> mapper)	R apply(T t)	映射（中间操作）
DoubleStream mapToDouble(ToDoubleFunction <T> mapper)	double applyAsDouble(T value)	映射（中间操作）将 Stream 转换为 DoubleStream
IntStream mapToInt(ToIntFunction <T> mapper)	int applyAsInt(T value)	映射（中间操作）将 Stream 转换为 IntStream
LongStream mapToLong(ToLongFunction <T> mapper)	long applyAsLong(T value)	映射（中间操作）将 Stream 转换为 LongStream
Stream <T> sorted(Comparator <T> comparator)	int compare(T o1, T o2)	排序（中间操作）
long count()		计数（终端操作）
void forEach(Consumer <T> action)	void accept(T t)	输出（终端操作）

【例 11－8】 使用 Stream 处理数据源(数组)中的对象数据。Java 程序代码如下：

```
import java.util.Arrays;

class Item {                                // 代码与【例 11－6】完全一致
    private Integer id;
    private String name;
    private Float price;
    private Integer inventory;

    public Item() {}

    public Item(int id, String name, float price, int inventory) {
        this.id = id;                       // 自动装箱
        this.name = name;
        this.price = price;                 // 自动装箱
        this.inventory = inventory;         // 自动装箱
    }

    public Integer getId() {return id;}
    public String getName() {returnname;}
    public Float getPrice() {return price;}
    public Integer getInventory() {return inventory;}

    public String toString() {
        return id + "\t" + name + "\t" + price + "\t" + inventory;
    }
}

public class StreamDemo {
    public static void main(String [ ] args) {
      Item [ ] itemArray = {
        new Item(1, " HUAWEI HONOR" , 1888.0f, 50),
        new Item(2, " Redmi Note" , 1199.0f, 55),
        new Item(3, " OPPO R15" , 2666.0f, 32),
        new Item(4, " ZTE Blade V10" , 1566.0f, 18)
      };

      System.out.println (" 数组中的商品原始数据:" );
      for (Item item : itemArray)
```

```
            System.out.println(item);

        System.out.println ("经过第 1 次流操作(按照库存排序)后得到的数据:");
        Arrays.stream(itemArray)
            .sorted((item1, item2) -> item1.getInventory() - item2.getInventory())
            .forEach(System.out::println);  // 这是什么东东?

        System.out.println ("经过第 2 次流操作(按照价格排序)后得到的数据:");
        Arrays.stream(itemArray)
            .sorted((item1, item2) -> Float.compare(item1.getPrice(), item2.
getPrice()))
            .forEach(System.out::println);

        System.out.println ("经过第 3 次流操作(按照"库存 < 50"过滤)后得到的
数据:");
        Arrays.stream(itemArray)
            .filter(item -> item.getInventory() < 50)
            .forEach(System.out::println);
        long count = Arrays.stream(itemArray).distinct().count();
        System.out.println ("经过第 4 次流操作后发现,数组中共有" + count + "个
Item 对象");

        double sum = Arrays.stream(itemArray)
            .mapToDouble(item -> item.getInventory() * item.getPrice())  // 将
Stream 转换为 DoubleStream
            .sum();
        System.out.println ("经过第 5 次流操作后,得出所有商品价值:" + sum);

        System.out.println ("经过多次流操作后,数组中的数据(是否发生变化?):");
        Arrays.stream(itemArray).forEach(System.out::println);
    }
}
```

程序运行结果如下:

```
数组中的商品原始数据:
1  HUAWEI HONOR    1888.0  50
2  Redmi Note      1199.0  55
3  OPPO R15        2666.0  32
4  ZTE Blade V10   1566.0  18
```

```
经过第 1 次流操作(按照库存排序)后得到的数据:
4  ZTE Blade V10     1566.0  18
3  OPPO R15          2666.0  32
1  HUAWEI HONOR      1888.0  50
2  Redmi Note        1199.0  55
经过第 2 次流操作(按照价格排序)后得到的数据:
2  Redmi Note        1199.0  55
4  ZTE Blade V10     1566.0  18
1  HUAWEI HONOR      1888.0  50
3  OPPO R15          2666.0  32
经过第 3 次流操作(按照"库存 < 50"过滤)后得到的数据:
3  OPPO R15          2666.0  32
4  ZTE Blade V10     1566.0  18
经过第 4 次流操作后发现,数组中共有 4 个 Item 对象
经过第 5 次流操作后,得出所有商品价值:273845.0
经过多次流操作后,数组中的数据(是否发生变化?):
1  HUAWEI HONOR      1888.0  50
2  Redmi Note        1199.0  55
3  OPPO R15          2666.0  32
4  ZTE Blade V10     1566.0  18
```

在本例中,流的数据源是 Item 类型的数组 itemArray,其中存储的是 4 个 Item 对象及其数据。在每次开始流操作之前,调用 java. util. Arrays 类的 public static <T> Stream <T> stream(T [ ] array) 静态方法,可以创建一个 Stream,并将数组 itemArray 中的 Item 对象数据组织在该 Stream 中。在 Stream 中,可以对其中的 Item 对象数据执行后续的中间操作和终端操作。

在第 1 次流操作中,首先调用 sorted 方法,同时向 sorted 方法传递一个使用 Lambda 表达式"(item1,item2)-> item1. getInventory()- item2. getInventory()"创建的 Comparator 对象,这样即可对 Stream 中的 Item 对象按照库存执行排序操作;然后调用 forEach 方法输出 Stream 中排序之后的 Item 对象数据。由于调用 forEach 方法所执行的是一个终端操作,所以之后 Stream 会自动关闭。

在第 2 次流操作中,首先调用 sorted 方法,同时向 sorted 方法传递一个使用 Lambda 表达式"(item1, item2) -> Float. compare (item1. getPrice ( ), item2. getPrice ( ))" 创建的 Comparator 对象,这样即可对 Stream 中的 Item 对象按照价格执行排序操作;然后调用 forEach 方法输出 Stream 中排序之后的 Item 对象数据。

在第 3 次流操作中,首先调用 filter 方法,同时向 filter 方法传递一个使用 Lambda 表达式"item -> item. getInventory() < 50"创建的 Predicate 对象,这样即可对 Stream 中的 Item 对象按照"库存 < 50"执行过滤操作;然后调用 forEach 方法输出 Stream 中过滤之后的 Item 对象数据。

在第 4 次流操作中,首先调用 distinct 方法对 Stream 中的 Item 对象执行去重操作,这样

在 Stream 中就不再出现相同的 Item 对象；然后调用 count 方法对去重之后 Stream 中的 Item 对象执行计数操作，并得到计数结果 count。由于调用 count 方法所执行的也是一个终端操作，所以之后 Stream 同样会自动关闭。

在第 5 次流操作中，首先调用 mapToDouble 方法，同时向 mapToDouble 方法传递一个使用 Lambda 表达式“item -> item. getInventory ( ) * item. getPrice ( )”创建的 ToDoubleFunction 对象，这样即可将 Stream 转换为 DoubleStream(其中包含 double 型的数据，即每种商品的库存 inventory 与单价 price 的乘积)；然后在 DoubleStream 中调用 sum 方法对 DoubleStream 中的 double 型数据执行累加求和操作，并得到累加求和结果 sum。由于调用 sum 方法所执行的也是一个终端操作，所以之后 DoubleStream 同样会自动关闭。

经过 5 次流操作后，以流操作的形式输出数组 itemArray 中 Item 对象的数据，会发现数组 itemArray 中 Item 对象的数据并没有发生改变。

注意：在 java. util. stream. Stream 接口中，不仅提供将 Stream 转换为 DoubleStream 的 mapToDouble 方法，而且提供将 Stream 转换为 IntStream 的 mapToInt 方法以及将 Stream 转换为 LongStream 的 mapToLong 方法。

第 12 章　Java 语言中的编程范式

编程范式(Programming Paradigm)又称程序设计方法，是指使用一门编程语言在程序中完成数据处理任务的方法。编程范式可分为命令式(Imperative)、面向对象(Object-Oriented)和声明式(Declarative)3 种。其中，命令式编程范式主要包括结构化(Structured)和过程化(Procedural)2 种，声明式编程范式主要包括函数式(Functional)和逻辑式(Logic)2 种。Java 语言支持结构化、过程化、面向对象 3 种编程范式以及部分函数式编程范式。

12.1　命令式编程范式

在命令式编程范式(Imperative Programming Paradigm)中，不仅可以使用算法描述解决特定问题的主要步骤，而且需要在程序中明确地指出每一步骤应该怎么做。结构化编程范式是命令式范式的基本类型，适用于一般的数据处理任务和过程。

12.1.1　结构化编程范式

结构化编程范式(Structured Programming Paradigm)，又称结构化程序设计方法。在结构化编程范式中，首先使用程序流程图描述数据处理任务和过程，而且程序流程图可以由顺序结构、选择结构和循环结构 3 种基本结构按照一定次序组合、衔接或嵌套构成。然后，根据程序流程图编写计算机程序。

在 Java 程序的一个方法(比如 main 方法)中，通常使用结构化编程范式。

【例 12－1】 验证数学函数 sin$x$ 的级数公式：

$$\sin x = x - \frac{x^3}{3!} + \frac{x^5}{5!} - \frac{x^7}{7!} + \frac{x^9}{9!} - \frac{x^{11}}{11!} + \cdots, -\infty < x < \infty$$

1. 根据上述级数公式，可以使用如图 12－1 所示的程序流程图描述数学函数 sin$x$ 值的计算过程。

2. 与图 12－1 对应的 Java 程序代码如下：

```
public class Structured {
    public static void main(String [ ] args) {
        double x = -10;                          // 求 sinx,x 表示需要处理的数据

        double sum = x, term = x, termAbs;
        int fact = 1;

        do {
```

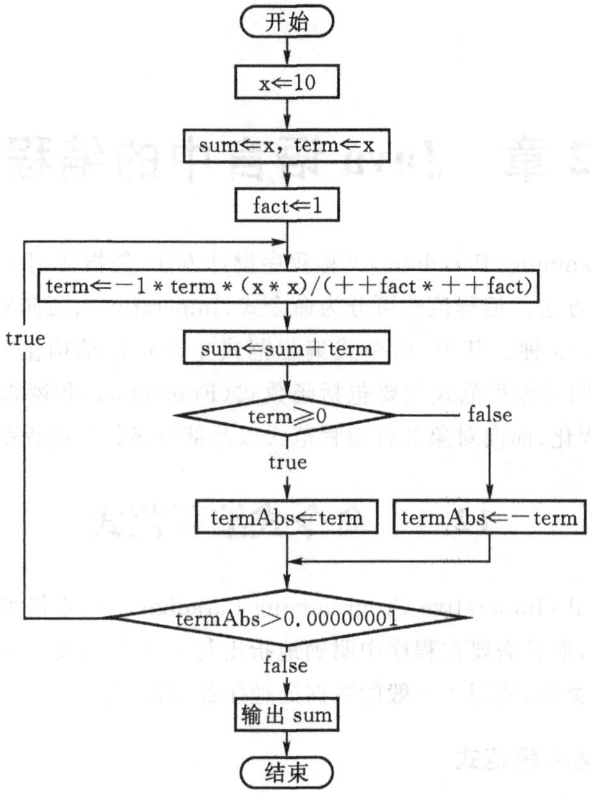

图 12-1 计算数学函数 $\sin x$ 值的程序流程图

```
            term * = -1 * (x * x) / (++ fact * ++ fact);
            sum + = term;

            if (term > = 0)                         // 计算最新一项的绝对值
                termAbs = term;
            else
                termAbs = - term;
        } while (termAbs > 0.00000000001);

        System.out.println(sum);     // 输出数据处理结果(sinx 的近似值)
    }
}
```

本例使用结构化编程范式计算数学函数 $\sin x$ 的值。在 do-while 型循环结构中包含了一个顺序结构,顺序结构又嵌套了一个使用 if-else 语句实现的双分支选择结构。

此外,本例主要涉及数值计算。在涉及数值计算的数据处理任务和过程中,经常需要各项数值的小数部分保留尽可能多的有效数字,因此常常将表示最终结果以及中间结果的变量定义为 double 类型。在本例中,级数的累计和是一个带小数的实数。为了更精确地计算级数的累计和,并在循环中使级数累计和的小数部分保留尽可能多的有效数字,需要将表示级数累计和的变量 sum 定义为 double 类型。类似地,由于级数中的每一项是一个带小数的实数,而且为了判断误差足够小,需要将每一项的绝对值与 0.00000000001 进行比较,同样需要将表示每一项及其绝对值的变量 term 和 termAbs 定义为 double 类型。

在本例中,只要赋予变量 x 不同的值,就可以通过执行相同的程序代码得到对应的数学函数 sin$x$ 值。

注意:当变量 x 的绝对值不是很大(比如小于 10)时,本例程序能够以足够的精度计算数学函数 sin$x$ 值。但当变量 x 的绝对值过大(例如大于 50)时,则不能直接使用本例程序计算数学函数 sin$x$ 值。

12.1.2　模块化原理和过程化编程范式

在很多的编程任务中,经常需要在不同时刻执行相同或类似的程序代码,以多次完成相同或类似的数据处理任务。此时,可以根据模块化(Modularization)原理,首先将这些相同或类似的程序代码转化并组织在一个模块中,然后在需要的时候通过调用该模块完成相同或类似的数据处理任务。

在 Java 语言中,方法就是一种基本形式的模块,通过方法及其调用可以实现程序代码的模块化。

例如,无论自变量 x 为何值,计算数学函数 sin$x$ 值的程序代码都可以是相同的。为此,可以将计算数学函数 sin$x$ 值的程序代码转化并组织在方法 sin 中,并使其通过形参接收自变量 x 的值,使用 return 语句返回对应的数学函数 sin$x$ 值。这样,方法 sin 就能够实现对任意自变量 x 计算并返回数学函数 sin$x$ 值的功能。

【例 12－2】　程序代码的模块化。Java 程序代码如下:

```
public class Modularization {
    // 将求绝对值的代码组织在静态方法 abs 中
    static double abs(double x) {           // 通过形参 x 接收需要处理的数据
        double reVal = x;                   // 首先假设 x > 0

    if (x < 0)
        reVal = -x;

        return reVal;                       // 返回数据处理结果(形参 x 的绝对值)
    }

    // 将求正弦值的代码组织在静态方法 sin 中
    static double sin(double x) {           // 通过形参 x 接收需要处理的数据
      double sum = x, term = x, termAbs;
      int fact = 1;
      do {
```

```
        term * = -1 * (x * x) / ( ++ fact * ++ fact);
        sum + = term;
        termAbs = abs(term);                //计算最新一项的绝对值
    } while (termAbs > 0.00000000001);

    return sum;                             // 返回数据处理结果(sinx 的近似值)
}

// 将求余弦值的代码组织在静态方法 cos 中
static double cos(double x) {               // 通过形参 x 接收需要处理的数据
    double sum = 1, term = 1, termAbs;
    int fact = 0;

    do {
        term * = -1 * (x * x) / ( ++ fact * ++ fact);
        sum + = term;
        termAbs = abs(term);                // 计算最新一项的绝对值
    } while (termAbs > 0.00000000001);

    return sum;                             // 返回数据处理结果(cosx 的近似值)
}

// 将求平方根的代码组织在静态方法 sqrt 中
static double sqrt(double x) {              // 通过形参 x 接收需要处理的数据
    double a = x / 2;
    double dev;

    do {
        a = (a + x / a) / 2;
        dev = abs(a * a - x);
    } while (dev > 0.00000000001);

    return a;                               // 返回数据处理结果(x 的近似平方根)
}

public static void main(String [ ] args) {
    double x = 10;
```

```
        System.out.println(sin(x));
        System.out.println(cos(x));
        System.out.println(sqrt(x));

        double funcVal = abs(x * sin(2 * x)) - x * cos(x) + x * sqrt(abs(x) + x *
sin(x / 2));
        System.out.println(funcVal);
    }
}
```

在本例中，首先将计算正弦值的代码转化并组织在静态方法 sin 中，该方法能够通过形参 x 接收 double 类型的数值（自变量），并将正弦值通过 return 语句返回给该方法的调用者（例如 main 方法）。只要在调用静态方法 sin 时传递不同的 double 类型数值（自变量），静态方法 sin 就能够通过执行相同的程序代码计算并返回对应的正弦值。

其次，本例还将计算 sin 值、求绝对值和求平方根的代码分别组织在 cos、abs 和 sqrt 3 个静态方法之中。与静态方法 sin 类似，这 3 个静态方法也都能够通过形参 x 接收 double 类型的数值（自变量），并将对应的数学函数值通过 return 语句返回给调用者。

最后，在 sin、cos 和 sqrt 3 个静态方法的 do-while 循环中均调用了静态方法 abs。

在本例的 Modularization 类中共定义 main、abs、sin、cos 和 sqrt 5 个静态方法，图 12 - 2 表示静态方法 main、abs、sin、cos 和 sqrt 之间的调用关系。

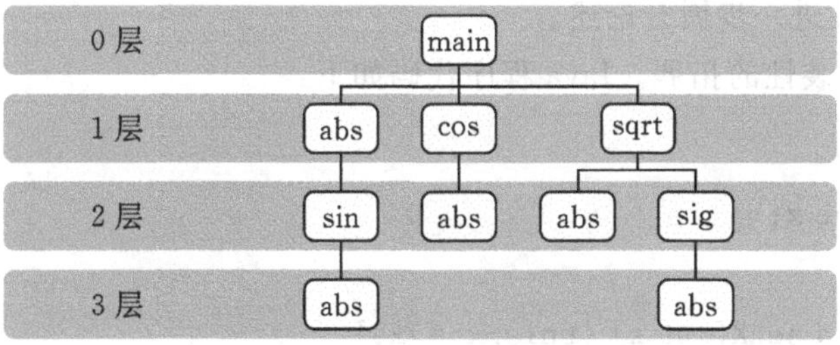

图 12 - 2 模块（方法）之间的调用关系

在 main 方法中最终完成了数学函数 $f(x) = |x\sin 2x| - x\cos x + x\sqrt{|x| + x\sin x/2}$ 值的计算。

模块化原理起源于 20 世纪六七十年代的 Fortran、Pascal 等程序设计语言，并使用被称为过程（Procedure）的模块得以实现，并逐步形成了过程化编程范式。Fortran、Pascal 等语言中的过程类似于 Java 语言中的方法，可以通过形参从调用者处接收需要处理的数据（模块的输入），也可以通过 return 语句向调用者返回数据处理结果（模块的输出）。实际上，无论是 Fortran、Pascal 语言中的过程，还是 C、C ++ 、JavaScript 语言中的函数，或是 Java 语言中的方法，在过程化编程范式中统称为过程，且都可视作将一些相同或类似的程序代码转化并组织在一个模块中，然后在需要的时候通过调用该模块实现相同或类似的功能。换言之，过程、函数以及方法是模块的基本形式。

不难想象，对于复杂的数据处理任务，如果将所有的程序代码都组织在一个过程（函数、方法）中，不仅会使得其中的代码极其臃肿，而且会使得代码的可读性极差、数据处理任务和程序执行过程很难让人理解。相反，可以将复杂的数据处理任务和程序执行过程分解为一系列比较简单、相对独立的过程（函数、方法），每个过程承担部分的数据处理任务。如果在分解得到的过程中，数据处理任务和程序执行过程仍然复杂，则可以进一步将该过程分解为若干个子过程，每个子过程完成更详细、更明确的数据处理任务……并通过上级过程调用下级过程、下级过程向上级过程返回数据处理结果来完成整个数据处理任务。这样，不仅可以将程序代码逐级模块化，而且可以将编程工作做得井井有序且具有效率。这就是过程化编程范式的基本原理和实现途径。

此外，模块化原理和过程化编程范式不仅有助于提高整个软件的可靠性，还可以提高程序代码的可维护性和可重用性。将程序代码模块化为一系列过程之后，更容易将精力集中于各个过程的编码、调试和测试，这样更能够确保每个过程中代码的正确性，最后通过上级过程调用下级过程实现整个软件的功能。

12.2 面向对象编程范式

Java 语言也支持面向对象编程范式（Object-Oriented Programming Paradigm），具有封装（Encapsulation）、继承（Inheritance）和多态（Polymorphism）3 个基本特性。这 3 个基本特性在第 5 章和第 6 章已有详尽论述，在此结合模块化原理以及类成员的访问控制，并从数据及其操作的角度对封装性进一步展开论述。

【例 12 - 3】 封装性的拓展。Java 程序代码如下：

```
class Point {
    private int x;

    public void setX(int x) {this.x = x;}
    public int getX() {return x;}
}

class Circle {
    private double radius;

    Circle(double radius) {this.radius = radius;}
    public double getArea() {return 3.1415926 * radius * radius;}
}

public class OOP {
    public static void main(String [ ] args) {
```

```
        Point p = new Point();
        p.setX(16);
        System.out.println("直线上点的坐标:" + p.getX());

        Circle c = new Circle(5);
        System.out.println("圆的面积:" + c.getArea());
    }
}
```

在 Java 语言支持的面向对象编程范式中,“类”既遵循模块化原理,又是模块化原理的延伸。每个类都可视为一个模块,一个类及其中的方法不仅可以承担特定的数据处理任务,而且能够将数据和对数据的操作包装在一个对象中,使对象成为既包含数据又操作数据的独立体。

在本例中,Point 类规定每个 Point 对象都拥有对外隐蔽性极强且属于自己的 private 实例变量 x,允许且只允许通过 Point 对象调用方法 setX 和 getX 访问该 Point 对象的实例变量 x。Circle 类规定每个 Circle 对象都拥有对外隐蔽性极强且属于自己的 private 实例变量 radius,允许且只允许每个 Circle 对象调用方法 getArea 并利用该 Circle 对象的实例变量 radius 计算该 Circle 对象所表示的圆的面积。OOP 类及其静态方法 main 则负责创建 Point 对象和 Circle 对象,并促成 Point 对象和 Circle 对象操作各自的数据。

在 Java 语言中,方法是程序代码的模块化,类和接口是方法的模块化,包则是类和接口的模块化。换言之,方法、类和接口以及包都可视为模块。如图 12-3 所示,在 java.lang 包中声明了用于解决一些常见和特定的数据处理问题的 public 类。例如,String 类用于处理字符内容固定不变的字符串,其中定义了 charAt、compareTo、concat、equals、lastIndexOf 等实例方法,调用这些方法可以完成各种字符串数据处理任务。Math 类是为数学计算而设计的,其中定义了 abs、cos、sin、sqrt、ceiling、floor、round 等静态方法,通过对这些方法的组合式调用,可以进行各种各样的数值计算。

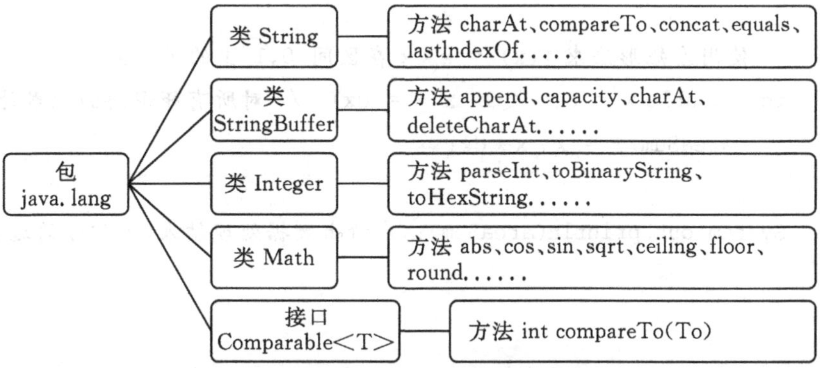

图 12-3 包、类及其方法都可视为模块

如图 12-4 所示,Java 语言将支持 Lambda 表达式的函数式接口专门组织在 java.util.function 包中,并在每个函数式接口中定义了一个唯一的抽象方法,这些函数式接口及其中的

抽象方法为 int、long、double 和引用类型等多种类型数据的处理提供规范。

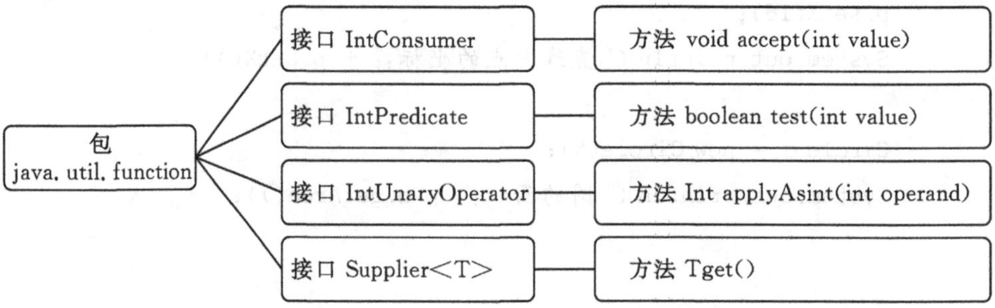

图 12-4 包、接口及其抽象方法也可视为模块

12.3 函数式编程范式及声明式编程范式

本小节以定积分求解为例，重点阐述函数式编程范式的概念。为此，首先使用结构化编程范式搭建求解定积分近似值的基本框架。

【例 12-4】 使用结构化编程范式求解定积分近似值(以 $\int_0^1 x^2 \mathrm{d}x$ 为例)。Java 程序代码如下：

```
public class Integral {
    public static void main(String [ ] args) {
        double a = 0, b = 1;            // a 和 b 分别表示积分下限和积分上限

        int n = 1_000_000;              // 将积分区间[0,1]等分 1 百万份
        double dx = (b - a) / n;        // 计算每一小份区间的大小 dx,即矩形的宽度
        double areaSum = 0;

        // 使用左矩形法求 f(x) = x * x 在区间[0,1]上的定积分
        for (double x = a;x < b; x + = dx)  // 对所有矩形的面积累计求和
            areaSum + = x * x * dx;

        System.out.println(areaSum); // 输出数据处理结果(定积分的近似值)
    }
}
```

本例使用左矩形法求解定积分 $\int_0^1 x^2 \mathrm{d}x$ 的近似值，基本原理如图 12-5 所示，将积分区间 [0,1] 划分成足够多的 n 等份，并将每等份对应的曲边梯形近似看成矩形，然后对所有矩形的面积累计求和。在 for 循环中，表达式“$x * x$”表示数学函数 $f(x) = x^2$ 在 x 处的值，即每一小份区间左端的函数值，也代表一个小矩形的近似高度，$\mathrm{d}x$ 代表小矩形的宽度。

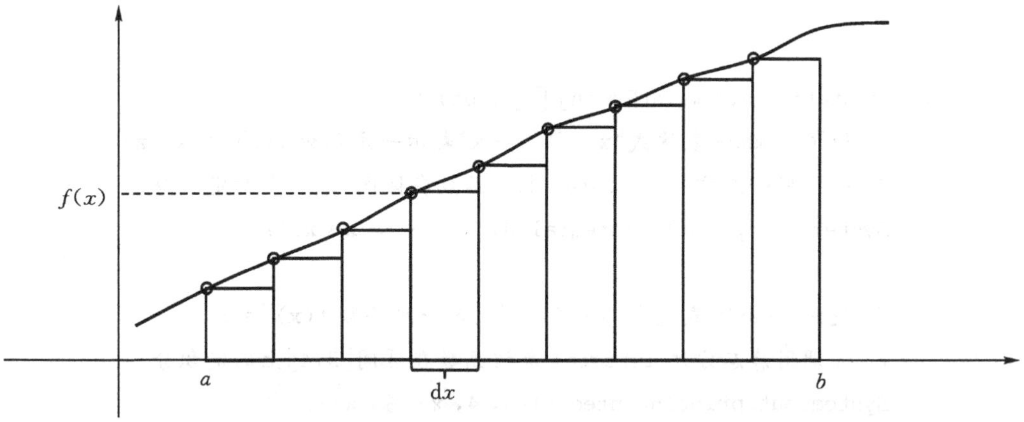

图 12-5　使用左矩形法求解定积分近似值的原理

如果修改 double 类型变量 a 和 b 的值，重新设置积分区间，再将 for 循环中的表达式"$x*x$"替换为其他数学函数在 x 处的值，即可使用类似的程序代码求解任意函数在指定区间[a，b]上的定积分近似值。根据模块化原理，可以将求解定积分近似值的程序代码转化并组织在一个方法中——只要能够通过形参接收积分下限 a 和积分上限 b 以及一个数学函数 $f(x)$，该方法即可求解任意函数 $f(x)$ 在指定区间[a，b]上的定积分近似值。利用 double 类型的形参、方法可以接收积分下限 a 和积分上限 b，而利用函数式接口以及 Lambda 表达式则能够使方法通过形参接收数学函数 $f(x)$。

【例 12-5】 通过形参接收数学函数。Java 程序代码如下：

```
@FunctionalInterface
interface Function {
    double f(double x);  // 调用该方法能够得到一元函数值，即代表 y = f(x)
}

public class Functional {
    // 将求解定积分近似值的代码转化并组织在静态方法 integral 中
    // 第 3 个形参 func 代表一元函数
    static double integral(double a, double b, Function func) {
        int n = 1_000_000;
        double dx = (b - a) / n;
        double areaSum = 0;

        for (double x = a; x < b; x += dx)
            areaSum += func.f(x) * dx;

        return areaSum;
```

```
    }

    public static void main(String [ ] args) {
        // 使用 Lambda 表达式"x - > x * x"表示一元函数 f(x) = x * x
        // 并调用静态方法 integral 求该函数在区间[0,1]上的定积分
        System.out.println(integral(0, 1, x - > x * x));

        // 使用 Lambda 表达式"x - > x"表示一元函数 f(x) = x
        // 并调用静态方法 integral 求该函数在区间[3,4]上的定积分
        System.out.println(integral(3, 4, x - > x));
    }
}
```

本例首先声明函数式接口 Function，通过该接口实现类的对象调用 f 方法，可以将 double 类型的形参 x 转换为另一 double 类型的数值，由此可以实现计算一元函数值的功能。

在 Functional 类中，将求解定积分近似值的代码转化并组织在静态方法 integral 中，该方法的第 3 个形参 func 属于函数式接口 Function 类型，因此可以接收函数式接口 Function 实现类的对象。在静态方法 integral 的 for 循环中，通过形参 func 所指向的函数式接口 Function 实现类对象调用 f 方法，可以得到一元函数值。静态方法 integral 的第 1 个形参 a 和第 2 个形参 b 分别表示积分下限和积分上限。因此，调用静态方法 integral 即可得到一元函数 func 在区间[a,b]上的定积分近似值。

在 Functional 类的静态方法 main 中，两次调用静态方法 integral。在第 1 次调用静态方法 integral 时，使用 Lambda 表达式"x -> x * x"创建了表示一元函数 $f(x) = x^2$ 的函数式接口 Function 实现类的对象，因此可以得到函数 $f(x) = x^2$ 在区间[0,1]上的定积分近似值。在第 2 次调用静态方法 integral 时，使用 Lambda 表达式"x -> x"创建了表示一元函数 $f(x) = x$ 的函数式接口 Function 实现类的对象，因此可以得到函数 $f(x) = x$ 在区间[3,4]上的定积分近似值。

Lambda 表达式是函数式编程范式的一项重要工具和特性。在 Java 程序中调用一个专门定义的方法时，可以将 Lambda 表达式与表示数据的其他参数一起作为实参传递给该方法，并在该方法中使用由 Lambda 表达式创建的函数式接口实现类对象处理其他参数中的数据。此时，Lambda 表达式起着"函数"的作用。这样，可以达到"将函数作为参数传递给方法"的效果和目的。因此，Lambda 表达式使 Java 语言具备了函数式编程的基本功能。

实际上，本例综合应用了多种编程范式。如图 12 - 6 所示，在本例的不同地方，以特定的程序代码及其形式，体现了相应的编程范式。

此外，函数式编程范式是一种声明式编程范式(Declarative Programming Paradigm)。在声明式编程中，程序代码描述的是需要完成的数据处理任务或想要实现的目标，而非完成任务或实现目标所需的具体步骤。

```
@FunctionalInterface
interface Function {
    double f(double x)
}

public class Functional {
    static double integral(double a,double b, Function func){
        intn = 1 000 000;
        double dx = (b - a)/n;
        double areaSum = 0;

        for (double x = a; x<b; x += dx)
            areaSum + = func.f(x) * dx

        return areaSum;
    }

    public static void main(String[] args){
        System.out.println(integral(0,1,x -> x * x));
        System.out.println(integral(3, 4,x -> x));
    }
}
```

面向对象编程范式（声明接口 Function 和类 Functional）

过程化编程范式（定义方法 integral）

结构化编程范式（顺序结构、循环结构）

过程化编程范式（定义方法 main）

函数式编程范式（Lambda 表达式、将函数作为参数传递给方法）

图 12 - 6　多种编程范式的综合应用

关系数据库技术中的结构化查询语言（Structured Query Language，SQL）就属于声明式编程范式。例如以下 SELECT 命令：

```
SELECT id, name, price, inventory
FROM items
WHERE inventory < 50
ORDER BY inventory ASC
```

描述了一个数据查询任务及目标——从表 items 中查询库存（inventory）小于 50 的商品数据，并按照库存（inventory）升序输出编号（id）、名称（name）、价格（price）以及库存（inventory）等商品数据。此 SELECT 命令仅仅描述了需要完成的数据处理任务和想要实现的目标——数据的来源（FROM items）、筛选数据的条件和标准（WHERE inventory < 50）、输出哪些数据（SELECT id, name, price, inventory）以及如何对输出的数据进行组织（ORDER BY inventory ASC）。之后，将 SELECT 命令提交给关系数据库管理系统（Relational DataBase Management System，RDBMS），由 RDBMS 负责完成最终的数据处理任务及具体步骤。

图 12 - 7 说明了 SQL 声明式编程范式的工作原理，并将使用 SELECT 命令进行数据查询的整个过程分解为以下 3 个阶段。

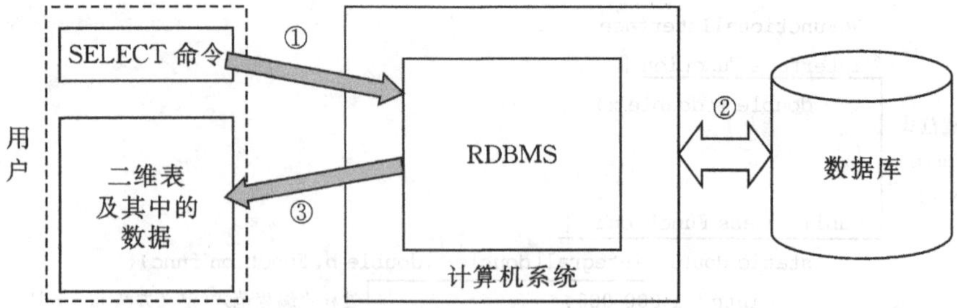

图 12-7　SQL 声明式编程范式的工作原理(以 SELECT 命令为例)

1. 用户将数据查询任务及目标(SELECT 命令)以 SQL 语句的形式提交给 RDBMS。

2. RDBMS 依据 SELECT 命令中的目标和要求,在关系数据库的相关表中查询数据。在 SELECT 命令中,不仅说明了明确的选择、投影和等值连接等关系运算,而且在 GROUP BY 子句和 ORDER BY 子句中指定了分组查询以及对查询结果排序的基准字段。依据 SELECT 命令中的目标和要求,RDBMS 在数据库中按照一定的步骤进行具体的数据查询。

3. RDBMS 向用户返回二维表形式的查询结果。

在 Java 语言的流及其操作中也使用了声明式编程范式,而且同样可以实现与上述 SELECT 命令类似的功能。

【例 12-6】 Java 流及其操作中的声明式编程范式。Java 程序代码如下:

```
import java.util.Arrays;

class Item {// 代码与【例 11-6】完全一致
    private Integer id;
    private String name;
    private Float price;
    private Integer inventory;

    public Item() {}

    public Item(int id, String name, float price, int inventory) {
        this.id = id;           // 自动装箱
        this.name = name;
        this.price = price;     // 自动装箱
        this.inventory = inventory;  // 自动装箱
    }

    public Integer getId() {return id;}
    public String getName() {return name;}
    public Float getPrice() {return price;}
```

```
    public Integer getInventory() {return inventory;}

    public String toString() {
        return id + "\t" + name + "\t" + price + "\t" + inventory;
    }
}

public class Declarative {
    public static void main(String [ ] args) {
      Item [ ] items = {
          new Item(1, " HUAWEI HONOR" , 1888.0f, 50),
          new Item(2, " Redmi Note" , 1199.0f, 55),
          new Item(3, " OPPO R15" , 2666.0f, 32),
          new Item(4, " ZTE Blade V10" , 1566.0f, 18)
      };

      System.out.println (" 数组中的商品原始数据:" );
      for (Item item : items)
        System.out.println(item);

      System.out.println (" 经过过滤、排序等流操作后得到的数据:" );
      Arrays.stream(items)
        .filter(item - > item.getInventory() < 50)
        .sorted((item1, item2) - > item1.getInventory() - item2.getInventory())
        .forEach(System.out::println);  // 特定对象的实例方法引用

      System.out.println (" 经过流操作后,数组中的数据(是否发生变化?):" );
      Arrays.stream(items).forEach(System.out::println);
    }
}
```

在本例主类 Declarative 的 main 方法中,流操作及其源代码描述了与前面 SELECT 命令类似的数据查询任务及目标:首先,调用 stream 方法将数组 items 转换为一个 Stream,从而说明数据的来源;其次,调用 filter 方法时通过传递 Lambda 表达式"item -> item. getInventory() < 50",说明需要筛选出的商品数据;再次,调用 sorted 方法时通过传递 Lambda 表达式"(item1, item2)-> item1. getInventory()- item2. getInventory()",说明如何对筛选出的商品数据进行排序;最后,调用 forEach 方法输出最终的数据查询结果。

在 Java 流操作及其源代码中,并没有规定每一步应该怎么做,Java 编译器会将流操作及其源代码转换为包含具体数据处理步骤和指令的字节码文件,并由 Java 解释器及 JVM 依据字节码文件中包含的具体数据处理步骤和指令完成最终的数据处理任务。图 12 - 8 说明了

Java 流中声明式编程范式的工作原理。

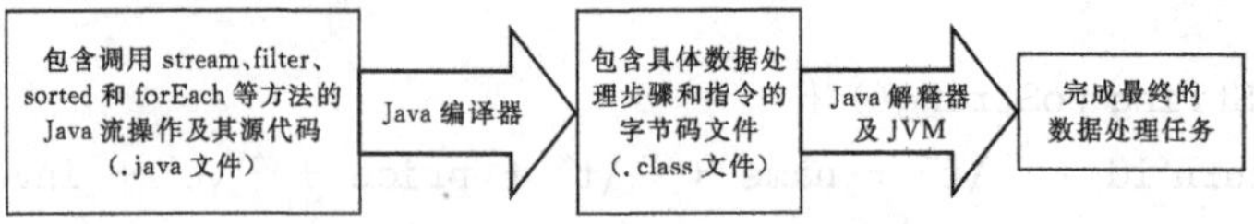

图 12-8　Java 流中声明式编程范式的工作原理

由此可见,无论是 SQL 还是 Java 语言,声明式编程范式都能够使编程者专注于数据处理任务及其目标的描述,而将具体的数据处理步骤和细节交由 RDBMS 或 Java 编译器去构建。换言之,使用声明式编程范式时,编程者要做的事情只是通过程序代码描述“要做什么(What)”,至于具体“怎么做、如何做(How)”,并不是编程者关心的事情。

第 13 章　集合框架

泛型主要应用在集合框架中,集合框架极大丰富了 Java 程序的数据处理能力。

13.1　集合及集合框架

在 Java 语言中,集合(Collection)表示包含一组对象的容器,集合中的对象也称为元素(Element)。换言之,集合是一种包含若干元素的特殊对象。

Java 集合主要有列表(List)、集(Set)和映射(Map)3 种,每种集合中的元素性质各不相同—— 列表中的元素是有序、可重复的。集中的元素是无序、不可重复的。映射中的元素具有键/值对(key-value pair)的形式,键/值对又称映射项(map entry);在一个映射中不包含相同的键,每个键只能映射一个值,并且能够根据“键”查找“值”。

Java 集合框架(Collection Framework)是用来表示和操作集合的统一架构。如图 13－1 所示,Java 集合框架主要由 3 部分组成。

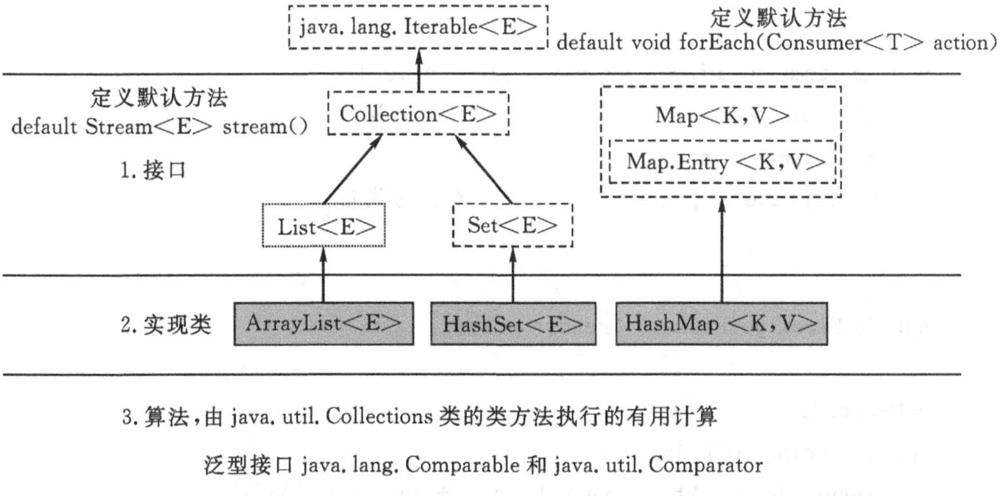

图 13－1　Java 集合框架的组成

1. 接口。这些接口都是泛型接口。除接口 java. lang. Iterable ＜E＞ 外,其余接口都是在 java. util 包中声明的。其中,Collection 和 Map 两个接口及其子接口是表示集合的抽象数据类型。Collection 是接口 Iterable 的子接口,List 和 Set 是接口 Collection 的子接口;接口 Map 相对独立,接口 Map. Entry 是在接口 Map 内声明的嵌套接口。

在接口 Iterable 中定义默认方法 default void forEach(Consumer ＜T＞ action),接口 List 和 Set 继承该方法,通过接口 List 或 Set 的实现类对象调用 forEach 方法可以遍历 List 或 Set 中的元素。

在接口 Collection 中定义默认方法 default Stream <E> stream()，接口 List 和 Set 继承该方法，通过接口 List 或 Set 的实现类对象调用 stream 方法可以将 List 或 Set 转换为流，或者说将 List 或 Set 作为流的数据源。

2. 实现类，即集合接口的具体实现。从本质上讲，这些类是可重用的数据结构。其中，类 ArrayList <E> 、HashSet <E> 和 HashMap < K,V > 分别是接口 List、Set 和 Map 的实现类。这些类都是在 java. util 包中声明的泛型类。

3. 算法，即在集合接口实现类的对象上执行有用计算的方法。排序和查找是两种常见的有用计算。这些算法是多态的，同名的方法在相似的接口上有着不同的实现。从本质上讲，这些多态的算法具有可重用的功能，并被定义为 java. util. Collections 类的类方法。

此外，在排序和查找中需要比较元素的大小。因此，将泛型接口 java. lang. Comparable 和 java. util. Comparator 也纳入集合框架。

注意：Java API 不提供接口 Collection 的直接实现类，但提供更具体的子接口（如接口 List 和 Set）的实现类（如 ArrayList 和 HashSet）。

在本章后面，有 3 个例子会使用如下声明的 Item 类。

```
class Item {
    private Integer id;
    private String name;
    private Float price;

    public Item(int id, String name, float price) {
        this.id = id;                  // 自动装箱
        this.name = name;
        this.price = price;            // 自动装箱
    }

    public Float getPrice() {return price;}

    @Override
    public String toString() {
        return id + "\t" + name + "\t" + price + "\t";
    }
}
```

每个 Item 对象表示一种商品，实例变量 id、name 和 price 分别表示商品的编号、名称和价格。

13.2　接口 List 及其实现类 ArrayList

列表（List）也称为序列（Sequence），列表中的元素是有序、可重复的。元素在列表中的位置用索引（Index）表示，索引从整数 0 开始。可以对列表进行多种操作——可以向列表的尾部添加指定的元素,可以根据元素的索引(在列表中的位置)访问元素,也可以遍历列表中的元素。

列表及其操作是由接口 List 及其实现类 ArrayList 完成的。表 13－1 列出了接口 List 中常用的方法及其功能和用法。

表 13－1　接口 List 中常用的方法及其功能和用法

实例方法	功能和用法
boolean add(E e)	向列表的尾部添加指定的元素 e。如果添加成功,则返回 true;否则,返回 false
E get(int index)	返回列表中指定位置(位置由索引 index 指定)的元素
int size()	返回列表中的元素数
Object [ ] toArray()	返回数组,该数组按照列表中元素原有的索引组织元素
default void forEach(Consumer <T> action)	从泛型接口 java.lang.Iterable <E> 继承的实例方法(也是在接口 Iterable 中定义的默认方法),用于遍历列表中的元素
default void sort(Comparator <E> c)	使用泛型接口 java.util.Comparator <E> 实现类的对象作为比较器,对列表中的元素进行排序
default Stream <E> stream()	从泛型接口 java.util.Collection <E> 继承的实例方法(也是在接口 Collection 中定义的默认方法),用于将列表转换为流(将列表作为流的数据源)

【例 13－1】　接口 List 及其实现类 ArrayList。Java 程序代码如下:

```
import java.util.ArrayList;
import java.util.List;

public class ListDemo {
    public static void main(String [ ] args) {
      // 使用泛型并指定实际类型参数 Item,可以限定列表 itemList 中的元素必须是 Item 对象
        List <Item> itemList = new ArrayList <Item> ();
        // List <Item> itemList = new ArrayList < > ();  // 类型推断

        Item item = new Item(1, "沃特篮球鞋", 234.0f);
        itemList.add(item);  // 向列表 itemList 的尾部添加指定的元素(Item 对象)

        item = new Item(2, "安踏运动鞋", 456.0f);
        itemList.add(item);

        item = new Item(3, "耐克运动鞋", 345.0f);
        itemList.add(item);
```

```
        if (itemList.add(item))
          System.out.println ("在 List 中成功重复添加指定的元素(Item 对象)");

        System.out.println ("List 中共有" + itemList.size() + "个元素(Item 对象)");

        System.out.println ("---通过 for 语句遍历 List 中的元素(Item 对象)---");
        for (int i = 0; i < itemList.size(); i ++)
          System.out.println(itemList.get(i));

        System.out.println ("---通过增强型 for 语句遍历 List 中的元素(Item 对象)---");
        for (Item i : itemList)
          System.out.println(i);

        System.out.println ("---通过 List 对象调用 forEach 方法遍历 List 中的元素
(Item 对象)---");
        itemList.forEach(System.out::println);  // 特定对象的实例方法引用

        itemList.sort((item1, item2) -> Float.compare(item1.getPrice(), item2.
getPrice()));
        System.out.println ("---按照价格升序排序之后遍历 List 中的元素(Item 对
象)---");
        itemList.forEach(System.out::println);  // 特定对象的实例方法引用
    }
}
```

程序运行结果如下：

```
在 List 中成功重复添加指定的元素(Item 对象)
List 中共有 4 个元素(Item 对象)
---通过 for 语句遍历 List 中的元素(Item 对象)---
1  沃特篮球鞋  234.0
2  安踏运动鞋  456.0
3  耐克运动鞋  345.0
3  耐克运动鞋  345.0
---通过增强型 for 语句遍历 List 中的元素(Item 对象)---
1  沃特篮球鞋  234.0
2  安踏运动鞋  456.0
3  耐克运动鞋  345.0
3  耐克运动鞋  345.0
---通过 List 对象调用 forEach 方法遍历 List 中的元素(Item 对象)---
```

```
1  沃特篮球鞋  234.0
2  安踏运动鞋  456.0
3  耐克运动鞋  345.0
3  耐克运动鞋  345.0
——按照价格升序排序之后遍历 List 中的元素(Item 对象)——
1  沃特篮球鞋  234.0
3  耐克运动鞋  345.0
3  耐克运动鞋  345.0
2  安踏运动鞋  456.0
```

在本例中，itemList 是一个基于接口 List 的引用变量，因此 itemList 可以指向接口 List 实现类 ArrayList 的对象，这个对象就是一个列表。由于 List 是泛型接口、ArrayList 是泛型类，所以在定义引用变量 itemList、创建 ArrayList 对象时均指定实际类型参数 Item，这样可以限定列表 itemList 中的元素必须是 Item 对象。

通过指向 ArrayList 对象的引用变量 itemList 调用 add 方法，可以向列表 itemList 的尾部添加指定的元素(Item 对象)。在本例中共 4 次调用 add 方法，又由于调用 add 方法可以向列表的尾部重复添加指定的元素，所以最后在列表 itemList 中共有 4 个 Item 对象。

通过引用变量 itemList 调用 size 方法，可以获取列表的大小，即列表中元素的总数。

列表中的元素是有序的，可以根据元素的索引(在列表中的位置)访问元素，元素的索引从 0 开始。因此，可以通过 for 语句，根据索引依次访问列表中的每个元素(Item 对象)；与此同时，通过引用变量 itemList 调用 get 方法，可以获取由索引指定的元素(Item 对象)。

与数组类似，列表也是一种包含一组对象的容器。因此，也可以通过增强型 for 语句遍历列表中的元素，但此时无法根据索引访问列表中的元素。

此外，还可以通过接口 List 的实现类对象调用 forEach 方法遍历列表中的元素。同通过增强型 for 语句遍历列表类似，此时无法根据索引访问列表中的元素。

列表中的元素是有序的，因此可以对列表中的元素进行排序。在本例中，最后按照价格升序排序，然后再次遍历列表 itemList 中的 Item 对象。

注意：main 方法中第 1 条语句“List <Item> itemList = new ArrayList <Item> ()”的含义是，在定义基于接口 List 的引用变量 itemList、创建 ArrayList 对象时均指定实际类型参数 Item，这样可以限定列表 itemList 中的元素必须是 Item 对象。其中，ArrayList 既是泛型接口 List 的实现类，又是一个泛型类。自 Java SE 7 起，在调用泛型类的构造方法、创建泛型类的对象时，可以省略左右尖括号内的实际类型参数，而编译器能够根据一定的语境(前面定义基于接口 List 的引用变量 itemList 时指定的实际类型参数 Item)进行类型推断(Type Inference)，并自动推断出正确的实际类型参数。因此，这条语句也可以简写为“List <Item> itemList = new ArrayList < > ()”。

在 Java 语言中，数组和列表都是包含一组对象的容器，而且都可以作为流及其操作的数据源。此外，在一定限制条件下，既可以将数组转换为列表，又可以将列表转换为数组。

【例 13-2】 数组和列表的相互转换和对比。Java 程序代码如下：

```
import java.util.Arrays;
```

```
import java.util.List;

public class Conversion {
    public static void main(String [ ] args) {
        // 将数组转换为大小固定的列表 stringList
        List < String > stringList = Arrays.asList (" HTML" ,"JavaScript" ,"JAVA" );

        // 执行下一条语句会出错,因为不允许向大小固定的列表 stringList 添加元素
        // stringList.add (" Python" );

        System.out.println (" --直接输出列表 stringList 中的元素及其数据" );
        stringList.forEach(System.out::println);

        System.out.println (" --将列表 stringList 作为流的数据源,并在筛选后输出" );
        stringList.stream()
            .filter(str - > str.equals ("JAVA" ))
            .forEach(System.out::println);

        // 将列表 stringList 转换为数组 stringArray
        String [ ] stringArray = (String [ ] ) stringList.toArray();
        System.out.println (" --将数组 stringArray 作为流的数据源,并在排序后输出" );
        Arrays.stream(stringArray)
            .sorted((s1, s2) - > s1.compareTo(s2))
            .forEach(System.out::println);
    }
}
```

程序运行结果如下:

```
--直接输出列表 stringList 中的元素及其数据
HTML
JavaScript
JAVA
--将列表 stringList 作为流的数据源,并在筛选后输出
JAVA
--将数组 stringArray 作为流的数据源,并在排序后输出
HTML
JAVA
JavaScript
```

在本例中,调用 java.util.Arrays 类的静态方法 public static <T> List <T> asList

(T... a),可以将 String 数组转换为大小固定的列表 stringList。由于列表 stringList 是大小固定的,因此不能再调用 add 方法向列表 stringList 添加元素(字符串"Python")。由于接口 List 继承接口 Iterable 中定义的默认方法 default void forEach(Consumer <T> action),因此可以调用 forEach 方法直接输出列表 stringList 中的元素及其数据。由于接口 List 继承接口 Collection 中定义的默认方法 default Stream <E> stream(),因此可以调用 stream 将列表 stringList 转换为流(或者说将列表 stringList 作为流的数据源),并在筛选操作后输出其中的元素及其数据。

列表 stringList 调用 toArray,可以转换为数组 stringArray。调用 java. util. Arrays 类的 public static <T> Stream <T> stream(T [ ] array)静态方法,可以将数组 stringArray 转换为流(或者说将数组 stringArray 作为流的数据源),并在排序操作后输出其中的元素及其数据。

13.3　接口 Set 及其实现类 HashSet

集(Set)是一种不同于列表的集合。集中的元素是无序、不可重复的。在 Java 程序中,可以向集添加指定的元素,也可以遍历集中的元素。

集及其操作是由接口 Set 及其实现类 HashSet 完成的。表 13 - 2 列出了接口 Set 中常用的方法及其功能和用法。

表 13 - 2　接口 Set 中常用的方法及其功能和用法

实例方法	功能和用法
boolean add(E e)	如果集中尚未存在指定的元素 e,则添加此元素并返回 true;如果集中已经包含该元素,则不改变集并返回 false
int size()	返回集中元素的总数
default void forEach(Consumer <T> action)	从泛型接口 java. lang. Iterable <E> 继承的实例方法(也是在接口 Iterable 中定义的默认方法),用于遍历集中的元素

【例 13 - 3】 接口 Set 及其实现类 HashSet。Java 程序代码如下:

```
import java.util.HashSet;
import java.util.Set;

public class SetDemo {
    public static void main(String [ ] args) {
        //使用泛型并指定实际类型参数 Item,可以限定集 itemSet 中的元素必须是 Item
对象
        Set <Item> itemSet = new HashSet < > (); // 类型推断

        Item item = new Item(1, "沃特篮球鞋", 234.0f);
        itemSet.add(item); //向集 itemSet 添加指定的元素(Item 对象)
```

```
        item = new Item(2,"安踏运动鞋",345.0f);
        itemSet.add(item);

        item = new Item(3,"耐克运动鞋",456.0f);
        itemSet.add(item);

        if (! itemSet.add(item))
          System.out.println ("在 Set 中不能添加已经存在的元素(Item 对象)");

        System.out.println ("Set 中共有" + itemSet.size() + "个元素(Item 对象)");

        System.out.println ("---通过增强型 for 语句遍历 Set 中的元素(Item 对象)---");
        for (Item i : itemSet)
          System.out.println(i);

        System.out.println ("---通过 Set 对象调用 forEach 方法遍历 Set 中的元素
(Item 对象)---");
        itemSet.forEach(System.out::println);  // 特定对象的实例方法引用
    }
}
```

程序运行结果如下：

```
在 Set 中不能添加已经存在的元素(Item 对象)
Set 中共有 3 个元素(Item 对象)
---通过增强型 for 语句遍历 Set 中的元素(Item 对象)---
1  沃特篮球鞋  234.0
2  安踏运动鞋  345.0
3  耐克运动鞋  456.0
---通过 Set 对象调用 forEach 方法遍历 Set 中的元素(Item 对象)---
1  沃特篮球鞋  234.0
2  安踏运动鞋  345.0
3  耐克运动鞋  456.0
```

在本例中，itemSet 是一个基于接口 Set 的引用变量，因此 itemSet 可以指向接口 Set 实现类 HashSet 的对象，这个对象就是一个集。由于 Set 是泛型接口，所以在定义引用变量 itemSet 时指定实际类型参数 Item，这样可以限定集 itemSet 中的元素必须是 Item 对象。另外，HashSet 是泛型类，不过在创建 HashSet 对象时没有指定实际类型参数；但使用类型推断，并根据前面定义基于接口 Set 的引用变量 itemSet 时指定的实际类型参数 Item，Java 编译器能够自动判断出在创建 HashSet 对象时实际类型参数也应该是 Item。

通过指向 HashSet 对象的引用变量 itemSet 调用 add 方法，可以向集 itemSet 添加指定的元素(Item 对象)。在本例中共 4 次调用 add 方法,但由于调用 add 方法不能向集添加已经存在的元素,所以最后在集 itemSet 中只有 3 个 Item 对象。

通过引用变量 itemSet 调用 size 方法,可以获取集的大小,即集中元素的总数。

集中的元素是无序的。换言之,无法根据索引访问集中的元素,也就不能通过 for 语句依次访问集中的每个元素(Item 对象)。

但与数组和列表类似,集也是一种包含一组对象的容器。因此,也可以通过增强型 for 语句遍历集中的元素,但由于集中的元素是无序的,因此在每次遍历过程中访问元素的顺序是不确定的。

此外,还可以通过接口 Set 的实现类对象调用 forEach 方法遍历集中的元素。

注意:如果在 main 方法的第 1 条语句中不使用类型推断,则可以将该语句改写为"Set <Item> itemSet = new HashSet <Item> ()"。

13.4　Map、Map.Entry 接口以及 HashMap 类

映射(Map)是一种不同于列表和集的集合。映射中的元素具有键/值对(key-value pair)的形式,键/值对又称映射项(map entry);在一个映射中不包含相同的键,每个键只能映射一个值,并且能够根据"键"查找"值"。

在 Java 程序中,可以向映射添加指定的键/值对,可以根据指定键获取所映射的值,也可以遍历映射中的每个键/值对。

映射及其操作是由接口 Map 及其内部嵌套接口 Map.Entry 以及接口 Map 的实现类 HashMap 完成的。表 13-3 列出了接口 Map 及其内部嵌套接口 Map.Entry 中常用的方法及其功能和用法。

表 13-3　接口 Map 及其内部嵌套接口 Map.Entry 中常用的方法及其功能和用法

接口	实例方法	功能和用法
Map <K,V> 接口	V get(Object key)	返回指定键所映射的值;如果映射不包含该键的映射关系,则返回 null
	V put(K key,V value)	在映射中,将指定键与指定值关联,即向映射添加指定的键/值对。如果映射以前包含一个该键的映射关系,则用指定值替换旧值,并返回以前与该键关联的值,否则返回 null
	int size()	返回映射中的键-值映射关系数,即键/值对的总数
	Set<K>keySet()	返回映射包含的键的 Set 视图
	Set< Map.Entry<K,V>> entrySet()	返回映射包含的键/值对(映射关系)的 Set 视图
	default void forEach (BiConsumer<K,V>action)	默认方法,用于遍历映射中的元素(键/值对)
Map.Entry <K,V>接口	K getKey()	返回与映射项对应的键
	V getValue()	返回与映射项对应的值

【例 13－4】 Map、Map.Entry 接口以及 HashMap 类。Java 程序代码如下：

```
import java.util.HashMap;
import java.util.Map;
import java.util.Set;
import java.util.Map.Entry;

public class MapDemo {
    public static void main(String [ ] args) {
        // 使用泛型并指定实际类型参数 Integer 和 Item 可以限定映射 itemMap 中的元素必须是 Integer 键/Item 值对
        // 使用映射 itemMap 保存多个键/值对(商品 ID/item 对)
        Map < Integer, Item > itemMap = new HashMap < > ();  // 类型推断

        Item item = new Item(1, "沃特篮球鞋", 234.0f);
        // 在映射 itemMap 中,将指定键(1)与指定值(item 指向的 Item 对象)关联
        itemMap.put(1, item);  // int 类型的 1 会自动转换为对应的包装类 Integer 对象

        item = new Item(2, "安踏运动鞋", 345.0f);
        itemMap.put(2, item);

        item = new Item(3, "耐克运动鞋", 456.0f);
        itemMap.put(3, item);

        itemMap.put(4, null);

        System.out.println ("Map 中共有 " + itemMap.size() + " 个元素(商品 ID/item 对)");

        item = itemMap.get(2);  // 获取指定键(2)所映射的值(Item 对象)
        System.out.println(item);

        System.out.println ("---通过 keySet 方法遍历映射中的键/值对(商品 ID/item 对)---");
        // 调用 keySet 方法,返回映射包含的键的 Set 视图,即映射 itemMap 中所有键(商品 ID)的 Set 集合
        Set < Integer > idSet = itemMap.keySet();
        // 遍历集 keySet,依次访问映射 itemMap 中的每一个键(商品 ID)
        for (Integer id : idSet){
```

```
            item = itemMap.get(id);  // 获取键(商品 ID)所映射的值(Item 对象)
            System.out.println ("键:" + id + ",所映射的值:" + item);
        }

        item = new Item(3,"阿迪达斯运动鞋",567.0f);
        Item previousItem = itemMap.put(3, item);
        System.out.println ("以前的值(Item 对象):" + previousItem);

        System.out.println ("——通过 entrySet 方法遍历映射中的键/值对(商品 ID/item
对)——");

        // 调用 entrySet 方法,返回映射包含的键/值对的 Set 视图,即映射 itemMap 中所有
映射项 Entry < Integer,Item > 的 Set 集合
        Set < Entry < Integer, Item > > entrySet = itemMap.entrySet();
        // 遍历集 entrySet,依次访问映射 itemMap 中的每一个映射项(entry)
        for (Entry < Integer, Item > entry : entrySet) {
            System.out.print ("键:" + entry.getKey());  // 获取映射项对应的键
            item = entry.getValue();  // 获取映射项对应的值(Item 对象)
            System.out.println (",所映射的值:" + item);
        }
            System.out.println ("——通过 Map 对象调用 forEach 方法遍历映射中的键/值
对(商品 ID/item 对)——");
            itemMap.forEach((key, value) - > System.out.println ("键:" + key + ",
所映射的值:" + value));
        }
    }
```

程序运行结果如下：

```
Map 中共有 4 个元素(商品 ID/item 对)
2  安踏运动鞋 345.0
——通过 keySet 方法遍历映射中的键/值对(商品 ID/item 对)——
键:1,所映射的值:1 沃特篮球鞋  234.0
键:2,所映射的值:2 安踏运动鞋  345.0
键:3,所映射的值:3 耐克运动鞋  456.0
键:4,所映射的值:null
以前的值(Item 对象):3 耐克运动鞋  456.0
——通过 entrySet 方法遍历映射中的键/值对(商品 ID/item 对)——
键:1,所映射的值:1 沃特篮球鞋  234.0
键:2,所映射的值:2 安踏运动鞋  345.0
```

```
键:3, 所映射的值:3 阿迪达斯运动鞋  567.0
键:4, 所映射的值:null
——通过 Map 对象调用 forEach 方法遍历映射中的键/值对(商品 ID/item 对)——
键:1, 所映射的值:1 沃特篮球鞋  234.0
键:2, 所映射的值:2 安踏运动鞋  345.0
键:3, 所映射的值:3 阿迪达斯运动鞋  567.0
键:4, 所映射的值:null
```

在本例中,itemMap 是一个基于接口 Map 的引用变量,因此 itemMap 可以指向接口 Map 实现类 HashMap 的对象,这个对象就是一个映射。由于 Map 是泛型接口,所以在定义引用变量 itemMap 时指定实际类型参数 Integer 和 Item,这样可以限定映射 itemMap 中的元素必须是 Integer 键/Item 值对。另外,HashMap 是泛型类,不过在创建 HashMap 对象时没有指定实际类型参数;但使用类型推断,并根据前面定义基于接口 Map 的引用变量 itemMap 时指定的实际类型参数 Integer 和 Item,Java 编译器能够自动判断出在创建 HashMap 对象时实际类型参数也应该是 Integer 和 Item。

通过指向 HashMap 对象的引用变量 itemMap 调用 put 方法,可以向映射 itemMap 添加指定的元素(Integer 键/Item 值对)。在前 4 次调用 put 方法时,每次的键都各不相同,所以可以向映射 itemMap 添加 4 个不同的键/值对。

通过引用变量 itemMap 调用 size 方法,可以获取映射的大小,即映射中元素(Integer 键/Item 值对)的总数。

通过引用变量 itemMap 调用 get 方法,可以获取指定键所映射的值(Item 对象)。

与数组、列表和集不同,不能直接通过 for 语句或增强型 for 语句遍历映射中的元素(键/值对),但仍然有 3 种途径,并间接通过增强型 for 语句遍历映射中的元素(键/值对)。

第 1 种途径是通过 keySet 方法遍历映射中的元素(键/值对)。首先通过指向 HashMap 对象的引用变量 itemMap 调用 keySet 方法,可以获取一个由映射 itemMap 中所有键(商品 ID)组成的集 idSet。然后通过增强型 for 语句遍历集 idSet 中的元素(商品 ID),并在遍历过程中通过引用变量 itemMap 调用 get 方法,可以获取指定键(商品 ID)所映射的值(Item 对象)。这样,即可达到遍历映射中所有键/值对的效果。

第 2 种途径是通过 entrySet 方法遍历映射中的元素(键/值对)。首先通过指向 HashMap 对象的引用变量 itemMap 调用 entrySet 方法,可以获取一个由映射 itemMap 中所有映射项 Entry < Integer,Item > 组成的集 entrySet。然后通过增强型 for 语句遍历集 entrySet 中的元素,并在遍历过程中通过指向 Entry 对象的引用变量 entry 调用 getKey 和 getValue 方法,可以获取每个映射项中的键(商品 ID)和值(Item 对象)。这样,即可达到遍历映射中所有键/值对的效果。

第 3 种途径是通过 Map 对象调用 forEach 方法遍历映射中的元素(键/值对)。forEach 方法的参数是一个使用 Lambda 表达式创建的函数式接口 BiConsumer < K,V > 的实现类对象。在 Lambda 表达式箭头左侧的参数列表中,key 的类型是 Integer,表示商品 ID;value 的类型是 Item,表示 Item 对象。

注意:

1. 在一个映射中不能包含重复的键,每个键只能映射一个值,值可以是 null。

2. 如果在 main 方法的第 1 条语句中不使用类型推断，则可以将该语句改写为“Map < Integer,Item > itemMap = new HashMap < Integer,Item > ()”。

图 13-2 比较了前面 3 个例子中列表 itemList、集 itemSet 和映射 itemMap 包含的元素及其组织方式。

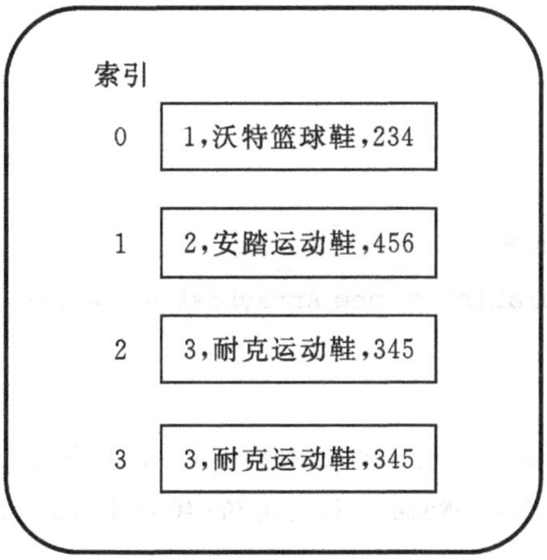

(1)列表 itemList

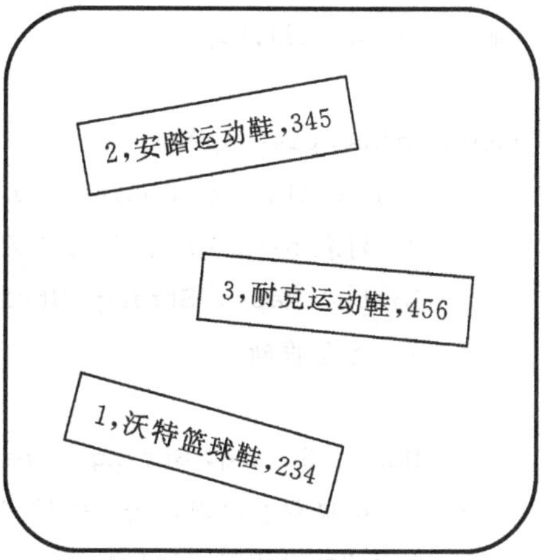

(2)集 itemSet

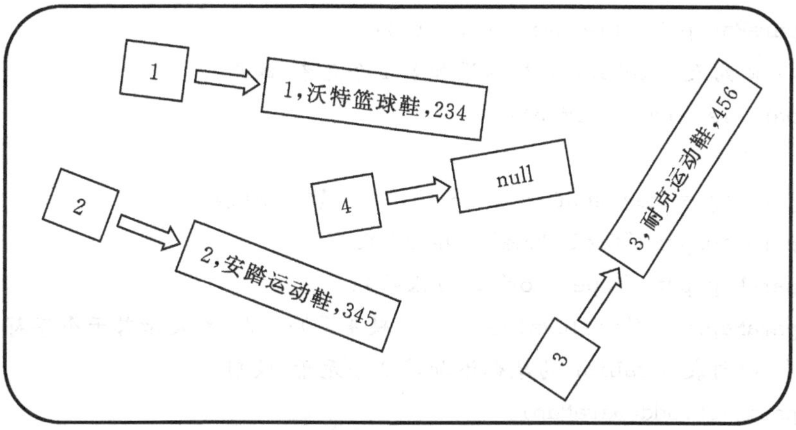

(3)映射 itemMap

图 13-2　列表、集和映射中的元素及其组织方式对比

列表 itemList 包含 4 个元素(Item 对象)，每个 Item 对象都可以由索引指定，其中索引为 2 和 3 的两个 Item 对象是相同的。集 itemSet 包含 3 个不同的元素(Item 对象)。映射 itemMap 包含 4 个元素(映射项)，每个映射项是一个键/值对(商品 ID/item 对)。

13.5　应用 List 和 Map 动态构造 SELECT 语句中的 WHERE 子句

应用集合框架中的 List 和 Map，可以动态构造 SELECT 语句中的 WHERE 子句，从而更灵活地生成 SELECT 语句的查询条件。

【例 13-5】 应用 List 和 Map 动态构造 SELECT 语句中的 WHERE 子句。Java 程序代

码如下：

```
import java.util.ArrayList;
import java.util.HashMap;
import java.util.List;
import java.util.Map;

public class ListMapDemo {
    public static void main(String [ ] args) {
      // 列表 paraList 中的每个元素是一个映射
      List < Map < String, String > > paraList = new ArrayList < > ();
      // 类型推断

      Map < String, String > paraMap = new HashMap < > (); // 第 1 个映射
      // 在映射 paraMap 中,将指定键(字符串"fieldName")与指定值(字符串"id")关联
      paraMap.put ("fieldName" , "id" );
      paraMap.put (" operator" , " = " );
      paraMap.put ("fieldValue" , " 2" );
      // 向列表 paraList 的尾部添加第 1 个元素(映射)
      paraList.add(paraMap);

      paraMap = new HashMap < > (); // 第 2 个映射
      paraMap.put ("fieldName" , "name" );
      paraMap.put (" operator" , " like" );
      paraMap.put ("fieldValue" , " '%鞋%'" ); // %表示若干个字符
      // 向列表 paraList 的尾部添加第 2 个元素(映射)
      paraList.add(paraMap);

      // 将列表 paraList 中的数据组装成 WHERE 子句,进而构造出完整的 SELECT 语句
      StringBuffer sql = new StringBuffer (" SELECT * FROM items WHERE 1 = 1" );
      // 遍历列表 paraList,取得每一个元素(映射)pMap
      for (Map < String, String > pMap : paraList)
        sql.append (" AND " ).append(pMap.get ("fieldName" ))
          .append ("  " ).append(pMap.get (" operator" )).append ("  " )
          .append(pMap.get ("fieldValue" ));

      System.out.println(sql);
    }
}
```

程序运行结果如下：

```
SELECT * FROM items WHERE 1 = 1 AND id = 2 AND name like '%鞋%'
```

在本例中，paraList 是一个基于接口 List 的引用变量，因此 paraList 可以指向接口 List 实现类 ArrayList 的对象，这个对象就是一个列表。由于 List 是泛型接口，所以在定义引用变量 paraList 时指定实际类型参数 Map < String,String > ，这样可以限定列表 paraList 中的元素必须是接口 Map 实现类的对象(映射)。由于 Map 也是一个泛型接口并带两个分别对应键和值的类型参数，所以也为接口 Map 指定了两个实际类型参数 String 和 String，前一个 String 对应键的类型，后一个 String 对应值的类型。因此，paraList 首先是一个列表，其中的每个元素又是一个映射，映射中的每个元素又是一个键/值对，键和值的类型都是 String。而在使用泛型类 ArrayList 创建泛型接口 List 实现类的对象时，则使用了类型推断。

注意：如果在 main 方法的第 1 条语句中不使用类型推断，则可以将该语句改写为“List < Map < String,String > > paraList = new ArrayList < Map < String,String > > ()”。

图 13－3 说明了列表 paraList 及其内部元素的组织形式。最外层的圆角矩形框表示列表 paraList，其中有 2 个用虚线矩形框表示列表 paraList 中的元素，每个元素又是一个映射；每个映射又包含 3 个键/值对，键"fieldName" 所映射的值表示字段名，键" operator" 所映射的值表示操作符，键"fieldValue" 所映射的值表示字段值。

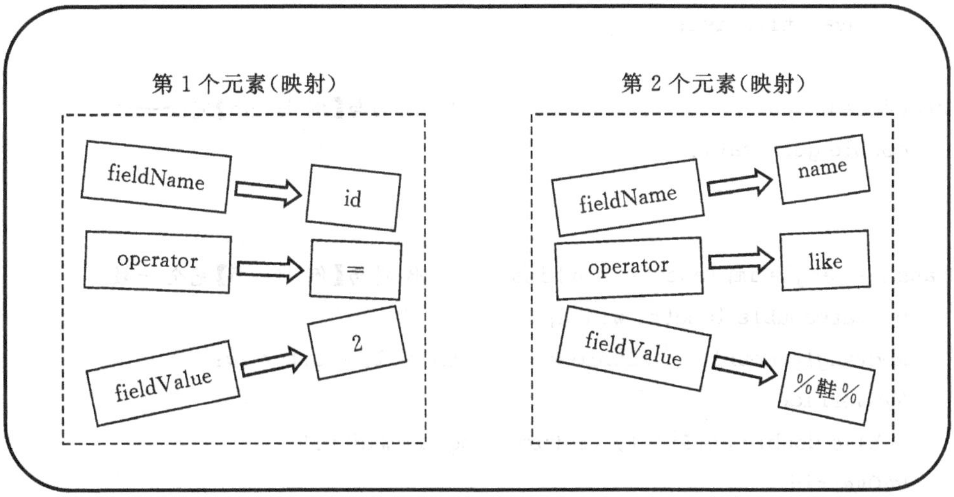

图 13－3　列表 paraList 及其内部元素的组织形式

在构造列表 paraList 中的每个映射时，只要针对键"fieldName" " operator" 和 fieldValue" 并根据需要分别设置相应的字段名、操作符和字段值，即可动态构造 SELECT 语句中的 WHERE 子句，从而更灵活地生成 SELECT 语句的查询条件。

13.6　Collections 类及其应用

有时需要对特定集合进行一些特殊操作。例如，既然列表中的元素是有序的，在一些场合就需要按照元素的某种属性值对列表中的元素进行排序，在另一些场合就需要在已排序的列表中查找给定的元素。为此，Java API 在 java.util.Collections 类中提供了一些类方法，可以对列表进行排序和查找操作。而且，这些类方法大都是多态算法——同名的方法在相似的接口上有着不同的实现。

为了对 List 进行排序和查找操作，可以调用 Collections 类的如下类方法。

```
public static <T extends Comparable < ? super T >> void sort(List <T> list)
public static <T> void sort(List <T> list, Comparator < ? super T > c)
public static <T> int binarySearch(List < ? extends Comparable < ? super T >
> list, T key)
public static < T > int binarySearch ( List < ? extends T > list, T key,
Comparator < ? super T > c)
```

注意：在“ < ? super T > ”中，通配符“?”所代表的类型是 T 类型的父类。而在“ < ? extends T > ”中，通配符“?”所代表的类型是 T 类型的子类。

【例 13-6】 java.util.Collections 类及其应用——对 List 进行排序和查找操作。Java 程序代码如下：

```
import java.util.ArrayList;
import java.util.Collections;
import java.util.List;

interface Graphics {                           // 代码与【例 10-5】完全一致
    double getArea();
}

class Rectangle implements Graphics {   // 代码与【例 10-5】完全一致
    privatedouble length, width;
    Rectangle(double l, double w) {length = l; width = w;}
    @Override
    public double getArea() {return length * width;}
    @Override
    public String toString() {
        return " Rectangle{ (" + length + "," + width + ") = " + getArea() + " }";
    }
}

class Triangle implements Graphics {    // 代码与【例 10-5】完全一致
    private double a, b, c;
    public Triangle(double a, double b, double c) {
        this.a = a; this.b = b; this.c = c;
    }
```

```
    @Override
    public double getArea() {
        double s = 0.5 * (a + b + c);
        return Math.sqrt(s * (s - a) * (s - b) * (s - c));
    }
    @Override
    public String toString() {
        return "Triangle{(" + a + "," + b + "," + c + ") = " + getArea() + "}";
    }
}

public class CollectionsDemo {
    public static void main(String [] args) {
      List < Graphics > graphicsList = new ArrayList <> ();  // 类型推断
      graphicsList.add(new Rectangle(3, 5));
      graphicsList.add(new Rectangle(5, 6));
      graphicsList.add(new Triangle(5, 6, 6));
      graphicsList.add(new Triangle(5, 6,5));

      System.out.println ("排序之前的图形及其面积:");
      graphicsList.forEach(System.out::println);

      Collections.sort(graphicsList, (g1, g2) -> Double.compare(g1.getArea
      (), g2.getArea()));
      // graphicsList.sort((g1, g2) -> Double.compare(g1.getArea(), g2.getArea()));

      System.out.println ("排序之后:");
      graphicsList.forEach(System.out::println);

      System.out.println ("测试 binarySearch 方法:");
      Graphics g = new Rectangle(2, 6);
      // 只是查找与 Rectangle(2, 6)面积相等的图形(但不一定是矩形)
       int reVal = Collections.binarySearch(graphicsList, g, (g1, g2) ->
       Double.compare(g1.getArea(), g2.getArea()));
      if (reVal >= 0)
        System.out.println ("Found! Index of " + g + " is " + reVal);
      else // 输出插入点
        System.out.println(g + " should be inserted at " + (-1 - reVal));
    }
```

}

本例的大多数程序代码与【例 10 - 5】相同，而且分别对列表和数组进行排序和查找，但两者在实现方式上还是有差别的。表 13 - 4 对【例 10 - 5】和本例进行了更多的比较。

表 13 - 4 数组和列表的排序与查找之比较

<table>
<tr><th></th><th>【例 10 - 5】数组排序与查找</th><th>【本例】列表排序与查找</th></tr>
<tr><td rowspan="2">不同点</td><td>调用 java. util. Arrays 类的 sort 和 binarySearch 类方法对数组 graphicsArray 进行排序和查找</td><td>调用 java. util. Collections 类的 sort 和 binarySearch 类方法对列表 graphicsList 进行排序和查找</td></tr>
<tr><td>数组 graphicsArray 的长度(length)是固定的——数组 graphicsArray 只能容纳 4 个 Graphics 对象</td><td>列表 graphicsList 的大小(size)是可变的——可以向列表 graphicsList 添加任意多个 Graphics 对象</td></tr>
<tr><td rowspan="4">相似点</td><td colspan="2">数组 graphicsArray 和列表 graphicsList 都是容器，都可以用来组织多个 Graphics 对象</td></tr>
<tr><td colspan="2">数组 graphicsArray 和列表 graphicsList 中的元素都是有序的，都可以根据元素的索引访问元素</td></tr>
<tr><td colspan="2">对于数组 graphicsArray 和列表 graphicsList，都可以通过 for 语句或增强型 for 语句遍历其中的元素(Graphics 对象)</td></tr>
<tr><td colspan="2">在排序和查找中都使用泛型接口 java. util. Comparator 实现类的对象作为比较器</td></tr>
</table>

注意：

1. 如果在 main 方法的第 1 条语句中不使用类型推断，则可以将该语句改写为“List < Graphics > graphicsList = new ArrayList < Graphics > ()”。

2. 由于使用 Lambda 表达式创建 Comparator 对象，因此无需导入 java. util. Comparator。

3. 使用比较器对列表 graphicsList 进行排序时，可以调用在 java. util. Collections 类中定义的静态方法 public static <T> void sort(List <T> list, Comparator < ? super T > c)，也可以通过接口 List 的实现类 ArrayList 对象 graphicsList 调用在 java. util. List 接口中定义的默认方法 default void sort(Comparator <E> c)。

第 14 章　异常处理

Java 语言提供异常(Exception)处理功能,可以用于处理数组下标越界、除数为零等异常情况。Java 语言的异常处理功能采用面向对象技术,即将异常看作类,每当发生异常事件时,JVM 会创建一个相应的异常对象,并通过执行相应的程序代码来处理该异常事件。

14.1　异常的层次结构

Java 语言将异常看作类,并按照层次结构区分不同的异常,其结构如图 14-1 所示。

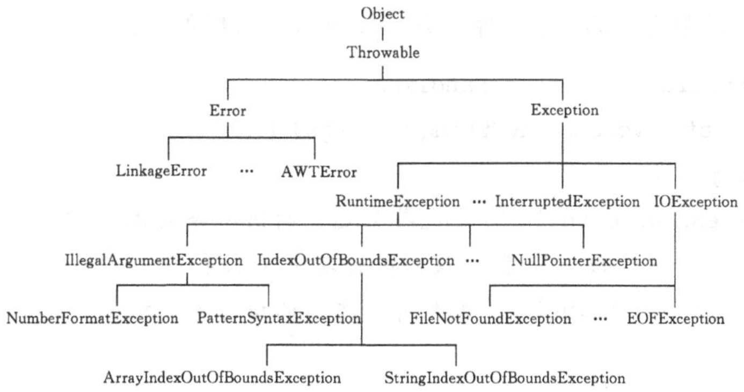

图 14-1　Java 异常类的层次结构

如图 14-1 所示,类 Throwable 是异常类的根节点,定义在 java.lang 包中,该类的子类也定义在 java.lang 包中。类 Error 代表系统错误,由系统直接处理。而使用类 Exception 及其子类,则可以在 Java 程序中捕捉并处理多种异常。

此外,某些异常类之间具有继承关系。例如,RuntimeException 是 Exception 的子类,IndexOutOfBoundsException 是 ArrayIndexOutOfBoundsException 和 StringIndexOutOfBoundsException 的超类。

表 14-1 列出了一些常用异常类及其功能和用法。

表 14-1　常用异常类及其功能和用法

异常类及类名	功能和用法
ArithmeticException	算术运算中除数为 0,包括求余运算(%)
ClassCastException	强制引用类型向下转换
IndexOutOfBoundsException	下标越界
ArrayIndexOutOfBoundsException	数组下标越界

续表

异常类及类名	功能和用法
StringIndexOutOfBoundsException	字符串下标越界
NullPointerException	引用变量没有指向对象
IllegalArgumentException	不合规参数
NumberFormatException	数字格式不合规

14.2 Java 系统默认的异常处理功能

Java 系统提供默认的异常处理功能——在 Java 程序运行过程中发生某些异常时，JVM 会自动捕捉异常，然后显示异常类型、发生异常的原因、异常所在的方法和行号等提示信息，最后终止 Java 程序的运行。

【例 14-1】 除数为零的默认异常处理。Java 程序代码如下：

```
public class DefaultExceptionHandling {
    public static void main(String [ ] args) {
        int j = 0;
        System.out.println (" 发生异常之前的语句会被执行" );
        int i = 2 / j;  // 执行该语句将发生算术异常
        System.out.println (" 发生异常之后的语句不会被执行" );
    }
}
```

程序运行结果如下：

```
发生异常之前的语句会被执行
Exception in thread " main" java.lang.ArithmeticException: / by zero
    at DefaultExceptionHandling.main(DefaultExceptionHandling.java:5)
```

在本例中，当程序执行到 main 方法中的倒数第 2 条语句时，由于变量 j 的值为 0 且为除数，此时就会发生 ArithmeticException 异常，然后该异常会被 JVM 捕捉并处理。

【例 14-2】 引用变量没有指向对象的默认异常处理。Java 程序代码如下：

```
class Point {
    double x, y;
    Point(double x, double y) {this.x = x;  this.y = y;}
    void outputCoordinate() {
        System.out.println (" X = " + x + "  Y = " + y);
    }
}
```

```
class Circle {
    Point center;  // 实例变量 center 是指向 Point 对象的引用变量
    double radius;
    Circle(double x, double y, double radius) {this.radius = radius;}
    double getArea() {return Math.PI * radius * radius;}
}

public class NullPointerExceptionDemo {
    public static void main(String [ ] args) {
        Circle c = new Circle(1.0, 2.0, 10.0);
        System.out.println (" Area of circle is " + c.getArea());
        c.center.outputCoordinate();  // 执行该语句将发生空指针异常
    }
}
```

程序运行结果如下：

```
Area of circle is 314.1592653589793
Exception in thread " main" java.lang.NullPointerException
        at NullPointerExceptionDemo.main(NullPointerExceptionDemo.java:18)
```

本例采用对象组合技术——在 Circle 类的声明中定义引用类型的实例变量 center，该实例变量能够指向 Point 对象，这意味着在一个 Circle 对象中又包含一个 Point 对象；但在 Circle 类的构造器中，并没有将实例变量 center 指向 Point 对象。因此，当创建一个 Circle 对象时，该对象的实例变量 center 会是一个空指针(Null Pointer)，即没有指向任何 Point 对象。在主类 NullPointerExceptionDemo 中，当程序执行到 main 方法中的最后一条语句时，由于 Circle 对象的实例变量 center 是空指针，因此无法通过实例变量 center 调用实例方法 outputCoordinate，此时就会发生 NullPointerException 异常，而该异常会被 JVM 捕捉并处理。

【例 14-3】 强制引用类型向下转换的默认异常处理。Java 程序代码如下：

```
class Graphics {
    double getArea() {return 0;}
}

class Circle extends Graphics {
    private double radius;
    Circle(double r) {radius = r;}
    double getArea() {return Math.PI * radius * radius;}
}

public class ClassCastExceptionDemo {
```

```
    public static void main(String [ ] args) {
        Circle c1 = new Circle(10.0);
        Graphics g1 = c1; // 引用类型向上转换(父类引用指向子类对象)是安全的
        System.out.println (" Area of circle is " + g1.getArea());

        Graphics g2 = new Graphics();
        Circle c2 = (Circle) g2; // 异常抛出点：强制引用类型向下转换将发生类型转换异常
        System.out.println (" Area of circle is " + c2.getArea());
    }
}
```

程序运行结果如下：

```
Area of circle is 314.1592653589793
Exception in thread " main" java.lang.ClassCastException: Graphics cannot be cast to Circle at ClassCastExceptionDemo.main(ClassCastExceptionDemo.java:20)
```

在本例中，类 Graphics 与类 Circle 是超类与子类的关系。main 方法中的语句"Graphics g1 = c1;"将子类 Circle 类型的引用变量 c1 赋值给超类 Graphics 类型的引用变量 g1，这是一种引用类型向上转换。之后，超类 Graphics 类型的引用变量 g1 和子类 Circle 类型的引用变量 c1 指向同一个子类 Circle 对象。引用类型向上转换是安全的，因为这是一种从特殊类型到通用类型的转换，并且子类 Circle 通常比超类 Graphics 拥有更多的实例变量或实例方法。

而 main 方法中的语句"Circle c2 = (Circle) g2;"则将超类 Graphics 类型的引用变量 g2 强制赋值给子类 Circle 类型的引用变量 c2，这是一种强制性的引用类型向下转换。虽然该语句能够通过编译，但当程序执行到该语句时会发生强制引用类型向下转换异常 ClassCastException，并且系统将终止程序的运行。强制引用类型向下转换是不安全的，因为超类 Graphics 不会比子类 Circle 拥有更多的实例变量或实例方法。

14.3 使用 try、catch 和 finally 语句块捕捉和处理异常

在 Java 程序中，使用 try 语句块和 catch 语句块可以捕捉和处理异常。try 语句块和 catch 语句块的基本语法格式如下：

```
try {
    一条或多条可能发生异常的 Java 语句
} catch (SomeExceptionClass referenceVariable) {
    一条或多条处理异常的 Java 语句
}
……
```

try 语句块之后可以跟一个或多个 catch 语句块。每个 catch 语句块对应一种异常及相应

的异常处理程序。

SomeExceptionClass 表示将被捕捉并被处理的异常所对应的类名，通常是 Exception 类或其子类。

referenceVariable 是指向 SomeExceptionClass 对象的引用变量。

【例 14－4】 使用 try 语句块和 catch 语句块捕捉和处理异常。Java 程序代码如下：

```
public class TryCatch {
    public static void main(String [ ] args) {
        try {  // 将可能发生异常的语句放在 try 语句块中
            int i = 9, j = 0;
            i = i / j;  // 执行该语句将发生算术异常，因此该语句是一个异常抛出点
            System.out.println ("这条语句不会被执行");
        } catch (ArrayIndexOutOfBoundsException e) {  // 捕捉数组下标越界异常
            System.out.println ("处理数组下标越界异常" + e);
        } catch (ArithmeticException e) {  // 捕捉算术异常
            System.out.println ("处理算术异常" + e);
        }

        System.out.println ("处理异常之后");
    }
}
```

程序运行结果如下：

```
处理算术异常  java.lang.ArithmeticException: / by zero
处理异常之后
```

在本例中，执行语句“i = i / j;”将发生算术异常，因此也称该语句为异常抛出点。由于发生的异常属于 ArithmeticException 类型，因此发生异常时将执行对应的第 2 个 catch 语句块并在其中进行异常处理。异常处理结束后，执行最后一个 catch 语句块之后的语句。

注意：

1. 在 try 语句块中发生异常时，try 语句块内、异常抛出点之后的语句不会被执行。在本例的 try 语句块中，语句“System.out.println (″这条语句不会被执行″);”位于抛出点之后，因此不会被执行。

2. 在 try 语句块中发生异常时，JVM 会依照先后顺序依次对其后的各个 catch 语句块进行检查，并执行与当前异常相匹配的首个 catch 语句块。

3. 执行某个 catch 语句块之后，程序将从最后一个 catch 语句块之后的第 1 条语句开始继续执行。在本例中执行第 2 个 catch 语句块之后，将继续执行其后的第 1 条语句“System.out.println (″处理异常之后″);”。

4. 在 catch 语句块中，可以通过对应的异常对象 e 输出异常相关信息（实际上是通过异常对象 e 调用 toString 方法）。

5. 在 try 语句块中发生异常时，如果其后的所有 catch 语句块都捕捉不到该异常，则 JVM

将执行默认的异常处理功能。

除上述异常发生情况外，在调用 Java API 系统类的某些方法时也可能发生异常。为此，在 Java API 中也预定义了相关异常类。

【例 14－5】 调用 Java API 系统类的方法时发生的异常及其处理。Java 程序代码如下：

```
public class ApiMethodException {
    public static void main(String [ ] args) {
        String [ ] sa = {"123" , " 4x6" };

        for (int i = 0; i < sa.length; i ++ ) {
            System.out.println (" ---将数组中的第" + (i + 1) + " 个字符串转换
为整数" );
            try {  // 调用 parseInt 方法时可能发生异常
                System.out.println (" 结果是:" + Integer.parseInt(sa[i]));
            } catch (Exception e) {
                System.out.println (" 调用 parseInt 方法时发生异常  " + e);
            }
        }
    }
}
```

程序运行结果如下：

```
——将数组中的第 1 个字符串转换为整数
结果是:123
——将数组中的第 2 个字符串转换为整数
调用 parseInt 方法时发生异常  java.lang.NumberFormatException: For input string: " 4x6"
```

在本例中，sa 是指向 String 数组对象的引用变量。在该 String 数组中，每个元素 sa[i]又是一个指向 String 对象的引用变量。在 String 对象中存储的字符串主要是数字字符。调用系统预定义类 Integer 的静态方法 parseInt，可以将仅包含十进制数字字符的字符串转换为整数。

for 语句共循环两次。在第 1 次循环中，sa[0]仅包含十进制数字字符，所以 parseInt 方法能够正常地将字符串"123"转换为整数 123。在第 2 次循环中，sa[1]包含非十进制数字字符"x"，此时 parseInt 方法无法将字符串" 4x6"转换为整数并会发生数字格式异常 NumberFormatException。该异常能够被随后的 catch 语句块捕捉并处理。

注意：NumberFormatException 异常类是 IllegalArgumentException 异常类的子类。因此，NumberFormatException 是一种特殊的不合规参数异常。

在捕捉和处理异常时，还可以在最后一个 catch 语句块之后附加一个 finally 语句块。在这种情况下，无论 try 语句块中是否发生异常，finally 语句块都会被执行。

【例 14－6】 try、catch 和 finally 语句块。Java 程序代码如下：

```
public class TryCatchFinally {
    public static void main(String [ ] args) {
        int [ ] divisors = {0, 5};

        for (int i = 0; i < 3; i ++) {
            System.out.println ("-----第" + (i + 1) + "次循环-----");
            try {
                float result = i / divisors[i];  // 可能的异常抛出点
                System.out.println ("除法运算结果为  " + result);
            } catch (IndexOutOfBoundsException e) {
                System.out.println ("处理下标越界异常  " + e);
            } catch (ArithmeticException e) {
                System.out.println ("处理算术异常  " + e);
            } finally { // 在最后一个 catch 语句块之后附加一个 finally 语句块
                System.out.println ("finally 语句块被执行");
            }
        }  // end of for
    }
}
```

程序运行结果如下：

```
-----第 1 次循环-----
处理算术异常  java.lang.ArithmeticException: / by zero
finally 语句块被执行
-----第 2 次循环-----
除法运算结果为  0.0
finally 语句块被执行
-----第 3 次循环-----
处理下标越界异常  java.lang.ArrayIndexOutOfBoundsException: 2
finally 语句块被执行
```

本例的 for 语句循环了 3 次。

在第 1 次循环的除法运算中，除数 divisors[0]为 0，所以会发生 ArithmeticException 异常。在匹配的第 2 个 catch 语句块捕捉并处理该异常后，会执行 finally 语句块。

在第 2 次循环的除法运算中，除数 divisors[1]为 5，可以正常进行除法运算，也不会发生其他异常。此时，也会执行 finally 语句块。

在第 3 次循环的除法运算中，数组下标 i 为 2，超出数组下标范围(0～1)，所以会发生 ArrayIndexOutOfBoundsException 异常。由于 ArrayIndexOutOfBoundsException 异常类是 IndexOutOfBoundsException 异常类的子类，所以第 1 个 catch 语句块能够捕捉并处理该异常。之后，同样会执行 finally 语句块。

注意：由于被除数和除数都是 int 类型，所以表达式"i / divisors[i]"的结果也是 int 类型。因此，在第 2 次 for 循环中，表达式"i / divisors[i]"的结果是 0，而不是 0.2。

由于某些异常类之间具有继承关系，这样可能存在多个 catch 语句块与同一个异常相匹配的情况。此时，必须按照异常类之间的继承关系安排 catch 语句块的前后顺序，并保证捕捉子类异常的 catch 语句块位于捕捉父类异常的 catch 语句块之前。

【例 14－7】 处理子类异常和父类异常。Java 程序代码如下：

```
public class ExceptionHierarchy {
    public static void main(String [ ] args) {
        String idno = " 12345678";

        try {
            // 以下 substring 方法中第 2 个参数 9 所指示字符的下标超出范围(0～7)
            System.out.println(idno.substring(6, 9));
        } catch (StringIndexOutOfBoundsException e) {
            System.out.println (" 处理 字符串下标越界(子类)异常  " + e);
        } catch (IndexOutOfBoundsException e) {
            System.out.println (" 处理 下标越界(父类)异常  " + e);
        }

        System.out.println (" 处理异常之后" );
    }
}
```

程序运行结果如下：

```
处理字符串下标越界(子类)异常  java.lang.StringIndexOutOfBoundsException: String
index out of range: 9
处理异常之后
```

在本例的字符串"12345678"中有 8 个字符，其中字符的下标范围为 0～7。而在 try 语句块中通过 String 对象调用 substring 方法时，第 2 个参数 9 所指示字符的下标为 8(9－1)，超出范围 0～7，因此会发生 StringIndexOutOfBoundsException 异常。

另外，由于 StringIndexOutOfBoundsException 异常类是 IndexOutOfBoundsException 异常类的子类，所以在本例中用第 1 个 catch 语句块捕捉 StringIndexOutOfBoundsException 子类异常，而用第 2 个 catch 语句块捕捉 IndexOutOfBoundsException 父类异常。这样，可以更准确、及时地捕捉和处理相关异常。

14.4 自定义异常类

尽管在 Java API 中预定义的异常类能够捕捉很多常见异常，但在 Java 程序运行过程中仍然可能发生某些系统未定义和不能捕捉的特定异常。

【例 14-8】 Java 系统未定义和不能捕捉的特定异常。Java 程序代码如下：

```
import java.util.*;

public class SystemUndefinedException {
    public static void main(String [ ] args) {
        double sum = 0;

        System.out.println("请输入几个整数:");
        Scanner scanner = new Scanner(System.in);
        while (scanner.hasNextInt()) {
            int i = scanner.nextInt();
            try {
                sum = sum + Math.sqrt(i);
            } catch (Exception e) {
                System.out.println("发现异常  " + e);
            }
        }

        System.out.println("这些整数的平方根之和是:" + sum);
    }
}
```

第 1 次程序运行及结果如下：

请输入几个整数：

1 4 9 end

这些整数的平方根之和是:6.0

第 2 次程序运行及结果如下：

请输入几个整数：

1 -4 9 end

这些整数的平方根之和是:NaN

第 1 次运行程序时，输入的都是正整数，因此程序最后能够输出正确的结果。第 2 次运行程序时，输入的第 2 个数是-4，程序无法对其求平方根，但程序并未捕捉到该异常（因此更不会处理该异常），只是给出一个错误提示信息 NaN(Not a Number)。由此可见，Java 系统并未预定义专门的异常类来捕捉因为对负数求平方根而发生的异常。

针对上述类似情况，在 Java 程序中可以按照以下 3 个步骤捕捉和处理系统未定义的特定异常。

1. 以异常类 Exception 或其子类为超类声明自定义异常类，用于捕捉和处理 Java 程序运行过程中可能发生的某种特定异常。

2. 在定义其他类的某个方法时使用 throws 子句说明调用该方法可能发生自定义异常，并在该方法内部使用 throw 语句抛出一个自定义异常类的对象。

3. 在其他方法内的 try 语句块中调用可能发生自定义异常的方法，并使用对应的 catch 语句块捕捉和处理自定义异常。

【例 14-9】 使用自定义异常类捕捉和处理对负整数求平方根的异常。Java 程序代码如下：

```
import java.util. * ;

// 1. 声明自定义异常类 NegativeException，用于捕捉和处理对负整数求平方根的异常
class NegativeException extends Exception {
    NegativeException(String msg) {super(msg);}
}

public class UserDefinedExeptionDemo1 {
    // 2.1. 使用 throws 子句说明调用方法 getRoot 可能发生对负整数求平方根的
NegativeException 异常
    static double getRoot(int i) throws NegativeException {
        if (i < 0)  // 2.2. 使用 throw 语句抛出一个 NegativeException 对象
            throw new NegativeException ("发现一个负整数:" + i);
        return Math. sqrt(i);
    }

    public static void main(String [ ] args) {
        double sum = 0;

        System. out. println ("请输入几个整数:");
        Scanner scanner = new Scanner(System. in);
        while (scanner. hasNextInt()) {
            int i = scanner. nextInt();
            try {
                // 3.1. 调用可能发生 NegativeException 异常的方法 getRoot
                sum + = getRoot(i);
            } catch (NegativeException e) {// 3.2. 捕捉 NegativeException 异常
                System. out. println(e. getMessage() + ",将跳过该负整数");
            }
        }

        System. out. println (" 这些整数的平方根之和是:" + sum);
    }
}
```

第 1 次程序运行及结果如下：

请输入几个整数：

1 4 9 end

这些整数的平方根之和是:6.0

第 2 次程序运行及结果如下：

请输入几个整数：

1 -4 9 end

发现一个负整数:-4,将跳过该负整数

这些整数的平方根之和是:4.0

在本例中，首先以 Java 系统预定义的异常类 Exception 为超类声明自定义异常类 NegativeException，该类用于捕捉和处理对负整数求平方根的异常。然后在定义类 UserDefinedExeptionDemo1 的静态方法 getRoot 时，使用 throws 子句说明调用该方法可能发生自定义的 NegativeException 异常，并在该方法内部使用 throw 语句抛出一个 NegativeException 对象。最后在类 UserDefinedExeptionDemo1 的 main 方法的 try 语句块中，调用可能发生 NegativeException 异常的方法 getRoot，并使用对应的 catch 语句块捕捉和处理 NegativeException 异常。这样，在程序运行过程中，不仅可以捕捉和处理对负整数求平方根的异常，而且可以跳过负整数而对后面的整数继续进行平方根之和的计算。

注意：

1. 在自定义异常类的声明中，通常需要定义具有一个 String 类型参数的构造器，并在构造器内通过 super 将该 String 类型参数传递给超类的构造器。例如，在本例自定义异常类 NegativeException 的声明中，即定义了具有一个 String 类型参数的构造器 NegativeException(String msg)。

2. 在类 UserDefinedExeptionDemo1 的 main 方法中，catch 语句块中的 NegativeException 对象 e 是由静态方法 getRoot 中的 throw 语句创建并抛出的。

3. 在静态方法 getRoot 的 throw 语句中，通过调用自定义异常类 NegativeException 的构造器创建了一个 NegativeException 对象，同时提供的字符串参数（"发现一个负整数:" + i）描述了该 NegativeException 对象的基本信息。

4. 在 main 方法的 catch 语句块中，通过指向 NegativeException 对象的引用变量 e，可以调用从 Exception 类继承的 getMessage 方法，该方法返回的字符串即是调用 NegativeException 类的构造器时所提供的描述 NegativeException 对象的基本信息（"发现一个负整数:" + i）。

前例也说明，在调用方法（含构造器）时可能会遇到不合规参数的情况。类似情况又如，在使用构造器 Triangle(double a,double b,double c)创建三角形 Triangle 对象时，如果"(a + b) < c"或"(b + c) < a"或"(c + a) < b"，则违反了"任意两边之和大于第三边"的规则，因此该 Triangle 对象是无效的。此时，可以使用自定义异常类捕捉和处理构造器 Triangle 的参数异常。

【例 14-10】 使用自定义异常类捕捉和处理构造器 Triangle 的参数异常。Java 程序代码如下：

```
import java.util.*;
```

```
// 1.声明自定义异常类 ConstructorArgumentException,用于捕捉和处理构造器参数异常
class ConstructorArgumentException extends IllegalArgumentException {
    ConstructorArgumentException(String msg) {super(msg);}
}

class Triangle {
    private double a, b, c;

    // 2.调用以下构造器创建 Triangle 对象可能发生 ConstructorArgumentException
异常
    public Triangle(double a, double b, double c) throws ConstructorArgumentException {
        this.a = a;  this.b = b;  this.c = c;
        if ((a + b) < c || (b + c) < a || (c + a) < b)
            throw new ConstructorArgumentException("违反任意两边之和大于第三
边的规则");
    }
}

public class UserDefinedExeptionDemo2 {
    public static void main(String [ ] args) {
        System.out.println("请输入表示一个三角形三条边的三个整数:");
        Scanner scanner = new Scanner(System.in);
        double a = scanner.nextDouble();
        double b = scanner.nextDouble();
        double c = scanner.nextDouble();

          try {
            // 3.1.调用可能发生 ConstructorArgumentException 异常的构造器 Triangle
            Triangle t = new Triangle(a, b, c);
            System.out.println("输入的三个整数能够构成一个三角形");
          } catch (ConstructorArgumentException e) {// 3.2.捕捉构造器参数异常
            System.out.println("捕捉到构造器参数异常:" + e.getMessage());
            System.out.println("输入的三个整数无法构成一个三角形");
          }
    }
}
```

第 1 次程序运行及结果如下：

请输入表示一个三角形三条边的三个整数：

1 2 4
捕捉到构造器参数异常:违反任意两边之和大于第三边的规则
输入的三个整数无法构成一个三角形
第 2 次程序运行及结果如下:
请输入表示一个三角形三条边的三个整数:
3 4 5
输入的三个整数能够构成一个三角形

在本例中,首先以 Java 系统预定义的异常类 IllegalArgumentException 为超类声明自定义异常类 ConstructorArgumentException,该类用于捕捉和处理构造器参数异常。然后在定义类 Triangle 的构造器 Triangle(double a,double b,double c)时使用 throws 子句说明调用该构造器可能发生自定义的 ConstructorArgumentException 异常,并在该构造器内部使用 throw 语句抛出一个 ConstructorArgumentException 对象。最后在类 UserDefinedExeptionDemo2 的 main 方法的 try 语句块中调用可能发生 ConstructorArgumentException 异常的构造器 Triangle,并使用对应的 catch 语句块捕捉和处理 ConstructorArgumentException 异常。

注意:在类 UserDefinedExeptionDemo2 的 main 方法中,catch 语句块中的 ConstructorArgumentException 对象 e 是由构造器 Triangle(double a, double b, double c)中的 throw 语句创建并抛出的。

14.5　异常分类及其解决方法

根据导致原因以及解决方法的不同,可以将 Java 程序中的异常划分为错误(Error)、运行时异常(Runtime Exception)和被检查异常(Checked Exception)3 种。其中,错误和运行时异常又属于未被检查异常(Unchecked Exception)。

14.5.1　错误

错误对应于 Error 类及其子类。错误由程序以外的因素导致。例如,硬件故障导致的文件读写失败就属于错误。

14.5.2　运行时异常

运行时异常对应于 RuntimeException 类及其子类。运行时异常由程序内部因素导致。例如,程序逻辑错误或不正确地调用 Java API 方法都可能导致这类异常。本章前面例题中的 ArithmeticException、NullPointerException、ClassCastException、IndexOutOfBoundsException、ArrayIndexOutOfBoundsException、StringIndexOutOfBoundsException、NumberFormatException 等异常均属于运行时异常。解决运行时异常的通常方法是找出并修改程序逻辑错误,或确保正确调用 Java API 方法,从而避免相关的运行时异常。

【例 14-11】　避免【例 14-6】中的运行时异常。Java 程序代码如下:

```
public class RuntimeExceptionHandling {
    public staticvoid main(String [ ] args) {
        int [ ] divisors = {0,5};
```

```
        for (int i = 0; i < divisors.length; i ++ ) {
            System.out.println (" -----第" + (i + 1) + " 次循环-----");
            if (divisors[i] ! = 0) {
                float result = i / divisors[i];  // 不再是异常抛出点
                System.out.println (" 除法运算结果为" + result);
            }
            else
                System.out.println (" 除数为零!" );
        }
    }
}
```

程序运行结果如下：

```
-----第 1 次循环-----
除数为零!
-----第 2 次循环-----
除法运算结果为  0.0
```

在本例中，int 型数组 divisors 实质上也是一个对象，其实例变量 length 表示数组中元素的个数。因此，使用 divisors.length 可以精准控制 for 循环的次数，从而避免 ArrayIndexOutOfBoundsException 或 IndexOutOfBoundsException 异常。

另外，在每次进行除法运算之前，使用 if 语句对条件"divisors[i] ! = 0"进行判断，这样可以确保除数不为 0，从而避免 ArithmeticException 异常。

14.5.3 被检查异常

除错误和运行时异常外，其他异常都属于被检查异常。对于被检查异常，必须采用以下两种方法之一加以解决。

1. 使用 try-catch 语句块对可能发生的被检查异常进行监测和捕捉。

2. 如果在一个方法中执行某条语句可能发生某种被检查异常，则在定义该方法时，使用 throws 子句说明调用该方法可能发生这种被检查异常。

Java 编译器会检查在 Java 源程序中是否对被检查异常采用了上述两种解决方法之一，否则，Java 源程序不能通过编译。

与被检查异常相对应，错误和运行时异常属于未被检查异常。Java 编译器不会检查未被检查异常。换言之，即使没有采用上述两种方法之一解决未被检查异常，Java 源程序也可能通过编译。例如，在【例 14－1】中既没有使用 try-catch 语句块对 ArithmeticException 异常进行监测和捕捉，又没有在定义 main 方法时使用 throws 子句说明调用该方法可能发生 ArithmeticException 异常，但 Java 源程序仍然可以通过编译。

第 15 章　正则表达式与模式匹配

现实中，一些特殊用途的字符串数据常常具有共同的特征或格式。例如，中国大陆的邮政编码是 6 个连续的数字字符。又如，手机号码是 11 个连续的数字字符，并且第 1 个数字字符是 1。再如，身份证号码包括 18 个字符，并且前 17 个字符是数字字符，最后 1 个字符是数字字符或大写字母 X。

在 Java、JavaScript 和 PHP 等很多编程语言中，可以使用正则表达式（Regular Expression）描述这些特殊用途的字符串数据所共同具有的特征或格式，并将正则表达式用于模式匹配（Pattern Matching）——在给定的字符序列中查找具有指定特征或格式的子序列。

15.1　字符串匹配的基本算法

模式匹配的原始形式是字符串匹配（String Matching）。字符串匹配又称字符串查找（String Searching），是字符串的一种基本运算——指定一个子串（模式串），要求在某个字符串（目标串）中找出与该模式串相同的所有子串。

字符串匹配算法的基本思想是，从目标串的第 1 个字符起与模式串的第 1 个字符比较，若相等，则继续进行后续的字符比较（比较目标串的第 2 个字符和模式串的第 2 个字符）。否则，从目标串的第 2 个字符起与模式串的第 1 个字符重新比较，直至模式串中的每个字符依次和目标串中一个连续的字符序列相等为止，此时称匹配成功。若不然，匹配失败。

【例 15 - 1】 字符串匹配的基本算法。Java 程序代码如下：

```
public class Naive {
    public static void main(String [ ] args) {
        String target = "dogdog", pattern = "dog";
        int tLen = target.length(), pLen = pattern.length();
        int ti = 0, nextStart = 0;
        boolean found = false;

        while ((ti <= (tLen - pLen)) && (! found)) {
            int pi = 0;
            // 从目标串的第 ti + 1 个字符开始,依次与模式串的每个字符比较
            while ((pi < pLen) && (target.charAt(ti) == pattern.charAt(pi))) {
                ti ++ ;
                pi ++ ;
            }
```

```
        if (pi == pLen) {// 发现与模式串匹配的子串
            System.out.println (" Found match item: starting at index " +
            nextStart + "and ending at index " + (nextStart + pLen));
           found = true;
        }
        else
           ti = ++ nextStart;
     }
     if (! found)
        System.out.println (" No match item found" );
  }
}
```

程序运行结果如下：

```
Found match item: starting at index 0 and ending at index 3
```

本例的意图是在目标串"dogdog" 中查找模式串"dog"。程序的主要结构为，在外 while 循环结构中包含一个内 while 循环结构和一个使用 if-else 语句实现的双分支选择结构。

外 while 循环条件中“ti ＜ ＝ (tLen－pLen)”为 true 表示，从目标串的第 ti ＋ 1 个字符开始，后面至少还有 pLen 个字符可以与模式串的 pLen 个字符依次比较。int 型变量 ti 从初始值 0 开始，并指向目标串中与模式串中某个字符比较的字符；boolean 型变量 found 标记是否在目标串中发现与模式串匹配的子串，其初始值 false 表示尚未在目标串中发现与模式串匹配的子串。变量 ti 和 found 都出现在外 while 循环的控制条件中，并都有可能在外 while 循环体内发生改变，因此，变量 ti 和 found 都是外 while 循环的控制变量。

在外 while 循环体内，一趟内 while 循环从目标串的第 ti ＋ 1 个字符开始，依次与模式串的每个字符比较。int 型变量 pi 从初始值 0 开始，并在内 while 循环中通过自增运算依次指向模式串中的每个字符。在使用 if-else 语句实现的双分支选择结构中，如果分支条件“pi ＝＝ pLen”成立，则表示在目标串中发现了与模式串匹配的子串，此时输出子串在目标串中的起始下标“nextStart”和终止下标“nextStart ＋ pLen”；否则，变量 nextStart 自增 1 并赋值给变量 ti，以便开始下一趟内 while 循环。

15.2 基本的模式匹配

在 Java 语言中，与正则表达式和模式匹配相关的类主要有 Pattern、Matcher 和 PatternSyntaxException 3 个，而且这 3 个类都是在 java.util.regex 包中声明的。表 15－1 和表 15－2 列出了 Pattern 和 Matcher 类中常用的方法及其功能和用法。

表 15－1　Pattern 类中常用的方法及其功能和用法

方法	功能和用法
public static Pattern compile(String regex)	将正则表达式 regex 编译为一个模式，创建并返回包含该模式的 Pattern 对象
public static boolean matches (String regex, CharSequence input)	编译正则表达式 regex，并尝试与字符序列 input 进行模式匹配。如果匹配成功，则返回 true；否则，返回 false
public Matcher matcher(CharSequence input)	创建并返回匹配器(Matcher 对象)，以便将指定模式与字符序列 input 进行匹配

表 15－2　Matcher 类中常用的方法及其功能和用法

方法	功能和用法
public boolean find()	在给定的字符序列中，查找与指定模式匹配的下一个子序列。如果找到与指定模式匹配的下一个子序列，则返回 true；否则，返回 false
public String group()	模式匹配成功时，返回对应的字符子序列(可能为空字符串)
public String group(int group)	模式匹配成功时，返回由分组 group 捕获的字符子序列(可能为空字符串)
public int groupCount()	依据匹配器中的模式及其对应的正则表达式，返回分组数(但分组 0 不计入内)
public int start()	模式匹配成功时，返回子序列中第 1 个字符的下标
public int end()	模式匹配成功时，返回子序列中最后一个字符之后的偏移量
public String replaceAll(String replacement)	使用字符串 replacement 替换给定字符序列中所有与指定模式匹配的子序列，并返回替换后的字符串
public Matcher usePattern (Pattern newPattern)	将匹配器(Matcher 对象)所使用的模式设置为 newPattern，以便在以后的匹配过程中使用该新模式
public Matcher reset(CharSequence input)	将匹配器(Matcher 对象)所使用的字符序列设置为 input，以便在以后的匹配过程中使用该新字符序列，并重置匹配器

注意：在上述 matches 和 matcher 方法的定义原型中，参数 input 属于接口 CharSequence 类型，而 String 和 StringBuffer 就是接口 CharSequence 的实现类。因此，参数 input 可以引用 String 或 StringBuffer 对象。

【例 15－2】　应用 Pattern 和 Matcher 类进行基本的模式匹配。Java 程序代码如下：

```
import java.util.regex.Pattern;
import java.util.regex.Matcher;
```

```
public class RegexDemo {
    public static void main(String [ ] args) {
        // 将正则表达式编译为一个模式
        Pattern pattern = Pattern.compile ("dog" );
        // 创建匹配器
        Matcher matcher = pattern.matcher ("dogdogdog" );

        boolean found = false;
        // 通过匹配器,在字符串中查找具有模式特征的子串
        while (matcher.find()) {
            System.out.println (" Found the text \"  " + matcher.group()
                + " \" starting at index " + matcher.start()
                + "and ending at index " + matcher.end());
            found = true;
        }

        if (! found)
            System.out.println (" No match found..." );
    }
}
```

程序运行结果如下：

```
Found the text "dog" starting at index 0 and ending at index 3
Found the text "dog" starting at index 3 and ending at index 6
Found the text "dog" starting at index 6 and ending at index 9
```

在上述程序的 main 方法中，首先调用 Pattern 类的静态方法 compile，该方法将字符串"dog" 编译为一个模式，并返回一个包含模式"dog" 的 Pattern 对象。然后，通过该 Pattern 对象调用实例方法 matcher，该方法会创建并返回一个包含模式"dog" 和字符串"dogdogdog" 的 Matcher 对象，以便将指定模式"dog" 与给定字符串"dogdogdog" 进行模式匹配。

在 while 语句的条件表达式中，通过 Matcher 对象调用实例方法 find，该方法将指定模式"dog" 与给定字符串"dogdogdog" 进行模式匹配。如果匹配成功，则执行一次 while 循环体，并输出对应的字符子序列、子序列中第 1 个字符的下标(起始下标)以及子序列中最后一个字符之后的偏移量(终止下标)。

如图 15－1 所示，在给定字符串"dogdogdog" 中出现了 3 次模式"dog"，所以有 3 次匹配成功，执行了 3 次 while 循环体。

注意：

1. 在 Java 程序中不能直接通过调用构造方法创建 Pattern 对象。为了创建一个模式，必须调用 Pattern 类的静态方法 compile，该方法根据参数 regex 表示的正则表达式返回一个包

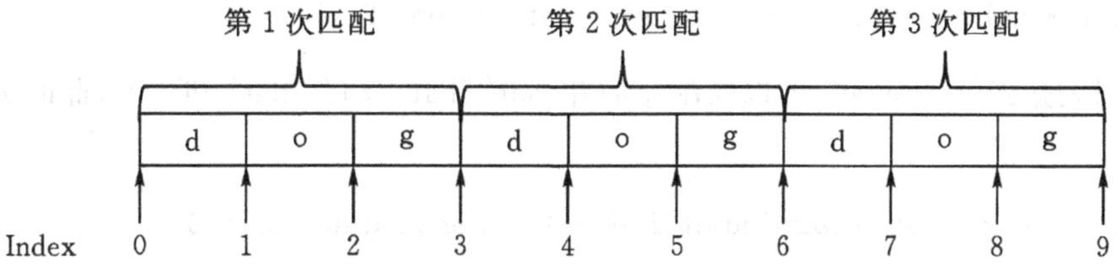

图 15 - 1　3 次模式匹配

含对应模式的 Pattern 对象。

2. 在本例中，正则表达式以及对应的模式是一个字符串的字面值"dog"。所以，本例中的模式匹配就是在给定目标串"dogdogdog" 中查找指定模式串"dog"。

3. 在 while 循环体内的"System. out. println"语句中，双引号 (")是一个特殊的字符。为了在输出中显示双引号，必须使用转义序列"\" "。

【思考题】如果给定字符串是字符串"dog dog dog"（两个相邻的 dog 之间有一个空格），则程序运行结果是什么?

15.3　字符类

在 Java 程序中构造正则表达式时，可以使用左右方括号定义一个字符类(Character Class)，每个字符类表示一个字符集合，该集合中的所有字符属于同一类。表 15 - 3 列出了字符类的定义方式及其含义和用法。

表 15 - 3　字符类的定义方式及其含义和用法

字符类	含义和用法
[abc]	出现在方括号中的任意单个字符，如 a、b 和 c
[^abc]	没有出现在方括号中的任意单个字符，如 A、d 或 2 等
[0—9]	从 0 至 9 的任意数字字符
[A—Pa—d]	大写 A 到大写 P 或小写 a 到小写 d 的任意字符，包括 A、P、a 和 d
[^a—d]	小写 a 到小写 d 之外的任意字符

如果将【例 15 - 2】main 方法中的前两条语句替换为如下两条语句：

```
Pattern pattern = Pattern.compile ("[abc]at" );
Matcher matcher = pattern.matcher ("bat cat eat fat" );
```

则正则表达式"[abc]at" 可以匹配字符串"aat" "bat" 和"cat"，此时程序运行结果如下：

```
Found the text "bat" starting at index 0 and ending at index 3
Found the text "cat" starting at index 4 and ending at index 7
```

如果将【例 15 - 2】main 方法中的前两条语句替换为如下两条语句：

```
Pattern pattern = Pattern.compile ("[a - e]at" );
```

```
Matcher matcher = pattern.matcher ("bat cat eat fat");
```

则正则表达式"[a－e]at"可以匹配字符串"aat""bat""cat""dat"和"eat",此时程序运行结果如下：

```
Found the text "bat" starting at index 0 and ending at index 3
Found the text "cat" starting at index 4 and ending at index 7
Found the text "eat" starting at index 8 and ending at index 11
```

如果将【例 15－2】main 方法中的前两条语句替换为如下两条语句：

```
Pattern pattern = Pattern.compile ("[^abc]at");
Matcher matcher = pattern.matcher ("bat cat eat fat");
```

则程序运行结果如下：

```
Found the text "eat" starting at index 8 and ending at index 11
Found the text "fat" starting at index 12 and ending at index 15
```

15.4 量词

在正则表达式中还经常使用量词(Quantifiers)指定匹配发生的次数。表 15－4 列出了量词的基本用法。

表 15－4 量词及其基本用法

量词	用法描述
X?	零次或一次 X
X *	零次、一次或多次 X
X ＋	一次或多次 X
X{n}	X 正好出现 n 次
X{n,}	X 至少出现 n 次
X{n,m}	X 出现 n 至 m 次

如果将【例 15－2】main 方法中的前两条语句替换为如下两条语句：

```
Pattern pattern = Pattern.compile ("a?");
Matcher matcher = pattern.matcher ("aab");
```

则正则表达式"a?"可以匹配字符串" "(空字符串)和"a",此时程序运行结果如下：

```
Found the text "a" starting at index 0 and ending at index 1
Found the text "a" starting at index 1 and ending at index 2
Found the text "  " starting at index 2 and ending at index 2
Found the text "  " starting at index 3 and ending at index 3
```

如果将【例 15－2】main 方法中的前两条语句替换为如下两条语句：

```
Pattern pattern = Pattern.compile ("a*");
Matcher matcher = pattern.matcher ("aab");
```

则正则表达式"a*"可以匹配字符串"　"(空字符串)、"a""aa""aaa"……，此时程序运行结果如下：

```
Found the text "aa" starting at index 0 and ending at index 2
Found the text "  " starting atindex 2 and ending at index 2
Found the text "  " starting at index 3 and ending at index 3
```

如果将【例 15－2】main 方法中的前两条语句替换为如下两条语句：

```
Pattern pattern = Pattern.compile ("a + ");
Matcher matcher = pattern.matcher ("aab");
```

则正则表达式"a＋"可以匹配字符串"a""aa""aaa"……，此时程序运行结果如下：

```
Found the text "aa" starting at index 0 and ending at index 2
```

注意：

1. 当使用量词"？"和"*"时，可能出现零长匹配(Zero-Length Matches)。在零长匹配中，所匹配字符序列的长度为零，且起始下标等于终止下标。

2. 量词"?""*"和"＋"都属于贪婪量词(Greedy Quantifiers)，可以使所匹配字符序列的长度尽可能的大。所以，当将模式"a*"和"a＋"与字符串"aab"进行模式匹配时，首先匹配的字符序列是"aa"，而不是"a"。

如果将【例 15－2】main 方法中的前两条语句替换为如下两条语句：

```
Pattern pattern = Pattern.compile ("[0-9]{17}[0-9X]{1}");
Matcher matcher = pattern.matcher (" 51022719960106011X5");
```

则匹配正则表达式"[0－9]{17}[0－9X]{1}"的字符串具有如下特征或格式：包含 18 个字符，其中前 17 个字符是数字字符，最后 1 个字符是数字字符或大写字母 X。此时程序运行结果如下：

```
Found the text " 51022719960106011X" starting at index 0 and ending at index 18
```

注意：虽然字符子序列"51022719960106011X"与模式"[0－9]{17}[0－9X]{1}"匹配，但整个字符串"51022719960106011X5"并不是一个有效的身份证号码，因为整个字符串有 19 个字符。

15.5　预定义字符

在正则表达式中还经常使用预定义字符(Predefined Character)，表 15－5 列出了常用的预定义字符及其含义和用法。

表 15-5 常用的预定义字符及其含义和用法

字符	含义和用法
.(句号)	任意字符
\d	数字字符,等价于[0—9]
\D	非数字字符,等价于[^0—9]
\w	单词字符(数字字符、大写字母、下划线和小写字母),等价于[0—9A—Z_a—z]
\W	非单词字符,等价于[^0—9A—Z_a—z]
\s	空白符,等价于[\t\n\x0B\f\r]
\S	非空白符,等价于[^\s]

注意:

1. 在表 15-5 中,“单词”并非仅指英文单词,而是指可以作为标识符(Identifiers)的“单词”。在 Java 源程序中,标识符可以是变量名、方法名,也可以是类名和接口名,并且在标识符中允许出现数字字符、大写字母、下划线或小写字母。

2. 在表 15-5 中,“\t”表示水平制表符(tab),“\n”表示换行符(new line),“\f”表示换页符(form—feed),“\r”表示回车符(carriage return)。

在表 15-5 中,“\d”“\D”“\w”“\W”“\s”和“\S”等预定义字符是以反斜线(\)开头的转义结构(Escaped Constructs)。在 Java 程序中,如果需要使用包含预定义字符的正则表达式创建模式,则还需要在对应的转义结构之前再加一个反斜线(\)。例如,“\d”表示一个数字字符,但在 Java 程序中,只能写成如下类似代码:

```
Pattern pattern = Pattern.compile ("\\d");
```

而不能写成如下类似代码:

```
Pattern pattern = Pattern.compile ("\d");
```

如果将【例 15-2】main 方法中的前两条语句替换为如下两条语句:

```
Pattern pattern = Pattern.compile ("1\\d{10}");
Matcher matcher = pattern.matcher ("13881892876");
```

则匹配正则表达式"1\\d{10}"的字符串具有如下特征或格式:包含连续的 11 个数字字符,其中第 1 个数字字符必须是 1。此时程序运行结果如下:

```
Found the text "13881892876" starting at index 0 and ending at index 11
```

如果将【例 15-2】main 方法中的前两条语句替换为如下两条语句:

```
Pattern pattern = Pattern.compile ("\\d{17}[\\dX]");
Matcher matcher = pattern.matcher ("51022719960106011X5");
```

则匹配正则表达式"\\d{17}[\\dX]"的字符串具有如下特征或格式:包含 18 个字符,其中前 17 个字符是数字字符,最后 1 个字符是数字字符或大写字母 X。此时程序运行结果如下:

Found the text " 51022719960106011X" starting at index 0 and ending at index 18

注意：虽然字符子序列" 51022719960106011X" 与模式"\\d{17}[\\dX]" 匹配，但整个字符串"51022719960106011X5" 并不是一个有效的身份证号码，因为整个字符串有 19 个字符。

15.6　分组、捕获分组与反向引用

在正则表达式中，可以通过将若干字符组织在一对左右圆括号中实现分组(Grouping)。例如，正则表达式"(dog)"就表示一个分组，其中依次包含"d""o"和"g"3 个字符。

从左向右依据左括号的次序，可以对正则表达式中的分组从 1 开始进行编号。例如，在形如"((A)(B(C)))"的正则表达式中，从左向右依据左括号的次序，共有如下 4 个分组：

分组 1：((A)(B(C)))

分组 2：(A)

分组 3：(B(C))

分组 4：(C)

【例 15-3】 基于分组的模式匹配之一。Java 程序代码如下：

```
import java.util.regex.Pattern;
import java.util.regex.Matcher;

public class Group {
        public static void main(String [ ] args) {
        Pattern pattern = Pattern.compile (" ([abc](at))" );
        Matcher matcher = pattern.matcher ("bat cat eat fat" );

        boolean found = false;
        System.out.println (" Number of groups is " + matcher.groupCount());

        while (matcher.find()) {
            System.out.println (" Found the text \"  " + matcher.group()
                + " \" starting at index " + matcher.start()
                + "and ending at index " + matcher.end());
            for (int i = 0; i < = matcher.groupCount(); i ++ )
                System.out.println (" \tGroup " + i + " is " + matcher.group(i));
            found = true;
        }

        if (! found)
            System.out.println (" No match found..." );
    }
```

```
}
```

程序运行结果如下：

```
Number of groups is 2
Found the text "bat" starting at index 0 and ending at index 3
        Group 0 is bat
        Group 1 is bat
        Group 2 is at
Found the text "cat" starting at index 4 and ending at index 7
        Group 0 is cat
        Group 1 is cat
        Group 2 is at
```

在本例的正则表达式"([abc](at))"中，共有两对左右圆括号，所以该正则表达式包含两个分组。在 while 循环之前，通过 Matcher 对象调用实例方法 groupCount，可以获取分组数 2。

在 while 语句的条件表达式中，通过 Matcher 对象调用实例方法 find，该方法将指定模式"([abc](at))"与给定字符串"bat cat eat fat"进行模式匹配。本例共有两次成功的模式匹配。每次模式匹配成功时，都会在 for 循环中通过调用实例方法 group(i)捕获并输出分组 i 对应的字符子序列。

注意：

1. 从左向右依据左括号的次序，可以对正则表达式中的分组从 1 开始进行编号。此外，整个正则表达式还对应一个编号为 0 的分组。即使正则表达式中不出现任何左右圆括号对，整个正则表达式也会对应这个编号为 0 的分组。

2. 整个正则表达式对应的编号为 0 的分组，并不会被实例方法 groupCount 计算在内，所以，本例中输出的分组数是 2，而不是 3。

3. 就本例每次成功的模式匹配而言，代码"matcher.group()"和"matcher.group(0)"是等价的，前者表示整个正则表达式对应的字符子序列，后者表示分组 0 对应的字符子序列。

【例 15-4】 基于分组的模式匹配之二。Java 程序代码如下：

```
import java.util.regex.Pattern;
import java.util.regex.Matcher;

public class GroupIdno {
    public static void main(String[] args) {
        Pattern pattern = Pattern.compile ("\\d{6}(\\d{4})\\d{7}[\\dX]");
        Matcher matcher = pattern.matcher ("51022719960106011X");

        boolean found = false;

        while (matcher.find()) {
```

```
            System.out.println (" Found the text \"" + matcher.group()
                + " \" starting at index " + matcher.start()
                + "and ending at index " + matcher.end());
            System.out.println (" \tIn Group 1, found the Year \""
                + matcher.group(1) + " \"" );
            found = true;
        }
        if (! found)
            System.out.println (" No match found..." );
    }
}
```

程序运行结果如下：

```
Found the text " 51022719960106011X" starting at index 0 and ending at index 18
    In Group 1, found the Year " 1996"
```

在本例中，给定字符串"51022719960106011X" 具有身份证号码的基本特征：包括 18 个字符，其中前 17 个字符是数字字符，最后 1 个字符是数字字符或大写字母 X。指定模式对应的正则表达式"\\d{6}(\\d{4})\\d{7}[\\dX]" 则描述了身份证号码的基本特征，其中编号为 1 的分组"(\\d{4})"对应身份证号码中从第 7 个字符开始，连续用 4 个数字字符表示的"年份"。这样，当模式匹配成功时，可以通过调用实例方法 group(1)捕获并输出身份证号码中的"年份"。

在正则表达式中使用左右圆括号对不仅可以分组，而且可以"记忆"和"存储"每个分组对应的字符序列以便重新使用，从而实现反向引用(Backreferences)的功能。反向引用的典型应用之一是调用 Matcher 类的 replaceAll 方法进行日期格式转换，如将" 2017－05－07" 转换为" 05/07/2017"。

【例 15－5】 反向引用举例——日期格式转换。Java 程序代码如下：

```
import java.util.regex.Pattern;
import java.util.regex.Matcher;

public class Backreferences {
    public static void main(String [ ] args) {
        String source = " 2017-05-07";
        String regex = " (\\d{4})-(\\d{2})-(\\d{2})";
        String replacementText = " $2/$3/$1";
        Pattern pattern = Pattern.compile(regex);
        Matcher matcher = pattern.matcher(source);

        String formattedSource = matcher.replaceAll(replacementText);
        System.out.println (" 新格式的日期为：" + formattedSource);
    }
```

```
}
```

程序运行结果如下：

新格式的日期为:05/07/2017

在本例中,给定的字符串"2017-05-07"遵循"年-月-日"的格式,正则表达式"(\\d{4})-(\\d{2})-(\\d{2})"则包含3个分组——分组1、分组2和分组3依次对应给定字符串"2017-05-07"中的年(2017)、月(05)和日(07)。

在替换文本"$2/$3/$1"中,"$2""$3"和"$1"依次表示分组2、分组3和分组1在给定字符串"2017-05-07"中所捕获的月(05)、日(07)和年(2017)。通过Matcher对象调用replaceAll方法,即可使用字符串"05/07/2017"替换给定字符串中与指定模式匹配的字符序列(给定字符串"2017-05-07"),并返回替换后的字符串"05/07/2017"。

注意:在替换文本"$2/$3/$1"中,斜杠符(/)表示斜杠本意,并没有特殊的含义或作用。

15.7 边界匹配符

在正则表达式中使用边界匹配符(Boundary Matchers),可以明确地指定模式匹配的开始或终止。表15-6列出了常用的边界匹配符及其含义和用法。

表15-6 常用的边界匹配符及其含义和用法

边界匹配符	含义和用法
^	一行字符串的开始
$	一行字符串的结尾
\b	单词边界,即单词的开始以及结尾
\B	非单词边界

注意:

1. 在表15-6中,"单词"并非仅指英文单词,而是指可以作为标识符(Identifiers)的"单词"。在"单词"中允许出现数字字符、大写字母、下画线或小写字母。

2. 与"\d""\D""\w""\W""\s"和"\S"等预定义字符类似,在正则表达式中设置边界的"\b"和"\B"是以反斜线(\)开头的转义结构。在Java程序中,还需要在对应的转义结构之前再加一个反斜线(\)。

如果将【例15-2】main方法中的前两条语句替换为如下两条语句：

```
Pattern pattern = Pattern.compile ("\\b[bc]at\\b");
Matcher matcher = pattern.matcher ("at_bat cat,cat0s:eat.heat");
```

则与正则表达式"\\b[bc]at\\b"匹配的字符串只能是独立的单词"bat"或"cat",而且单词"bat"或"cat"的前面以及后面不能是数字字符、大写字母、下划线或小写字母,但可以是空格、逗号、冒号、句号等其他字符。另外,给定字符串"at_bat cat,cat0s:eat.heat"中的单词有"at_bat""cat""cat0s""eat"和"heat",其中只有单词"cat"与正则表达式"\\b[bc]at\\b"匹配。

此时程序运行结果如下：

```
Found the text "cat" starting at index 7 and ending at index 10
```

【例 15-6】 在正则表达式中设置边界。Java 程序代码如下：

```
import java.util.regex.Pattern;
import java.util.regex.Matcher;
import java.text.SimpleDateFormat;
import java.util.Date;

public class CalculateAge {
    public static void main(String [ ] args) {
        String idnoRegex = "^\\d{6}(\\d{4})\\d{7}[\\dX] $";
        String idno = " 51022720000507011X";

        Pattern pattern = Pattern.compile(idnoRegex);
        Matcher matcher = pattern.matcher(idno);

        if (matcher.find()) {
            String birthYear = matcher.group(1);
            SimpleDateFormat timeFormat = new SimpleDateFormat ("yyyy" );
            Date today = new Date();
            String todayYear = timeFormat.format(today);
            int age = Integer.parseInt(todayYear)- Integer.parseInt(birthYear);
            System.out.println (" 身份证号码基本正确！根据该身份证号码计算的
年龄是" + age);
        }
        else
            System.out.println (" 身份证号码拼写有错!" );
    }
}
```

在本例中，给定字符串"51022720000507011X" 具有身份证号码的基本特征：包括 18 个字符，并且前 17 个字符是数字字符，最后 1 个字符是数字字符或大写字母 X。而指定模式对应的正则表达式"^\\d{6}(\\d{4})\\d{7}[\\dX] $" 则以另一种方式描述了身份证号码的基本特征——所匹配的字符串必须以 6 个数字字符开始，接着是编号为 1，其中包含 4 个数字字符的分组，再接着是 7 个数字字符，最后必须以 1 个数字字符或大写字母 X 结尾，恰好 18 个字符。

这样，当模式匹配成功(find 方法返回 true)时，if 语句的条件成立，此时可以通过 Matcher 对象调用实例方法 group(1)捕获身份证号码中的“年份”，并进一步计算年龄。当模式匹配失败时，会报错。

注意：调用构造方法创建 SimpleDateFormat 对象时，以实参形式指定了日期和时间数据的模式字符串"yyyy"，这样通过代码"timeFormat. format(today)"即可获取字符串形式的当前年份 todayYear。

15.8 元字符

在之前的字符类、量词、预定义字符、分组以及边界匹配符中，使用了一些起着特殊作用的元字符(Metacharacters)。这些元字符能够影响模式匹配的工作方式。表 15-7 列出了常用的元字符及其使用场合。

表 15-7　常用的元字符及其使用场合

元字符	使用场合
[ ] ^—	字符类，例如"[^abc]""[0—9]"
? * + , { }	量词，例如"a?""a * ""a + ""a{3}""a{3,}""a{3,5}"
. \	预定义字符，例如"."" \d"" \w"
()	分组，例如"((a)(bc))"
^ $ \	设置边界，例如"\b[bc]at\b""^\d{17}[\dX] $ "

为了在正则表达式中将一个元字符作为普通字符并使之参与模式匹配，可以采用以下两种方法之一：

1. 在该元字符之前添加一个反斜线(\)；

2. 将该元字符放在"\Q"和"\E"之间。

如果将【例 15-2】main 方法中的前两条语句替换为如下两条语句：

```
Pattern pattern = Pattern.compile (" \\.(.) * \\Q? \\E" );
Matcher matcher = pattern.matcher (" A.bat? is flying." );
```

则匹配正则表达式"\\.(.) * \\Q? \\E"的字符串具有如下特征：第 1 个字符是句号(.)，最后一个字符是问号(?)，中间可以是零个、一个或多个任意字符。

此时程序运行结果如下：

```
Found the text " .bat?" starting at index 1 and ending at index 6
```

注意：与"\d""\D""\w""\W""\s"和"\S"等预定义字符类似，正则表达式"\\.(.) * \\Q? \\E"中的"\."和"\Q"以及"\E"是以反斜线(\)开头的转义结构。在 Java 程序中，还需要在对应的转义结构之前再加一个反斜线(\)。

15.9 在 String 类的方法中应用正则表达式

除 Pattern 和 Matcher 类外，在 String 类的如下 3 个方法中也可以应用正则表达式。

1. public boolean matches(String regex)。将正则表达式 regex 与给定字符串进行模式匹配，如果匹配成功，则返回 true；否则，返回 false。例如：

```
    String idno = "51022720000507011X";
    String idnoRegex = "\\d{17}[\\dX]";

    if (idno.matches(idnoRegex)) {
      ……
    }
```

2. public String replaceAll(String regex,String replacement)。将字符串中与正则表达式 regex 匹配的每个子序列替换为给定的字符串 replacement,并返回新生成的字符串。

3. public String [ ] split(String regex)。以与正则表达式 regex 匹配的字符序列为分隔符,将整个字符串分割为若干子串,并将这些子串保存在一个数组,最后返回该字符串数组。

【例 15-7】 使用 String 类的实例方法 matches 检验身份证号码的合规性,并根据身份证号码计算年龄。Java 程序代码如下:

```
import java.text.SimpleDateFormat;
import java.util.Date;

public class CalculateAgeString {
    public static void main(String [ ] args) {
        String idnoRegex = "^\\d{17}[\\dX]$";
        String idno = "51022720000507011X";

        if (idno.matches(idnoRegex)) {
            String birthYear = idno.substring(6, 10);
            SimpleDateFormat timeFormat = new SimpleDateFormat ("yyyy");
            String todayYear = timeFormat.format(new Date());
            int age = Integer.parseInt(todayYear) - Integer.parseInt(birthYear);
            System.out.println ("身份证号码基本正确！根据该身份证号码计算的
年龄是" + age);
        }
        else
            System.out.println ("身份证号码拼写有错!");
    }
}
```

与【例 15-6】一样,本例实现了检验身份证号码合规性并根据身份证号码计算年龄的功能,与【例 15-6】的解题思路和程序流程也基本一样,但本例没有使用 Pattern 和 Matcher 类及其任何方法,而是使用 String 类的实例方法 matches 进行模式匹配。

由于没有使用 Matcher 类及其任何方法,也就无法通过 Matcher 对象调用实例方法 group(1)捕获身份证号码中的"年份",但可以通过 String 对象 idno 调用实例方法 substring(6,10)获取身份证号码中的"年份",同样可以根据身份证号码计算年龄。为此,在正则表达式"\\d{17}[\\dX]"中也没有使用左右圆括号对标注分组。

15.10 模式匹配中的异常处理

在运行与模式匹配有关的 Java 程序时，可能会发生 PatternSyntaxException、IndexOutOfBoundsException 等运行时异常。

如果将【例 15－2】main 方法中的前两条语句替换为如下两条语句：

```
Pattern pattern = Pattern.compile ("^\\d{6}\\d{4})\\d{7}[\\dX]$");
Matcher matcher = pattern.matcher ("51022720000507011X");
```

则由于在正则表达式中将"(\\d{4})"错写为"\\d{4})"，因此此时运行程序就会发生如下异常：

```
Exception in thread "main" java.util.regex.PatternSyntaxException:
    Unmatched closing ')' near index 10 ^\d{6}\d{4})\d{7}[\dX]$
```

这个 PatternSyntaxException 异常是由于正则表达式拼写错误导致的。只要正确地拼写正则表达式，这个 PatternSyntaxException 异常在程序运行时是不会发生的。

如果在【例 15－6】main 方法中使用如下语句：

```
birthYear = matcher.group(2);
```

则由于在正则表达式"^\\d{6}(\\d{4})\\d{7}[\\dX]$"中不存在分组 2，因此此时运行程序就会发生如下异常：

```
Exception in thread "main" java.lang.IndexOutOfBoundsException: No group 2
```

这个 IndexOutOfBoundsException 异常是由于在调用方法 group 时错误地使用了参数 2 而导致的。只要使用正确的参数 1，这个 IndexOutOfBoundsException 异常在程序运行时也是不会发生的。

15.11 在模式匹配中处理汉字

Java 语言的正则表达式及模式匹配功能不仅可以应用于英文字符，而且可以应用于中文字符(包括汉字和全角标点符号)。但在正则表达式中不能直接出现中文字符，只能使用中文字符的 Unicode 编码。Unicode 编码的格式是 uXXXX，其中每个 X 表示一个十六进制数字字符。

【例 15－8】 删除字符串中的所有空格(包括半角空格和全角空格)。Java 程序代码如下：

```
import java.util.regex.Matcher;
import java.util.regex.Pattern;

public class AllTrim {
```

```
    public static void main(String [ ] args) {
        String str = " 删除 字符串　中的所有空格";
        System.out.println (" 删 除 空 格 前:" + str);

        // 首先,删除半角空格
        Pattern pattern1 = Pattern.compile (" \\s" );
        Matcher matcher = pattern1.matcher(str);
        str = matcher.replaceAll ("  " );
        System.out.println (" 删除半角空格后:" + str);

        // 然后,删除全角空格
        Pattern pattern2 = Pattern.compile (" \u3000" );
        matcher.usePattern(pattern2);
        matcher.reset(str);
        str = matcher.replaceAll ("  " );
        System.out.println (" 删除全角空格后:" + str);
    }
}
```

程序运行结果如下:

```
删除空格前:删除字符串中的所有空格
删除半角空格后:删除字符串中的所有空格
删除全角空格后:删除字符串中的所有空格
```

在字符串"删除字符串中的所有空格"中,第 1 个空格是半角空格,第 2 个空格是全角空格。在 Java 语言的正则表达式中,半角空格可以用预定义字符"\s"表示,而全角空格的 Unicode 编码是 u3000。此外,在 Java 程序中拼写正则表达式时,还需要在预定义字符"\s"和 Unicode 编码 u3000 前再各加一个反斜线(\)。

注意:在本例中,只有一个 Matcher 对象 matcher,但有两个 Pattern 对象——pattern1 和 pattern2。通过同一个 Matcher 对象 matcher 调用 usePattern 方法(如 matcher. usePattern (pattern2)),可以重新设置匹配器所使用的模式,这样能够在以后的匹配过程中使用该新模式。类似地,通过同一个 Matcher 对象 matcher 调用 reset 方法(如 matcher. reset(str)),可以重新设置匹配器所使用的字符序列,这样能够在以后的匹配过程中使用该新字符序列。

第 16 章　数据输出输入

在实际应用中，经常需要向磁盘文件写入数据（数据输出），或从磁盘文件读取数据（数据输入）。为此，Java API 提供了专门的 public 类，以便有效地进行数据输出输入。

16.1　File 类：文件与目录的基本操作

File 类位于 java.io 包，用于完成对文件或目录的基本操作。在 Java 语言中，目录(Directory)对应于 Windows 系统中的文件夹及其从逻辑硬盘开始的绝对路径。

在创建 File 对象时，主要调用以下构造器：

publicFile(String pathname)。该构造器使用指向 String 对象的引用变量 pathname 作为参数创建 File 对象。例如：

```
String fileName = "e:/Java/file.txt";
File f = new File(fileName);
```

上述第 1 条语句将引用变量 fileName 指向新创建的 String 对象，第 2 条语句使用引用变量 fileName 作为参数创建 File 对象，并将引用变量 f 指向新创建的 File 对象。

上述两条语句也可以合写为以下一条语句：

```
File f = new File ("e:/Java/file.txt" );
```

表 16－1 列出了 File 类中常用的实例方法及其功能和用法。

表 16－1　File 类中常用的实例方法及其功能和用法

实例方法	功能和用法
public boolean exists()	测试 File 对象是否存在。如果存在，则返回 true；否则，返回 false
public boolean canRead()	测试 File 对象是否可读。如果可读，则返回 true；否则，返回 false
public boolean canWrite()	测试 File 对象是否可写。如果可写，则返回 true；否则，返回 false
public boolean isFile()	测试 File 对象是否是文件。如果是文件，则返回 true；否则，返回 false
public boolean isDirectory()	测试 File 对象是否是目录。如果是目录，则返回 true；否则，返回 false
public boolean isAbsolute()	测试 File 对象是否使用绝对路径。如果使用绝对路径，则返回 true；否则，返回 false

【例 16－1】　验证表 16－1 中 File 类的实例方法及其功能和用法。Java 程序代码如下：

```
import java.io.File;
```

```
public class FileDemo {
  public static void main(String [ ] args) {
      String fileName = "d:/abc.txt";
      File f = new File(fileName);

      if (f.exists()) {// 测试 File 对象所表示的文件或目录是否存在
        System.out.println (" Attributes of " + fileName);
        System.out.println (" Can read: " + f.canRead());  // 测试是否可读
        System.out.println (" Can write: " + f.canWrite());  // 测试是否可写
        System.out.println (" Is file: " + f.isFile());  // 测试是否是文件
        System.out.println (" Is directory: " + f.isDirectory());  // 测试是否是目录
        System.out.println (" Is absolute path: " + f.isAbsolute());  // 测试是否使用绝对路径
     }
     else
        System.out.println(fileName + "does not exist!" );
     }
}
```

注意：在 Java 语言中，File 对象既可以表示文件，又可以表示目录。

16.2　输出流/输入流与其相关类

在 Java 语言中，输出流/输入流分别代表输出目的地(Output Destination)和输入源(Input Source)，而输出目的地和输入源通常是磁盘文件，但也可以是输出/输入设备、程序或内存数组。

在 Java 程序中，使用输出流(Output Stream)向输出目的地写入(Write)数据，使用输入流(Input Stream)从输入源读取(Read)数据。

根据数据的读写模式，输出流/输入流又分为字节流(Byte Stream)和字符流(Character Stream)。字节流以 8 bits 的字节为单位输出/输入原始的二进制数据。字符流以 16 bits 的字符为单位输出/输入 Unicode 编码的数据。

图 16-1 列举了与输出流/输入流相关的部分类以及它们之间的继承关系。

对于字节流，有 OutputStream 和 InputStream 两个抽象超类。其余字节流类都是这两个抽象超类的子类。OutputStream 子类名以 OutputStream 结尾，如 FileOutputStream 和 ObjectOutputStream，以表明属于字节输出流。InputStream 子类名以 InputStream 结尾，如 FileInputStream 和 ObjectInputStream，以表明属于字节输入流。

对于字符流，有 Writer 和 Reader 两个抽象超类。其余字符流类都是这两个抽象超类的子类。Writer 子类名以 Writer 结尾，如 BufferedWriter、OutputStreamWriter 和 FileWriter，以表明属于字符输出流。Reader 子类名以 Reader 结尾，如 BufferedReader、InputStreamReader 和 FileReader，以表明属于字符输入流。

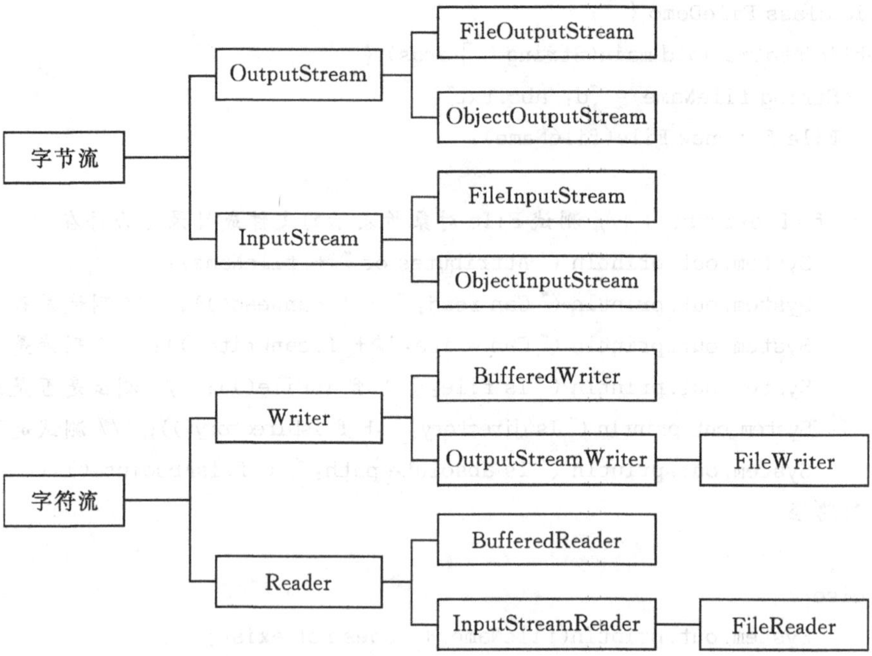

图 16－1　与输出流/输入流相关的部分类

FileOutputStream 类和 FileWriter 类可以处理以磁盘文件为输出目的地的数据流，FileInputStream 类和 FileReader 类可以处理以磁盘文件为输入源的数据流。

注意：虽然 OutputStreamWriter 类名包含 OutputStream，但却是 Writer 的子类，属于字符输出流；虽然 InputStreamReader 类名包含 InputStream，但却是 Reader 的子类，属于字符输入流。

在数据输出和数据输入的过程中，可能会发生一些异常。为了捕捉和处理相关异常，Java API 提供了一些 public 类。图 16－2 列举了与输出流/输入流有关的常见异常类以及它们之间的继承关系。

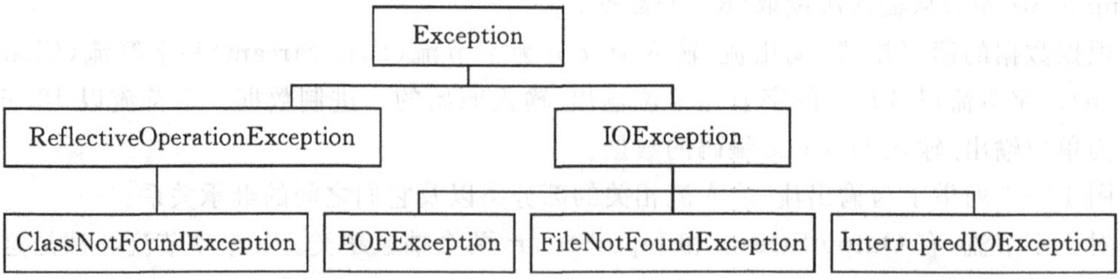

图 16－2　与输出流/输入流有关的常见异常类以及它们之间的继承关系

表 16－2 列出了与输出流/输入流有关的常见异常类及其说明。

表 16－2　与输出流/输入流有关的常见异常类及其说明

异常类	说明
ClassNotFoundException	不能将从对象输入流读取的数据转换为正确类型的对象数据
EOFException	到达输入流或文件的末尾
FileNotFoundException	找不到指定文件，通常由 FileOutputStream 类和 FileInputStream 类的构造器抛出
InterruptedIOException	输出/输入操作被中断

注意：在表 16－2 中，除 ClassNotFoundException 类位于 java. lang 包外，与输出流/输入流有关的其他异常类均位于 java. io 包。

16.3　文件输出流/文件输入流

文件输出流以磁盘文件为输出目的地。对应地，文件输入流以磁盘文件为输入源。

文件输出流/文件输入流中的数据，是基于仅包含 8 个二进制位的字节，即以字节为单位进行数据的输出和输入。因此，文件输出流/文件输入流属于字节流。

通过 FileOutputStream 类实现文件输出流，通过 FileInputStream 类实现文件输入流。FileOutputStream 类和 FileInputStream 类均位于 java. io 包。

16.3.1　FileOutputStream 类

使用 FileOutputStream 类，可以向磁盘文件写入字节数据。

在创建 FileOutputStream 对象时，可以调用以下重载的构造器。

1. public FileOutputStream(String fileName) throws FileNotFoundException。该构造器使用指向 String 对象的引用变量 fileName 作为参数创建 FileOutputStream 对象。例如：

```
FileOutputStream fos = new FileOutputStream ("d:/abc.txt");
```

2. public FileOutputStream(File file) throws FileNotFoundException。该构造器使用指向 File 对象的引用变量 file 作为参数创建 FileOutputStream 对象。例如：

```
File file = new File ("d:/abc.txt");
FileOutputStream fos = new FileOutputStream(file);
```

注意：

1. 无论调用哪一种构造器创建 FileOutputStream 对象，都要将该 FileOutputStream 对象与一个磁盘文件关联起来。

2. 如果与 FileOutputStream 对象关联的不是一个磁盘文件，或者由于读写权限限制不能在磁盘上创建文件，那么在创建 FileOutputStream 对象时将发生 FileNotFoundException 异常。

表 16－3 列出了 FileOutputStream 类中常用的实例方法及其功能和用法。

表 16 - 3　FileOutputStream 类中常用的实例方法及其功能和用法

实例方法	功能和用法
public void write(int b) throws IOException	舍掉 int 型整数 b 中的高 24 位，而只将低 8 位写入文件
public void write(byte [ ] b, int off, int len) throws IOException	将 byte 型数组 b 中从偏移量 off 开始的 len 个字节一次性写入文件
public void write(byte [ ] b) throws IOException	将 byte 型数组 b 中的 b. length 个字节一次性写入文件。相当于 write(b,0,b. length)
public void close() throws IOException	关闭文件输出流并释放其占用的资源

注意：在调用上述 write 方法向文件输出流写入字节数据或调用 close 方法关闭文件输出流时，均可能发生 IOException 异常。

【例 16 - 2】 向磁盘文件写入自动生成的小写字母表。Java 程序代码如下：

```
import java.io.File;
import java.io.FileOutputStream;
import java.io.IOException;

public class FileOutputStreamDemo {
    public static void main(String [ ] args) throws IOException {
        byte [ ] b = new byte[26];
        // 自动生成小写字母表，并将字母表存入 byte 型数组 b
        for (int i = 0; i < 26; i ++)
            b[i] = (byte) ('a' + i);

        File file = new File ("d:/abc.txt");
        // 使用指向 File 对象的引用变量 file 作为参数创建 FileOutputStream 对象
        // 可能发生 FileNotFoundException 异常
        FileOutputStream fos = new FileOutputStream(file);

        fos.write(b);  // 将 byte 型数组 b 中的字母表一次性写入文件，可能发生
IOException 异常
        fos.close();  // 关闭文件输出流，可能发生 IOException 异常
        System.out.println (" 字母表成功写入文件！ 文件正常关闭！");
    }
}
```

注意：在 main 方法中，执行多条语句可能发生 FileNotFoundException 异常或 IOException 异常。由于 FileNotFoundException 异常和 IOException 异常都属于被检查异常，而且 FileNotFoundException 是 IOException 的子类，因此可以在定义 main 方法时使用 throws 子句说明调用 main 方法可能发生 IOException 异常（而无需再标明 FileNotFoundException 异常），这样 Java 源程序即可通过编译。

16.3.2　FileInputStream 类

使用 FileInputStream 类，可以从磁盘文件读取字节数据。

在创建 FileInputStream 对象时，可以调用以下重载的构造器。

1. public FileInputStream(String fileName) throws FileNotFoundException。该构造器使用指向 String 对象的引用变量 fileName 作为参数创建 FileInputStream 对象。例如：

```
FileInputStream fis = new FileInputStream ("d:/abc.txt");
```

2. public FileInputStream(File file) throws FileNotFoundException。该构造器使用指向 File 对象的引用变量 file 作为参数创建 FileInputStream 对象。例如：

```
File file = new File ("d:/abc.txt");
FileInputStream fis = new FileInputStream(file);
```

注意：

1. 与 FileOutputStream 类及其构造器的用法类似，无论调用哪一种构造器创建 FileInputStream 对象，都要将该 FileInputStream 对象与一个磁盘文件关联起来。

2. 如果与 FileInputStream 对象关联的不是一个磁盘文件而是一个目录，或者磁盘文件不存在，或者由于读写权限限制不能从磁盘文件读取数据，那么在创建 FileInputStream 对象时将发生 FileNotFoundException 异常。

表 16－4 列出了 FileInputStream 类中常用的实例方法及其功能和用法。

表 16－4　FileInputStream 类中常用的实例方法及其功能和用法

实例方法	功能和用法
public int available() throws IOException	返回还可以从文件读取的剩余字节数
public int read() throws IOException	从文件读取一个字节的数据，返回值是高 24 位补 0 的 int 型整数。如果到达输入流的末尾，则返回值为－1
public int read(byte [ ] b, int off, int len) throws IOException	从文件最多读取 len 个字节数据，并从偏移量 off 开始依次存储到 byte 型数组 b 中，返回值是实际读取的字节数。如果到达输入流的末尾，则返回值为－1
public int read(byte [ ] b) throws IOException	以字节为单位从文件读取数据，并依次存储到 byte 型数组 b 中，返回值是实际读取的字节数。相当于 read(b,0,b.length)
public void close() throws IOException	关闭文件输入流并释放其占用的资源

注意：在调用上述 read 方法从文件输入流读取字节数据或调用 close 方法关闭文件输入流时，均可能发生 IOException 异常。

【例 16－3】　从磁盘文件读取小写字母表。Java 程序代码如下：

```
import java.io.FileInputStream;
import java.io.FileNotFoundException;
```

```
import java.io.IOException;

public class FileInputStreamDemo {
    public static void main(String [] args) {
        FileInputStream fis = null;
        try {
            // 使用 String 对象作为参数创建 FileInputStream 对象
            // 可能发生 FileNotFoundException 异常
            fis = new FileInputStream ("d:/abc.txt");
            System.out.println (" 从文件读取的字节数据如下:");

            int byteData;
            // 每次读取一个字节数据,可能发生 IOException 异常
            while ((byteData = fis.read()) != -1)
                System.out.print((char) byteData);

            System.out.println ("\n 读取数据成功!");
        } catch (FileNotFoundException e) {
            System.out.println (" 没有发现指定文件!   " + e);
        } catch (IOException e) {
            System.out.println (" 从文件中读取数据失败!   " + e);
        } finally {  // 该 finally 语句块对应上面的 try 语句块
            if (fis != null) {
                try {  // 在 finally 语句块中嵌套的 try 语句块
                    fis.close();  // 关闭文件输入流,可能发生 IOException 异常
                } catch (IOException e) {
                    System.out.println (" 关闭文件输入流失败!   " + e);
                }
            }
        }
    }
}
```

注意:

1. 在 main 方法中,执行多条语句可能发生 FileNotFoundException 异常或 IOException 异常。由于 FileNotFoundException 异常和 IOException 异常都属于被检查异常,因此可以使用 try 语句块对可能发生的 FileNotFoundException 异常和 IOException 异常进行监测和捕捉,这样 Java 源程序即可通过编译。

2. 本例中的 finally 语句块对应其前面的 try 语句块,但在该 finally 语句块中又嵌套了另

一个 try 语句块，以监测和捕捉调用 close 方法可能发生的 IOException 异常。

3. 一般情况下，调用方法 read()可以从文件读取一个字节的数据，返回值是高 24 位补 0 的 int 型整数。但如果到达输入流的末尾，则方法 read()的返回值为－1。因此，使用布尔表达式"(byteData = fis.read())！= －1"既可以从文件读取字节数据，又可以判断是否到达输入流的末尾。

4. 本例练习需要使用前例练习生成的数据文件，因此，必须首先完成前例练习，然后进行本例练习，否则无法得到正确的程序运行结果。

16.3.3　带资源的 try 语句

在 Java 程序中，经常需要访问和使用文件和数据库等资源。

自 Java SE 7 起，这些资源类(包括所有的输出流/输入流类)都实现了 java.lang.AutoCloseable 接口。这样，在 try 语句中可以申请多个资源，而在使用这些资源之后由系统自动关闭并释放这些资源。这种 try 语句也被称为带资源的 try 语句(Try-With-Resources Statement)。

【例 16－4】　使用带资源的 try 语句改写前例。Java 程序代码如下：

```
import java.io.FileInputStream;
import java.io.FileNotFoundException;
import java.io.IOException;

public class TryWithResources {
    public static void main(String [ ] args) {
        // 在执行 try 语句块之前创建 FileInputStream 对象(申请资源)
        try (FileInputStream fis = new FileInputStream ("d:/abc.txt" )) {
          // 开始执行 try 语句块
          System.out.println (" 从文件读取的字节数据如下:" );

          int byteData;
          while ((byteData = fis.read()) ! = -1)
            System.out.print((char) byteData);

          System.out.println (" \n 读取数据成功!" );
        } catch (FileNotFoundException e) {
          System.out.println (" 没有发现指定文件!   " + e);
        } catch (IOException e) {
          System.out.println (" 从文件中读取数据失败!   " + e);
        }
        // try 语句块正常结束或执行一个 catch 语句块之后，自动调用 close 方法关
闭文件输入流
    }
}
```

在本例中，由于使用带资源的 try 语句，因此虽然没有明确调用 close 方法以关闭文件输入流，但在 try 语句块中没有发生异常且 try 语句块正常结束，或在 try 语句块中发生异常且执行一个 catch 语句块后，系统会自动调用 close 方法关闭文件输入流并释放输入流占用的资源。

注意：在 try 语句中申请资源时，需要为每一项资源创建相应的对象，但在创建最后一个资源对象的语句后面可以省略分号，例如本例的“try (FileInputStream fis = new FileInputStream ("d:/abc.txt"))”。

16.4 对象输出流/对象输入流

对象输出流/对象输入流属于字节流。此外，对象输出流/对象输入流中的数据主要是基于对象的数据，也可以是基本类型的数据。

在 Java 语言中，通过 ObjectOutputStream 类实现对象输出流，通过 ObjectInputStream 类实现对象输入流。

ObjectOutputStream 类和 ObjectInputStream 类均位于 java.io 包。

16.4.1 ObjectOutputStream 类

使用 ObjectOutputStream 类，可以向输出流写入基于对象的数据，也可以写入基本类型的数据。

在使用构造器创建 ObjectOutputStream 对象时，需要一个指向 FileOutputStream 对象的引用变量作为参数，以指定输出目的地。例如：

```
FileOutputStream fos = new FileOutputStream ("d:/ObjectStream.dat" );
ObjectOutputStream oos = new ObjectOutputStream(fos);
```

上述第 1 条语句将引用变量 fos 指向新创建的 FileOutputStream 对象，第 2 条语句使用引用变量 fos 作为参数创建 ObjectOutputStream 对象。

注意：对象输出流仅负责向输出流写入基于对象和基本类型的数据，而文件输出流能够将磁盘文件指定为具体的输出目的地。只有将两者结合起来才能最终将基于对象和基本类型的数据写入磁盘文件。

表 16-5 列出了 ObjectOutputStream 类中常用的实例方法及其功能和用法。

表 16-5 ObjectOutputStream 类中常用的实例方法及其功能和用法

实例方法	功能和用法
public final void writeObject(Object obj) throws IOException	输出基于对象的数据
public void writeByte(int v) throws IOException	按 byte 型整数格式将 v 值以单字节形式输出
public void writeShort(int v) throws IOException	按 short 型整数格式将 v 值以双字节形式输出
public void writeInt(int v) throws IOException	按 int 型整数格式将 v 值以 4 字节形式输出
public void writeLong(long v) throws IOException	按 long 型整数格式将 v 值以 8 字节形式输出
public void writeFloat(float v) throws IOException	按 float 型浮点数格式将 v 值以 4 字节形式输出

续表

实例方法	功能和用法
public void writeDouble(double v) throws IOException	按 double 型浮点数格式将 v 值以 8 字节形式输出
public void writeChar(int v) throws IOException	按 char 型字符数据格式将 v 值以双字节形式输出
public void writeBoolean(boolean v) throws IOException	以单字节形式输出。如果 v 值为 true,则输出 1;否则,输出 0
public void close() throws IOException	关闭对象输出流并释放其占用的资源

注意:在调用上述 writeXXX 方法向对象输出流写入数据或调用 close 方法关闭对象输出流时,均可能发生 IOException 异常。

【例 16－5】 将基于对象和基本类型的数据写入磁盘文件。Java 程序代码如下:

```
import java.io.*;
import java.util.Date;

public class ObjectOutputStreamDemo {
    public static void main(String [ ] args) {
        // 在执行 try 语句块之前申请两个资源
        // 即依次创建 FileOutputStream 对象和 ObjectOutputStream 对象
        try (FileOutputStream fos = new FileOutputStream ("d:/ObjectStream.dat");
                ObjectOutputStream oos = new ObjectOutputStream(fos)) {
            oos.writeObject ("字符串数据");  // 写入 String 对象数据
            oos.writeObject(new Date());      // 写入 Date 对象数据
            oos.writeInt(1234);               // 写入基本类型的 int 型数据
            oos.writeFloat(12.34f);           // 写入基本类型的 double 型数据
            System.out.println ("对象和基本类型的数据成功写入磁盘文件!");
        } catch (FileNotFoundException e) {
            System.out.println ("没有发现指定文件!  " + e);
        } catch (IOException e) {
            System.out.println ("从文件中读取数据失败!  " + e);
        }
        // try 语句块正常结束或执行一个 catch 语句块之后,自动调用 close 方法依
次关闭对象输出流和文件输出流
    }
}
```

注意:

1. 在对象输出流中,写入基于对象的数据必须调用 writeObject 方法,而写入基本类型的数据则需要调用 writeByte、writeShort、writeInt 和 writeChar 等方法。

2.对象输出流并不直接向磁盘文件等输出目的地写入数据,而是间接利用文件输出流进行底层的数据写入操作。从此意义上讲,对象输出流是上层流,文件输出流是底层流。

3.本例使用带资源的 try 语句,并在执行 try 语句块之前申请两个资源,即依次创建 FileOutputStream 对象和 ObjectOutputStream 对象。当在 try 语句块中没有发生异常且 try 语句块正常结束,或在 try 语句块中发生异常且执行一个 catch 语句块后,系统会自动调用 close 方法依次关闭对象输出流和文件输出流,并释放两个输出流占用的资源。

16.4.2 ObjectInputStream 类

使用 ObjectInputStream 类,可以从输入流读取基于对象的数据,也可以读取基本类型的数据。

与创建 ObjectOutputStream 对象类似,在使用构造器创建 ObjectInputStream 对象时,需要一个指向 FileInputStream 对象的引用变量作为参数,以指定输入源。例如:

```
FileInputStream fis = new FileInputStream ("d:/ObjectStream.dat" );
ObjectInputStream ois = new ObjectInputStream(fis);
```

上述第 1 条语句将引用变量 fis 指向新创建的 FileInputStream 对象,第 2 条语句使用引用变量 fis 作为参数创建 ObjectInputStream 对象。

注意:与对象输出流和文件输出流的关系类似,对象输入流仅负责从输入流读取基于对象和基本类型的数据,而文件输入流能够将磁盘文件指定为具体的输入源。只有将两者结合起来才能最终从磁盘文件读取基于对象和基本类型的数据。

表 16-6 列出了 ObjectInputStream 类中常用的实例方法及其功能和用法。

表 16-6 ObjectInputStream 类中常用的实例方法及其功能和用法

实例方法	功能和用法
public final Object readObject() throws IOException,ClassNotFoundException	读取基于对象的数据
public byte readByte() throws IOException	读取 1 个字节,并将其转换为 byte 型整数,然后返回该值
public short readShort() throws IOException	读取 2 个字节,并将其转换为 short 型整数,然后返回该值
public int readInt() throws IOException	读取 4 个字节,并将其转换为 int 型整数,然后返回该值
public long readLong() throws IOException	读取 8 个字节,并将其转换为 long 型整数,然后返回该值
public float readFloat() throws IOException	读取 4 个字节,并将其转换为 float 型浮点数,然后返回该值
public double readDouble() throws IOException	读取 8 个字节,并将其转换为 double 型浮点数,然后返回该值
public char readChar() throws IOException	读取 2 个字节,并将其转换为 char 型字符数据,然后返回该值
public boolean readBoolean() throws IOException	读取 1 个字节,如果该字节为 0,则返回 false;否则,返回 true
public void close() throws IOException	关闭对象输入流并释放其占用的资源

注意：

1. 在调用上述 readXXX 方法从对象输入流读取基本类型的数据或调用 close 方法关闭对象输入流时，均可能发生 IOException 异常。

2. 在调用 readObject 方法从对象输入流读取基于对象的数据时，不仅可能发生 IOException 异常，而且可能发生 ClassNotFoundException 异常。但 ClassNotFoundException 类并非 IOException 类的子类。

【例 16 - 6】 从磁盘文件读取基于对象和基本类型的数据。Java 程序代码如下：

```
import java.io.*;
import java.util.Date;

public class ObjectInputStreamDemo {
    public static void main(String [ ] args) throws IOException,
ClassNotFoundException {
        try (FileInputStream fis = new FileInputStream ("d:/ObjectStream.dat");
            ObjectInputStream ois = newObjectInputStream(fis)) {
          String s = (String) ois.readObject();   // 通过引用类型转换读取 String
对象数据
          System.out.println (" String 对象数据:" + s);
          Date d = (Date) ois.readObject();   // 通过引用类型转换读取 Date 对象
数据
          System.out.println (" Date 对象数据:" + d);
          int i = ois.readInt();  // 读取 int 型数据
          System.out.println (" 基本类型的 int 型数据:" + i);
          float f = ois.readFloat();  // 读取 float 型数据
          System.out.println (" 基本类型的 float 型数据:" + f);
        }
        System.out.println (" 程序正常执行完毕!");
    }
}
```

程序运行结果如下：

```
String 对象数据:字符串数据
Date 对象数据:Mon Nov 29 19:52:09 CST 2021
基本类型的 int 型数据:1234
基本类型的 float 型数据:12.34
程序正常执行完毕!
```

注意：

1. 在对象输入流中，读取基于对象的数据必须调用 readObject 方法，而读取基本类型的数据则需要调用 readByte、readShort、readInt 和 readChar 等方法。

2. 由于 readObject 方法的返回值类型是 Object，所以在调用该方法时还必须通过引用类型转换才能最终获得相应的对象数据。

3. 在调用 readObject 方法从对象输入流读取基于对象的数据时，不仅可能发生 IOException 异常，而且可能发生 ClassNotFoundException 异常。但 ClassNotFoundException 类并非 IOException 类的子类，而且 IOException 异常和 ClassNotFoundException 异常都属于被检查异常。因此，在定义 main 方法时可以使用 throws 子句说明调用该方法可能发生 IOException 异常和 ClassNotFoundException 异常，这样 Java 源程序即可通过编译。

4. 在使用对象输入流从磁盘文件读取基于对象的数据和基本类型的数据时，必须明确各项数据的类型及其在磁盘文件中的存储顺序。

5. 对象输入流并不直接从磁盘文件等输入源读取数据，而是间接利用文件输入流进行底层的数据读取操作。从此意义上讲，对象输入流是上层流，文件输入流是底层流。

6. 本例练习需要使用前例练习生成的数据文件，因此，必须首先完成前例练习，然后进行本例练习，否则无法得到正确的程序运行结果。

通过在一个类的声明中定义引用类型的实例变量，可以实现对象的组合，进而实现在一个类的对象中包含其他类的对象。而通过对象输出流和文件输出流，可以向磁盘文件写入对象及其所包含对象的数据；通过对象输入流和文件输入流，又可以从磁盘文件读取对象及其所包含对象的数据。

【例 16－7】 在对象输出流和对象输入流中处理对象及其所包含对象的数据。Java 程序代码如下：

```
import java.io.EOFException;
import java.io.FileInputStream;
import java.io.FileOutputStream;
import java.io.IOException;
import java.io.ObjectInputStream;
import java.io.ObjectOutputStream;
import java.io.Serializable;

class Point implements Serializable {   // 必须实现 Serializable 接口
    double x, y;
    Point(double x, double y) {this.x = x;  this.y = y;}
    @Override
    public String toString() {return "center = (" + x + "," + y + ")";}
}

class Circle implements Serializable {   // 必须实现 Serializable 接口
    Point center;  // 实例变量 center 是指向 Point 对象的引用变量
    double radius;
    Circle(double x, double y, double radius) {
```

```
        center = newPoint(x, y);  // 将引用类型的实例变量 center 指向新建 Point
对象
        this.radius = radius;
    }
    @Override
    public String toString() {
        return " Circle { " + center.toString() + " radius = " + radius + " }";
    }
}

public class ObjectStreamDemo1 {
    public static void main(String [ ] args) throws IOException,
ClassNotFoundException {
        try (ObjectOutputStream oos = new ObjectOutputStream(new
FileOutputStream ("d:/objects.dat" ))) {
          Circle c1 = new Circle(0.0, 0.0, 2.0);
          oos.writeObject(c1);  // 写入 Circle 对象及其所包含 Point 对象的数据
          Circle c2 = new Circle(10.0, 10.0, 5.0);
          oos.writeObject(c2);
        }

        try (ObjectInputStream ois = new ObjectInputStream(new FileInputStream
("d:/objects.dat" ))) {
          try {
            while (true) {
              Circle c1 = (Circle) ois.readObject();  // 读取 Circle 对象及其
所包含 Point 对象的数据
              System.out.println(c1);
            }
          } catch (EOFException e) {  // 通过捕捉 EOFException 异常判断是否到达
输入流的末尾
            System.out.println (" 磁盘文件中已经没有对象数据!" );
          }
        }
    }
}
```

程序运行结果如下：

```
Circle { center = (0.0,0.0) radius = 2.0 }
```

```
Circle { center = (10.0,10.0) radius = 5.0 }
磁盘文件中已经没有对象数据!
```

在上述代码中，首先声明 Point 类；然后在 Circle 类的声明中，除定义 double 类型的实例变量 radius 外，还定义了引用类型的实例变量 center——能够指向 Point 对象的引用变量。这即是一种对象组合技术，意味着在一个 Circle 对象中又包含一个 Point 对象。

在 main 方法中执行语句“oos. writeObject(c1);”，不仅将 Circle 对象的实例变量 radius 写入输出流，而且将该 Circle 对象所包含 Point 对象的实例变量 x 和 y 也写入输出流。类似地，执行语句“Circle c1 = (Circle) ois. readObject();”，不仅从输入流读取 Circle 对象的实例变量 radius，而且从输入流读取该 Circle 对象所包含 Point 对象的实例变量 x 和 y。

当从对象输入流读取数据并到达输入流的末尾时，调用 readXXX 方法会发生 EOFException 异常。此时，可以通过监测和捕捉 EOFException 异常判断是否到达输入流的末尾，进而终止从对象输入流读取数据。

为了向对象输出流写入基于对象的数据，或者从对象输入流读取基于对象的数据，必须将对象所属类声明为 java. io. Serializable 接口的实现类。例如，本例中的 Point 类和 Circle 类都是 Serializable 接口的实现类。这样，既可以向对象输出流写入 Circle 对象及其所包含 Point 对象的数据，又可以从对象输入流读取 Circle 对象及其所包含 Point 对象的数据。

注意：

1. java. lang. String 类、java. lang. StringBuffer 类和 java. util. Date 类都是 java. io. Serializable 接口的实现类。

2. java. io. Serializable 接口是一个空接口。换言之，在 java. io. Serializable 接口中没有定义任何常量、抽象方法、默认方法以及静态方法。

16.4.3 通过数组一次性写入和读取多个对象及其数据

使用对象输出流时，可以将多个对象及其数据组织在一个数组中，然后通过该数组一次性写入其中的多个对象及其数据。相应地，使用对象输入流时，也可以一次性读取所有对象及其数据，并保存于另一个数组，然后通过遍历该数组访问其中的各个对象及其数据。

在这种情况下，数组中的对象可以属于同一个类，也可以属于具有共同超类的多个类，还可以属于实现同一接口的多个类。例如，可以将圆(Circle)、三角形(Triangle)和矩形(Rectangle)定义为图形(Graphics)接口的实现类。这样就可以将 Circle、Triangle 和 Rectangle 等图形对象及其数据组织在 Graphics 数组 gArrayOut 中，然后调用方法 writeObject(gArrayOut)将这些图形对象及其数据一次性写入对象输出流。相应地，可以调用方法 readObject()从对象输入流一次性读取所有图形对象及其数据，并保存于 Graphics 数组 gArrayIn，然后通过遍历数组 gArrayIn，访问其中的各个图形对象及其数据。

【例 16-8】 通过数组一次性写入和读取多个图形对象及其数据。Java 程序代码如下：

```
import java.io. * ;


interface Graphics {
    double getArea();
```

```
}

class Triangle implements Graphics, Serializable {
    private double a, b, c;
    public Triangle(double a, double b, double c) {
        this.a = a; this.b = b; this.c = c;
    }
    @Override
    public double getArea() {
        double s = 0.5 * (a + b + c);
        return Math.sqrt(s * (s - a) * (s - b) * (s - c));
    }
    @Override
    public String toString() {
        return "Triangle{ (" + a + "," + b + "," + c + ") = " + getArea() + " }";
    }
}

class Rectangle implements Graphics, Serializable {
    private double length, width;
    Rectangle(double l, double w) {
        length = l; width = w;
    }
    @Override
    public double getArea() {
        return length * width;
    }
    @Override
    public String toString() {
        return "Rectangle{ (" + length + "," + width + ") = " + getArea() + " }";
    }
}

public class ObjectStreamDemo2 {
    public static void main(String [ ] args) throws IOException,
ClassNotFoundException {
        // 将 Triangle 和 Rectangle 对象及其数据组织在 Graphics 数组 gArrayOut 中
        Graphics [ ] gArrayOut = {
            new Triangle(3.0, 4.0, 5.0),
```

```
            new Triangle(6.0, 7.0, 8.0),
            new Rectangle(4.0, 5.0)
        };
        try (ObjectOutputStream oos = new ObjectOutputStream(new
FileOutputStream (" graphicsObjects.dat" ))) {
        // 将数组 gArrayOut 中的所有图形对象及其数据一次性写入对象输出流
        oos.writeObject(gArrayOut);
    }

    try (ObjectInputStream ois = new ObjectInputStream(newFileInputStream
(" graphicsObjects.dat" ))) {
        // 从对象输入流一次性读取所有图形对象及其数据,并保存于数组 gArrayIn
        Graphics [ ] gArrayIn = (Graphics [ ] ) ois.readObject();
        // 通过遍历数组 gArrayIn,访问其中的 Triangle 和 Rectangle 对象及其数据
        for (Graphics g : gArrayIn)
          System.out.println(g);
        }
    }
}
```

程序运行结果如下：

```
Triangle{(3.0,4.0,5.0) = 6.0}
Triangle{(6.0,7.0,8.0) = 20.33316256758894}
Rectangle{(4.0,5.0) = 20.0}
```

在 Java 语言中，数组属于引用类型，一个数组实质上也是一个对象。在本例中，数组 gArrayOut 和 gArrayIn 就是对象。因此，可以调用方法 writeObject 将数组 gArrayOut 以及其中所有元素的数据一次性写入对象输出流。相应地，也可以调用方法 readObject 从对象输入流一次性读取所有元素的数据，并保存于数组 gArrayIn。

注意：

1. Triangle 类和 Rectangle 类既实现接口 Graphics，又实现接口 Serializable。一个类实现多个接口是 Java 语言的多继承性表现。

2. 数组 gArrayOut 和 gArrayIn 中的每个元素属于基于接口 Graphics 的引用类型，因此可以指向 Triangle 或 Rectangle 图形对象。

3. 由于调用方法 readObject 可以从对象输入流一次性读取所有图形对象及其数据并保存于数组 gArrayIn，所以不用通过监测和捕捉 EOFException 异常判断是否到达输入流的末尾。

16.4.4　对象串行化、对象持久化与对象反串行化

在前面的几个例题中，使用 ObjectOutputStream 类和 FileOutputStream 类，可以将对象

及其实例变量中的数据转换为字节序列并写入磁盘文件。将对象及其实例变量中的数据转换为字节序列的过程称为对象串行化(也称为对象序列化,Object Serialization)。而将 ObjectOutputStream 类和 FileOutputStream 类结合起来,就可通过对象输出流和文件输出流,将对象及其实例变量中的数据持久地保存于磁盘文件,从而实现对象持久化(Object Persistence)。

在需要的时候,又可以使用 ObjectInputStream 类和 FileInputStream 类从磁盘文件读取字节序列,然后利用这些字节序列生成原来的对象并恢复其实例变量中的数据。利用字节序列生成原来的对象并恢复其实例变量中的数据的过程称为对象反串行化(也称为对象反序列化,Object Deserialization)。

针对对象串行化和对象反串行化,在 Java API 中声明了 java. io. Serializable 接口。为了实现对象串行化和对象反串行化,必须将对象所属类声明为 Serializable 接口的实现类。例如,Java API 中的 java. lang. String 类和 java. util. Date 类即是 Serializable 接口的实现类,所以可以直接调用 writeObject 方法将 String 和 Date 对象及其数据写入输出流(【例 16 - 5】),也可以直接调用 readObject 方法从输入流读取 String 和 Date 对象及其数据(【例 16 - 6】)。

为了将其他类型的对象及其数据写入输出流,或者从输入流读取其他类型的对象及其数据,同样需要将这些对象所属类声明为 java. io. Serializable 接口的实现类。例如,在【例 16 - 7】和【例 16 - 8】中,首先将 Point 类、Circle 类、Triangle 类和 Rectangle 类声明为 Serializable 接口的实现类,然后再调用 writeObject 方法将这些对象及其数据写入输出流,或者调用 readObject 方法从输入流读取这些对象及其数据。

16.5　文件写入流/文件读取流

文件写入流以磁盘文件为输出目的地。对应地,文件读取流以磁盘文件为输入源。

文件写入流/文件读取流中的数据以 16 bits 的字符为单位且按照 Unicode 编码,因此,文件写入流/文件读取流属于字符流。

通过 FileWriter 类可以实现文件写入流,向磁盘文件写入字符数据;通过 FileReader 类可以实现文件读取流,从磁盘文件读取字符数据。

FileWriter 类和 FileReader 类均位于 java. io 包。

16.5.1　FileWriter 类

使用 FileWriter 类,可以向磁盘文件写入字符数据。

在创建 FileWriter 对象时,可以调用以下重载的构造器。

1. public FileWriter(String fileName) throws IOException。该构造器使用指向 String 对象的引用变量 fileName 作为参数创建 FileWriter 对象。例如:

```
FileWriter fw = new FileWriter ("d:/CharacterStream.dat" );
```

2. public FileWriter(File file) throws IOException。该构造器使用指向 File 对象的引用变量 file 作为参数创建 FileWriter 对象。例如:

```
File file = new File ("d:/CharacterStream.dat" );
```

```
FileWriter fw = new FileWriter(file);
```

表 16－7 列出了 FileWriter 类中常用的实例方法及其功能和用法。

表 16－7　FileWriter 类中常用的实例方法及其功能和用法

实例方法	功能和用法
public void write(String str) throws IOException	向磁盘文件写入字符串
public void flush() throws IOException	刷新文件写入流的缓冲
public void close() throws IOException	关闭文件写入流并释放其占用的资源,但要先刷新它

【例 16－9】 使用 FileWriter 类向磁盘文件写入字符数据。Java 程序代码如下：

```
import java.io.FileWriter;
import java.io.IOException;

public class FileWriterDemo {
  public static void main(String [ ] args) {
    // 在执行 try 语句块之前创建 FileWriter 对象(申请资源)
    try (FileWriter fw = new FileWriter ("d:/CharacterStream.dat")) {
      // 将字符串中的字符数据写入磁盘文件
      fw.write (" This is a FileWriter/FileReader example\r\n");
      fw.flush();
      fw.write (" 这是一个文件写入流/文件读取流的例子\r\n");
        fw.flush();
    } catch (IOException e) {
        System.out.println (" 向磁盘文件写入字符数据失败!  " + e);
    }
      // try 语句块正常结束或执行一个 catch 语句块之后,自动调用 close 方法关闭
文件写入流
    }
}
```

在本例中,由于使用带资源的 try 语句,因此虽然没有明确调用 close 方法以关闭文件写入流,但在 try 语句块中没有发生异常且 try 语句块正常结束时,或在 try 语句块中发生异常且执行 catch 语句块后,系统会自动调用 close 方法关闭文件写入流并释放其占用的资源。

注意：

1. 在语句“fw. write (" This is a FileWriter/FileReader example\r\n ")”中,字符串中的“\r\n”表示 Windows 系统中的换行符。

2. 如图 16－3 所示,当用记事本打开文件 CharacterStream. dat 时,可以看到其中的英文字母和汉字,这是由于 FileWriter 是一种字符输出流,而字符输出流是按照 Unicode 编码输出字符数据的。

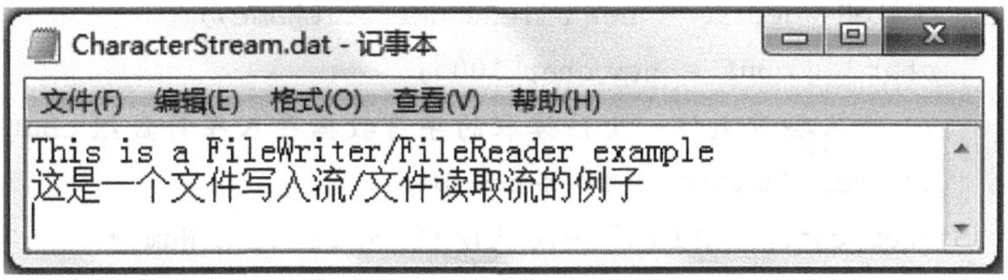

图 16－3　按照 Unicode 编码输出字符数据

16.5.2　FileReader 类

使用 FileReader 类，可以从磁盘文件读取字符数据。

在创建 FileReader 对象时，可以调用以下重载的构造器。

1. public FileReader(String fileName) throws FileNotFoundException。该构造器使用指向 String 对象的引用变量 fileName 作为参数创建 FileReader 对象。例如：

```
FileReader fr = new FileReader ("d:/CharacterStream.dat" );
```

2. public FileReader(File file) throws FileNotFoundException。该构造器使用指向 File 对象的引用变量 file 作为参数创建 FileReader 对象。例如：

```
File file = new File ("d:/CharacterStream.dat" );
FileReader fr = new FileReader(file);
```

表 16－8 列出了 FileReader 类中常用的实例方法及其功能和用法。

表 16－8　FileReader 类中常用的实例方法及其功能和用法

实例方法	功能和用法
public int read(char [ ] cbuf) throws IOException	将从磁盘文件一次性读取的字符数据存入字符数组 cbuf。返回值是一次性读取的字符数；如果已到达流的末尾，则返回－1
public int read() throws IOException	从磁盘文件读取单个字符。返回值是作为整数读取的字符；如果已到达流的末尾，则返回－1
public void close() throws IOException	关闭文件读取流并释放其占用的资源

【例 16－10】　使用 FileReader 类从磁盘文件读取字符数据。Java 程序代码如下：

```
import java.io.FileReader;
import java.io.IOException;

public class FileReaderDemo {
    public static void main(String [ ] args) throws IOException {
        String fileName = "d:/CharacterStream.dat";
```

```
        try (FileReader fr = new FileReader(fileName)) {
            char [ ] cBuf = new char[100];
            // 将从磁盘文件一次性读取的字符数据存入字符数组 cBuf
            int readCharNum = fr.read(cBuf);
          System.out.println (" 一次性读取" + readCharNum + " 个字符" );
          System.out.print(cBuf);  // 显示字符数组 cBuf 中所有字符
        }

        try (FileReader fr = new FileReader(fileName)) {
            System.out.println (" 逐个读取字符" );
            int i;
            while ((i = fr.read()) != -1)  // 从磁盘文件逐个读取字符数据
                System.out.print((char) i);  // 每次循环显示一个字符
        }
    }
}
```

程序运行结果如下：

```
一次性读取 61 个字符
This is a FileWriter/FileReader example
这是一个文件写入流/文件读取流的例子
逐个读取字符
This is a FileWriter/FileReader example
这是一个文件写入流/文件读取流的例子
```

在调用构造器创建 FileReader 对象时，可能发生 FileNotFoundException 异常；在调用 read 方法从文件读取流读取字符数据时，可能发生 IOException 异常。FileNotFoundException 异常和 IOException 异常都属于被检查异常。因此，在定义 main 方法时可以使用 throws 子句说明调用该方法可能发生 FileNotFoundException 异常和 IOException 异常；但由于 FileNotFoundException 类是 IOException 类的子类，因此可以在 throws 子句中省略 FileNotFoundException，这样 Java 源程序即可通过编译。

在本例中，由于使用带资源的 try 语句，因此虽然没有明确调用 close 方法以关闭文件读取流，但无论在 try 语句块中是否发生异常，系统都会自动调用 close 方法关闭文件读取流并释放其占用的资源。

注意：本例练习需要使用前例练习生成的数据文件。因此，必须首先完成前例练习，然后进行本例练习，否则无法得到正确的程序运行结果。

16.6 缓冲写入流/缓冲读取流

在字符输出流/字符输入流中，可以将数据暂时保存于内存缓冲区；当缓冲区中的数据累积到一定数量时，再进行内存与硬盘之间的数据交换。这样能够降低内存与硬盘之间交换数据的频率，减少数据交换总的耗时，从而提高数据的输出输入效率。此时，字符输出流称为缓冲写入流，字符输入流称为缓冲读取流。

缓冲写入流以内存缓冲区为输出目的地。对应地，缓冲读取流以内存缓冲区为输入源。

同文件写入流/文件读取流类似，缓冲写入流/缓冲读取流中的数据也以 16 bits 的字符为单位且按照 Unicode 编码。

通过 BufferedWriter 类可以实现缓冲写入流，向内存缓冲区写入字符数据；通过 BufferedReader 类可以实现缓冲读取流，从内存缓冲区读取字符数据。

BufferedWriter 类和 BufferedReader 类均位于 java.io 包。

16.6.1 BufferedWriter 类

在创建 BufferedWriter 对象时，可以使用一个指向 FileWriter 对象的引用变量作为参数，以指定磁盘文件为最终的输出目的地。例如：

```
FileWriter fw = new FileWriter ("d:/data.csv" );
BufferedWriter bw = new BufferedWriter(fw));
```

上述第 1 条语句将引用变量 fw 指向新创建的 FileWriter 对象，第 2 条语句使用引用变量 fw 作为参数创建 BufferedWriter 对象。

注意：缓冲写入流仅负责将字符数据写入输出流，而文件写入流能够将磁盘文件指定为最终的输出目的地。因此，只有将两者结合起来才能最终将字符数据写入磁盘文件。

表 16－9 列出了 BufferedWriter 类中常用的实例方法及其功能和用法。

表 16－9　BufferedWriter 类中常用的实例方法及其功能和用法

实例方法	功能和用法
public Writer append (CharSequence csq) throws IOException	将指定字符序列添加到缓冲写入流
public void write(String str) throws IOException	写入字符串
public void newLine() throws IOException	写入一个换行符
public void flush() throws IOException	刷新缓冲写入流的缓冲
public void close() throws IOException	关闭缓冲写入流并释放其占用的资源，但要先刷新它

【例 16－11】　使用 BufferedWriter 类和 FileWriter 类向磁盘文件写入字符数据。Java 程序代码如下：

```
import java.io.BufferedWriter;
import java.io.FileWriter;
import java.io.IOException;

public class BufferedWriterDemo {
    public static void main(String [ ] args) throws IOException {
```

```
        String [ ] studentNo = {"20141203101", "20141203202", "20141203303",
"20141203404"};
        String [ ] name = {"张三", "李四", "赵五", "韩六"};
        int [ ] grade = {72, 87, 91, 85};

        try (FileWriter fw = new FileWriter ("d:/data.csv");
                BufferedWriter bw = new BufferedWriter(fw)){
            for (int i = 0; i < studentNo.length; i ++){
                bw.append(studentNo[i]).append (",").append(name[i])
                    .append (",").append(Integer.toString(grade[i]));
                if (i < studentNo.length - 1)
                    bw.newLine();  //除最后一行外,每行结尾写入一个换行符
                bw.flush();
            }
        }
    }
}
```

注意:

1. 通过 BufferedWriter 类引用变量 bw 调用 append 方法时,可以使用方法链连续调用多个方法,即语句"bw.append(studentNo[i]).append (",").append(name[i]).append (",")……"。

此外,本语句实现的功能也可以使用以下 3 条语句实现:

```
String str = studentNo[i];
str = str.concat (",").concat(name[i]).concat (",")
    .concat(Integer.toString(grade[i]));
bw.write(str);
```

此时,通过 BufferedWriter 类引用变量 bw 调用 write 方法,将字符串 str 中的字符数据写入内存缓冲区。

2. 本例生成的文件是一种逗号分隔值(Comma-Separated Values,CSV)格式的文本文件。如图 16-4 所示,当用记事本打开文件 data.csv 时可以看到,在 CSV 文件中有多行数据,每一行中又使用逗号分隔若干数据项。

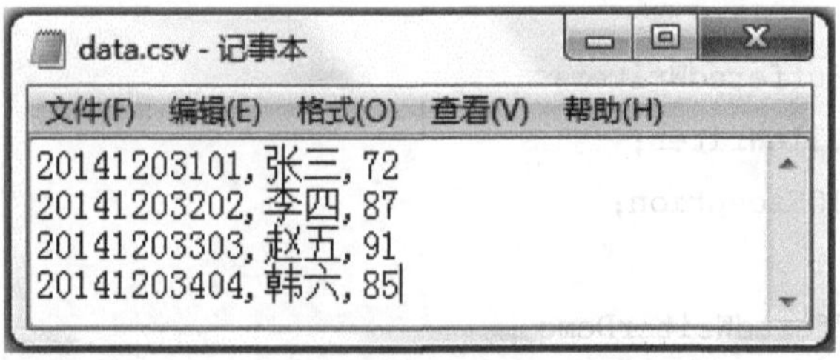

图 16-4 CSV 文件的格式及数据组织形式

3. 缓冲写入流并不直接将字符数据写入磁盘文件，而是间接利用文件写入流进行底层的数据写入操作。从此意义上讲，缓冲写入流是上层流，文件写入流是底层流。

16.6.2 BufferedReader 类

在创建 BufferedReader 对象时，可以使用一个指向 FileReader 对象的引用变量作为参数，以指定磁盘文件为最终的输入源。例如：

```
FileReader fr = new FileReader ("d:/data.csv" );
BufferedReader br = new BufferedReader(fr);
```

上述第 1 条语句将引用变量 fr 指向新创建的 FileReader 对象，第 2 条语句使用引用变量 fr 作为参数创建 BufferedReader 对象。

以上两条语句亦可合写为如下一条语句：

```
BufferedReader br = new BufferedReader(new FileReader ("d:/data.csv" ));
```

注意：与缓冲写入流和文件写入流的关系类似，缓冲读取流仅负责从输入流读取字符数据，而文件读取流能够将磁盘文件指定为最终的输入源。因此，只有将两者结合起来才能最终从磁盘文件读取字符数据。

表 16 - 10 列出了 BufferedReader 类中常用的实例方法及其功能和用法。

表 16 - 10　BufferedReader 类中常用的实例方法及其功能和用法

实例方法	功能和用法
public String readLine() throws IOException	读取一个文本行(文本行以换行符为终止标识)。返回值是包含该行内容的字符串；如果已到达流的末尾，则返回 null
public int read() throws IOException	读取单个字符。返回值是作为整数读取的字符；如果已到达流的末尾，则返回 -1
public void close() throws IOException	关闭缓冲读取流并释放其占用的资源

【例 16 - 12】 使用 BufferedReader 类和 FileReader 类从磁盘文件读取字符数据。Java 程序代码如下：

```
import java.io.FileReader;
import java.io.IOException;
import java.io.BufferedReader;

public class BufferedReaderDemo {
  public static void main(String [ ] args) throws IOException {
    try (BufferedReader br = new BufferedReader(new FileReader ("d:/data.csv" ))) {
      String line;
      while ((line = br.readLine()) ! = null) {
        String [ ] fields = line.split (",");

        for (String f : fields)
```

```
                System.out.print(f + "\t");

            System.out.println();
        }
    }
  }
}
```

程序运行结果如下：

```
20141203101  张三  72
20141203202  李四  87
20141203303  赵五  91
20141203404  韩六  85
```

注意：

1. 在本例中，调用了 String 类的实例方法 public String [ ] split(String regex)，该方法返回一个 String 数组，它是以与正则表达式 regex 匹配的字符序列为分隔符，分隔整个字符串得到的。例如，代码""20141203101,张三,72".split (",")"即是以逗号为分隔符，分隔字符串"20141203101,张三,72"，最后可以得到 String 数组"{"20141203101" ," 张三" ," 72" }"。

2. 缓冲读取流并不直接从磁盘文件读取字符数据，而是间接利用文件读取流进行底层的数据读取操作。从此意义上讲，缓冲读取流是上层流，文件读取流是底层流。

16.7　使用 Apache Commons CSV 生成和读取 CSV 文件

许多软件开发都会涉及 CSV 文件的生成和读取，但 Java API 并没有提供实现相应功能的类或接口。为了更有效地生成和读取 CSV 文件，可以使用 Apache Commons CSV、OpenCSV、Data CSV 等第三方库。这些第三方库采用 JAR 文件形式，并可以从 https://mvnrepository.com 免费下载。

下面以 commons - csv - 1.8.jar 为例，介绍 Apache Commons CSV 第三方库在生成和读取 CSV 文件时的应用。如图 16 - 5 所示，首先在 NetBeans 中为 Java 应用程序项目添加 JAR 文件 commons - csv - 1.8.jar。

图 16 - 5　添加第三方库(JAR 文件)

CSV 文件可以用 Excel 打开，也可以用记事本 Notepad 打开。在 CSV 文件中，按照"表格"形式组织相关信息和数据。其中，第 1 行通常是列标题行，也称头行；列标题行以下的各行是组织具体数据的数据行，每一行数据也可以看作一条记录(Record)。如图 16 - 6 所示，"姓名"和"年龄"所在行即是列标题行(头行)，"姓名"就是第 1 列的标题，"年龄"就是第 2 列的标题;"张三,22""李四,25""赵五,20"3 行数据(3 条记录)表示 3 个人的各自信息。

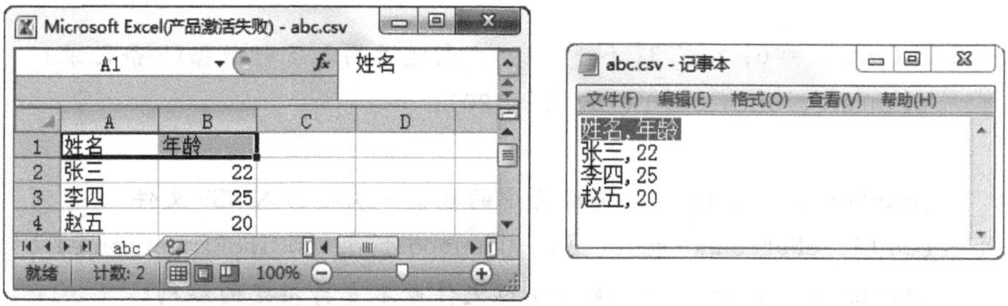

图 16-6　CSV 文件的格式和结构

【例 16-13】 使用 Apache Commons CSV 生成和读取 CSV 文件。Java 程序代码如下:

```
import java.io.FileInputStream;
import java.io.FileNotFoundException;
import java.io.FileOutputStream;
import java.io.IOException;
import java.io.InputStreamReader;
import java.io.OutputStreamWriter;
import java.io.UnsupportedEncodingException;
import java.util.List;

// 以下是从第三方库 Apache Commons CSV 导入
import org.apache.commons.csv.CSVFormat;
import org.apache.commons.csv.CSVParser;
import org.apache.commons.csv.CSVPrinter;
import org.apache.commons.csv.CSVRecord;

public class CSVDemo {
  public static void main(String [ ] args) {
    writeToFile();
    readFromFile();
}

  public static void writeToFile() {
    try (FileOutputStream fos = new FileOutputStream ("abc.csv");
            OutputStreamWriter osw = new OutputStreamWriter(fos, "GBK")) {
      // 定制 CSV 文件的格式——指定头行(列标题行)
      CSVFormat format = CSVFormat.DEFAULT.withHeader ("姓名", "年龄");
      // 创建用于向指定 CSV 文件写入数据的 CSVPrinter 对象
```

```
            CSVPrinter printer = new CSVPrinter(osw, format);

            for (int i = 0; i < 3; i ++)  // 向缓存写入 3 行数据(3 条记录)
              printer.printRecord ("赵五", 20);

              printer.flush();  // 将缓存中的数据一次性写入 CSV 文件
          } catch (FileNotFoundException | UnsupportedEncodingException e) {
              System.out.println ("没有发现文件或不支持指定的编码!" + e);
            } catch (IOException e) {
              System.out.println ("输入输出异常!" + e);
            }
          }

          public static void readFromFile() {
            try (FileInputStream fis = new FileInputStream ("abc.csv");
                    InputStreamReader isr = newInputStreamReader(fis, "GBK")) {
              // 定制 CSV 文件的格式——重新指定头行(列标题行)
              CSVFormat format = CSVFormat.DEFAULT.withFirstRecordAsHeader().withHeader
("name", "age");
              // 创建用于从指定 CSV 文件读取数据的 CSVParser 对象
              CSVParser praser = new CSVParser(isr, format);

              // 从 CSV 文件中读取数据,并将每行数据以记录形式组织在列表中
              List < CSVRecord > records = praser.getRecords();
              // 从列表中输出每条记录的明细数据
              records.forEach(r - > System.out.println(r.getRecordNumber() + ":
" + r.get ("name") + "," + r.get ("age")));
          } catch (FileNotFoundException | UnsupportedEncodingException e) {
            System.out.println ("没有发现文件或不支持指定的编码!" + e);
          } catch (IOException e) {
              System.out.println ("输入输出异常!" + e);
          }
        }
      }
```

程序运行结果如下:

```
1:赵五,20
2:赵五,20
3:赵五,20
```

在本例中，方法 writeToFile 负责将 3 行数据按照定制的 CSV 格式写入磁盘文件。首先，依次创建 FileOutputStream 和 OutputStreamWriter 对象，以建立字符输出流与磁盘上 CSV 文件的联系。然后，创建 CSVFormat 对象，同时定制 CSV 文件的格式——指定头行(列标题行)。接着，创建用于向指定 CSV 文件写入数据的 CSVPrinter 对象。最后，通过 CSVPrinter 对象调用 printRecord 方法向 CSV 文件写入 3 行数据。

方法 readFromFile 负责从 CSV 文件读取数据并创建包含记录的列表。首先，依次创建 FileInputStream 和 InputStreamReader 对象，以建立字符输入流与磁盘上 CSV 文件的联系。其次，创建 CSVFormat 对象，同时定制 CSV 文件的格式——重新指定头行(列标题行)。再次，创建用于从指定 CSV 文件读取数据的 CSVParser 对象，并通过 CSVParser 对象从 CSV 文件一次性读取数据，并将每行数据以记录形式组织在列表 records 中。最后，从列表 records 中输出每条记录的明细数据。

注意：

1. 在方法 writeToFile 中创建 OutputStreamWriter 对象时，调用的构造器是：

```
public OutputStreamWriter(OutputStream out, String charsetName)
    throws UnsupportedEncodingException
```

同时将第 2 个参数设置为″GBK″。这样，无论用 EXCEL 还是用记事本 NOTEPAD 打开 CSV 文件，都不会出现中文乱码。

对应地，在方法 readFromFile 中创建 InputStreamReader 对象时，调用的构造器是：

```
public InputStreamReader(InputStream in, String charsetName)
    throws UnsupportedEncodingException
```

同时将第 2 个参数设置为″GBK″。这样，才能正确地从 CSV 文件读取中文数据。

2. 虽然 OutputStreamWriter 类名包含 OutputStream，但却是 Writer 的子类，属于字符输出流；虽然 InputStreamReader 类名包含 InputStream，但却是 Reader 的子类，属于字符输入流。此外，OutputStreamWriter 和 InputStreamReader 是两个具有特殊用途的字符流类——OutputStreamWriter 可以将字符输出流转换为字节输出流，InputStreamReader 可以将字节输入流转换为字符输入流。

3. 自 Java SE 7 起，一个 catch 语句块能够监测和捕捉多种类型的异常。在本例的方法 writeToFile 和 readFromFile 中，如下 catch 语句块即可监测和捕捉 FileNotFoundException 和 UnsupportedEncodingException 两种异常：

```
……
} catch (FileNotFoundException | UnsupportedEncodingException e) {
    System.out.println ("没有发现文件或不支持指定的编码!" + e);
}
……
```

其中，符号"|"表示或者的含义。

使用监测和捕捉多类型异常的 catch 语句块，可以减少重复代码，使代码更加简洁。

16.8 JSON数据的输出与输入

JavaScript对象表示法(JavaScript Object Notation,JSON)是一种独立于编程语言的、但又被广泛应用的、轻量级的数据组织和交换格式。

JSON基于对象(object)和数组(array)两种结构,并具有如下一些形式:

1.对象是一个无序的"名称/值对"(name/value pairs)的集合。一个对象以左花括号({)开始,以右花括号(})结束。每个"名称"后跟一个冒号(:),"名称/值对"之间使用逗号(,)分隔。"名称"即是对象的属性名,"值"即是对应的属性值。例如:

```
{ "name":"Bob" ,"gender" :"男","age":22,"origin" :"四川成都"}
{ "font-size" :"2em" ,"backgroundColor" :"lightyellow" }
```

2.数组是值的有序列表。一个数组以左方括号([)开始,以右方括号(])结束。值之间使用逗号(,)分隔。例如:

```
[ 1, 3, 5, 7 ]
[ " XHTML + div + CSS" ," OOP" ,"JavaScript + jQuery + JSON" ,"Java" ," SQL Server" ]
```

3.值可以是双引号括起来的字符串、数值、布尔值(true或false)、空值(null)、对象或者数组。

由于JSON基于对象和数组两种结构,因此下面针对JSON对象和JSON数组两种情况介绍JSON数据的输出与输入,并且这两种情况都需要使用如下声明的Student类。

```
// 将Student类的声明及其代码单独保存在Student.java文件中
import java.text.SimpleDateFormat;
import java.util.Date;
import java.util.List;
public class Student {
    private String name;
    private Date birthday;
    private int height;
    private boolean hasGirlFriend;
    private List < String > courses;

    public String getName() {return name;}
    public void setName(String name) {this.name = name;}

    public Date getBirthday() {return birthday;}
    public void setBirthday(Date birthday) {this.birthday = birthday;}
```

```
    public int getHeight() {return height;}
    public void setHeight(int height) {this.height = height;}

    public boolean getHasGirlFriend() {return hasGirlFriend;}
    public void setHasGirlFriend(boolean hasGirlFriend) {
        this.hasGirlFriend = hasGirlFriend;
    }

    public List < String > getCourses() {return courses;}
    public void setCourses(List < String > courses) {this.courses = courses;}

    @Override
    public String toString() {
        SimpleDateFormat timeFormat = new SimpleDateFormat ("yyyy 年 MM 月");
        String birthYearMonth = timeFormat.format(birthday);

        StringBuffer info = new StringBuffer (" ");
        info.append(name).append (",").append(birthYearMonth)
            .append (" 出生,").append(height).append (" 公分,");

        if (hasGirlFriend)
            info.append (" 有女朋友,");
        else
            info.append (" 还没有女朋友,");

        info.append (" 选修课程有:");
        courses.forEach(c - > info.append(c).append (" 、"));

        info.deleteCharAt(info.length() - 1);

        return info.toString();
    }
}
```

其中,调用 setXXX 方法可以对相应的实例变量赋值。

此外,Java API 没有提供处理 JSON 数据的类或接口,但可以从 https:// mvnrepository. com 免费下载 Gson、org. json、Jackson 等第三方库(JAR 文件),然后在 NetBeans 中为 Java 应用程序项目添加相应的 JAR 文件。

下面以 gson - 2. 8. 6. jar 为例,介绍 Gson 第三方库在 JSON 数据输出与输入中的应用。

16.8.1 JSON 对象的输出与输入

以下 JSON 格式的数据代表一个 Student 对象。

```
{
    "name" : "汤姆" ,
    "birthday" : "2000 - 05 - 07" ,
    "height" : 176,
    "hasGirlFriend" : false,
    "courses" : ["网页设计技术" , "面向对象程序设计" , "JAVA" ]
}
```

该 Student 对象具有 name、birthday、height、hasGirlFriend 和 courses 5 个属性，5 个属性的值分别是"汤姆" 、"2000 - 05 - 07" 、176、false、["网页设计技术","面向对象程序设计","JAVA"]，5 个属性值的类型分别是字符串、字符串、数值、布尔值和数组。

下面编写 Java 程序。首先，将一个具有以上属性值的 Student 对象及其数据按照以上 JSON 格式写入磁盘文件 studentObject. json。然后，从该磁盘文件读取 JSON 数据并创建 Student 对象。

【例 16 - 14】 JSON 对象的输出与输入。Java 程序代码如下：

```
import java.io.FileReader;
import java.io.FileWriter;
import java.io.IOException;
import java.text.ParseException;
import java.text.SimpleDateFormat;
import java.util.Arrays;
import java.util.Date;

// 以下是从第三方库 Gson 导入
import com.google.gson.Gson;
import com.google.gson.GsonBuilder;

public class JsonObject {
  public static void main(String [ ] args) {
    writeJsonObject();
    readJsonObject();
  }

  public static void writeJsonObject() {
    System.out.println (" = = = = = = = 写入 JsonObject 数据 = = = = = = ");
```

```
        // 创建 Student 对象
        Student s = new Student();
        s.setName ("汤姆" );

        SimpleDateFormat timeFormat = new SimpleDateFormat ("yyyy-MM-dd" );
        Date birthday = null;
        try {
          birthday = timeFormat.parse ("2000-05-07" );
        } catch (ParseException e) {
          System.out.println (" 日期格式有误!" + e);
        }
        s.setBirthday(birthday);

        s.setHeight(176);
        s.setHasGirlFriend(false);
        s.setCourses(Arrays.asList ("网页设计技术" ,"面向对象程序设计" ,"JAVA" ));

        // 创建 GsonBuilder 对象,并定制 JSON 格式
        GsonBuilder gsonBuilder = new GsonBuilder();
        gsonBuilder.setPrettyPrinting().setDateFormat ("yyyy-MM-dd" );
        // 通过 GsonBuilder 对象创建 Gson 对象
        Gson gson = gsonBuilder.create();

        // 通过 Gson 对象将 Student 对象转换为 String 对象并输出
        String jsonString = gson.toJson(s);
        System.out.println(jsonString);

        try (FileWriter fw = new FileWriter (" studentObject.json" )) {
          // 将 JSONObject 数据(实际上是 String 对象)按照定制的 JSON 格式写入磁盘文件
          fw.write(jsonString);
          // 也可以通过 Gson 对象直接将 Student 对象 s 及其数据转换为定制的 JSON 格式
并写入磁盘文件
          // gson.toJson(s, fw);
        } catch (IOException e) {
          System.out.println (" 将 JSONObject 数据写入磁盘文件失败!" + e);
        }
    }

    public static void readJsonObject() {
```

```
        System.out.println ("======= 读取 JsonObject 数据 =======");

        Student s = null;
        Gson gson = new Gson();  // 创建 Gson 对象
        try (FileReader fr = new FileReader ("studentObject.json")) {
          // 通过 Gson 对象从磁盘文件读取 JSONObject 数据,并将 JSONObject 数据转换为
Student 对象
            s = gson.fromJson(fr, Student.class);
          } catch (IOExceptione) {
            System.out.println ("从硬盘文件读取 JSONObject 数据失败!" + e);
          }

          System.out.println(s);
        }
    }
```

程序运行结果如下:

```
======= 写入 JsonObject 数据 =======
{
  "name":"汤姆",
  "birthday":"2000-05-07",
  "height":176,
  "hasGirlFriend":false,
  "courses":[
    "网页设计技术",
    "面向对象程序设计",
    "JAVA"
  ]
}
======= 读取 JsonObject 数据 =======
```

汤姆,2000 年 05 月出生,176 厘米,还没有女朋友,选修课程有:网页设计技术、面向对象程序设计、JAVA

在本例中,方法 writeJsonObject 负责将 Student 对象及其数据按照定制的 JSON 格式写入磁盘文件。首先,创建 Student 对象并调用 setXXX 方法对相应的实例变量赋值。其次,创建 GsonBuilder 对象并定制 JSON 格式——setPrettyPrinting 方法定制换行和缩进,setDateFormat 方法定制日期格式"yyyy-MM-dd"。再次,通过 GsonBuilder 对象创建 Gson 对象,这样 Gson 对象可以"记住"之前定制的 JSON 格式。最后,可以采用两种方式将 Student 对象及其数据写入磁盘文件——一种方式是先通过 Gson 对象将 Student 对象转换为

String 对象,再将 String 对象按照定制的 JSON 格式写入磁盘文件;另一种方式是通过 Gson 对象直接将 Student 对象 s 及其数据转换为定制的 JSON 格式并写入磁盘文件。

方法 readJsonObject 负责从磁盘文件读取 JSON 格式的对象数据并创建 Student 对象。首先创建 Gson 对象,然后通过该 Gson 对象从磁盘文件读取 JSON 格式的对象数据,并根据 JSON 格式的对象数据生成 Student 对象及其数据,最后输出 Student 对象及其数据。

注意:

1. 在 Student 类中,实例变量 birthday 的类型是 Date。在 JSON 格式的数据中,属性 birthday 的值是具有定制日期格式"yyyy－MM－dd" 的字符串"2000－05－07"。

2. 在 Student 类中,实例变量 courses 的类型是 List < String >(元素为 String 对象的列表)。在 JSON 格式的数据中,属性 courses 的值是一个数组["网页设计技术" , "面向对象程序设计" , "JAVA"]。

16.8.2　JSON 数组的输出与输入

以下 JSON 格式的数据代表一个包含两个 Student 对象的数组:

```
[
    {
        "name" : " 鲍勃" ,
        "birthday" : "May 7, 2000 12:00:00 AM" ,
        "height" : 180,
        "hasGirlFriend" : false,
        "courses" : ["网页设计技术" , "面向对象程序设计" , " WEB 前端开发技术" ]
    },
    {
        "name" : "詹姆斯" ,
        "birthday" : "Jun 18, 2001 12:00:00 AM" ,
        "height" : 178,
        "hasGirlFriend" : true,
        "courses" : ["网页设计技术" , " WEB 前端开发技术" ]
    }
]
```

每个 Student 对象具有 name、birthday、height、hasGirlFriend 和 courses 5 个属性,5 个属性值的类型分别是字符串、字符串、数值、布尔值和数组。

下面编写 Java 程序。首先,将一个包含两个 Student 对象(这两个 Student 对象依次具有以上属性值)的列表及其数据按照 JSON 格式写入磁盘文件 studentArray. json。然后,从该磁盘文件读取 JSON 数据并创建一个包含两个 Student 对象的列表。

【例 16 - 15】 JSON 数组的输出与输入。Java 程序代码如下:

```
import java.io.FileReader;
import java.io.FileWriter;
```

```
import java.io.IOException;
import java.text.ParseException;
import java.text.SimpleDateFormat;
import java.util.ArrayList;
import java.util.Arrays;
import java.util.Date;
import java.util.List;

import com.google.gson.Gson;
import com.google.gson.reflect.TypeToken;

public class JsonArray {
  public static void main(String [ ] args) {
    writeJsonArray();
    readJsonArray();
}

  public static void writeJsonArray(){
    System.out.println ("========  写入 JsonArray 数据 ========");

    SimpleDateFormat timeFormat = new SimpleDateFormat ("yyyy-MM-dd");
    Date birthday = null;

    // 创建第 1 个 Student 对象
    Student s1 = new Student();
    s1.setName (" 鲍勃");
    try {
      birthday = timeFormat.parse ("2000-05-07");
    } catch (ParseException e) {
      System.out.println (" 日期格式有误!" + e);
    }
    s1.setBirthday(birthday);
    s1.setHeight(180);
    s1.setHasGirlFriend(false);
    s1.setCourses(Arrays.asList ("网页设计技术","面向对象程序设计"," WEB 前端
开发技术"));

    // 创建第 2 个 Student 对象
    Student s2 = new Student();
```

```
        s2.setName("詹姆斯");
        try {
          birthday = timeFormat.parse("2001-06-18");
        } catch (ParseException e) {
          System.out.println("日期格式有误!" + e);
        }
        s2.setBirthday(birthday);
        s2.setHeight(178);
        s2.setHasGirlFriend(true);
        s2.setCourses(Arrays.asList("网页设计技术", "WEB前端开发技术"));

        // 将两个Student对象加入列表studentList
        List<Student> studentList = new ArrayList<>();
        studentList.add(s1);
        studentList.add(s2);

        Gson gson = new Gson();  // 直接创建Gson对象
        // 通过Gson对象将列表studentList转换为String对象并输出
        String jsonString = gson.toJson(studentList);
        System.out.println(jsonString);

        try (FileWriter fw = new FileWriter("studentArray.json")) {
          // 将JSONArray数据(实际上是String对象)写入磁盘文件
          fw.write(jsonString);
          // 也可以通过Gson对象直接将列表studentList及其数据转换为JSON格式并写
入磁盘文件
          // gson.toJson(studentList, fw);
        } catch (IOException e) {
          System.out.println("将JSONArray数据写入磁盘文件失败!" + e);
        }
      }

      public static void readJsonArray() {
        System.out.println("======= 读取JsonArray数据 =======");

        List<Student> studentList = null;
        Gson gson = new Gson();  // 创建Gson对象
        try (FileReader fr = new FileReader("studentArray.json")) {
          // 通过Gson对象从磁盘文件读取JSONArray数据,并将JSONArray数据转换为列
```

```
表 studentList
            studentList = gson.fromJson(fr, new TypeToken < List < Student >> () {
         }.getType());
        } catch (IOException e) {
            System.out.println ("从硬盘文件读取 JSONArray 数据失败!" + e);
        }

        // 从列表 studentList 中输出单个 Student 对象及其数据
        for (Student s : studentList)
            System.out.println(s);

        // 也可以调用 forEach 方法输出单个 Student 对象及其数据
        // studentList.forEach(System.out::println);
    }
}
```

程序运行结果如下：

```
= = = = = = = 写入 JsonArray 数据 = = = = = = =
[{"name" :" 鲍 勃" ,"birthday" :"May 7, 2000 12:00:00 AM" ,"height" :180,
"hasGirlFriend" :false,"courses" :["网页设计技术" ,"面向对象程序设计" ," WEB 前端开发
技术" ]},{"name" :"詹姆斯" ,"birthday" :"Jun 18, 2001 12:00:00 AM" ,"height" :178,
"hasGirlFriend" :true,"courses" :["网页设计技术" ," WEB 前端开发技术" ]}]
= = = = = = = 读取 JsonArray 数据 = = = = = = =
鲍勃,2000 年 05 月出生,180 厘米,还没有女朋友,选修课程有:网页设计技术、面向
对象程序设计、WEB 前端开发技术
詹姆斯,2001 年 06 月出生,178 厘米,有女朋友,选修课程有:网页设计技术、WEB 前
端开发技术
```

在本例中，方法 writeJsonArray 负责将一个包含两个 Student 对象的列表及其数据按照默认的 JSON 格式写入磁盘文件。首先，创建两个 Student 对象并调用 setXXX 方法对相应的实例变量赋值。其次，将这两个 Student 对象加入列表 studentList。再次，直接创建接受默认 JSON 格式的 Gson 对象。最后，可以采用两种方式将包含两个 Student 对象的列表 studentList 及其数据写入磁盘文件——一种方式是先通过 Gson 对象将包含两个 Student 对象的列表转换为 String 对象，再将 String 对象按照默认的 JSON 格式写入磁盘文件；另一种方式是通过 Gson 对象直接将包含两个 Student 对象的列表及其数据转换为默认的 JSON 格式并写入磁盘文件。

方法 readJsonArray 负责从磁盘文件读取 JSON 格式的数组数据并创建包含 Student 对象的列表。首先，创建 Gson 对象；其次，通过该 Gson 对象从磁盘文件读取 JSON 格式的数组数据，并根据 JSON 格式的数组数据生成包含两个 Student 对象的列表；最后，从列表中输出每个 Student 对象及其数据。

注意：

1. 在方法 writeJsonArray 中，直接创建的（而不是通过 GsonBuilder 对象创建的）Gson 对象接受默认的 JSON 格式——既没有换行，也没有缩进。

2. 在 Student 类中，实例变量 birthday 的类型是 Date。在 JSON 格式的数据中，属性 birthday 的值是具有默认日期格式（而非定制日期格式"yyyy－MM－dd"）的字符串。

3. 使用 Gson 处理 JSON 格式的数据时，JSON 数据中的一对左、右方括号代表一个数组，并对应 Java 程序中的一个列表；JSON 数据中的一对左、右花括号代表一个对象，并对应 Java 程序中的一个对象。在本例中，JSON 数据的最外层是一对左、右方括号（代表数组），第 2 层是两对左、右花括号（代表两个对象），这与 Java 程序中的列表 studentList 包含两个 Student 对象相对应。

参考文献

[1] ALLEN B T, ROBERT E N. 编程语言:原理与范型[M]. 2 版. 北京:清华大学出版社,2008.

[2] 赫伯特·希尔特. Java 11 官方入门教程[M]. 杜静,等译. 8 版. 北京:清华大学出版社,2019.

[3] 凯·S. 霍斯特曼. Java 核心技术:卷 1(基础知识)[M]. 周立新,等译. 10 版. 北京:机械工业出版社,2016.

[4] JAMES G, BILL J, GUY S, et al. Java 语言规范:基于 Java SE 8[M]. 陈昊鹏,译. 北京:机械工业出版社,2016.

[5] Java Platform, Standard Edition 8 API Specification[EB/OL]. http:// docs. oracle. com/javase/8/docs/api.

[6] The Java Language Specification, Java SE 8 Edition[EB/OL]. http:// docs. oracle. com/javase/specs.

[7] The Java Tutorials[EB/OL]. http:// docs. oracle. com/javase/tutorial.

[8] The Java Virtual Machine Specification, Java SE 8 Edition[EB/OL]. http:// docs. oracle. com/javase/specs.

[9] 耿祥义,张跃平. Java 2 实用教程[M]. 5 版. 北京:清华大学出版社,2017.

[10] 苏健. Java 面向对象程序设计[M]. 北京:高等教育出版社,2012.

[11] 谭浩强. C 程序设计[M]. 北京:清华大学出版社,1991.

[12] 唐大仕. Java 程序设计[M]. 2 版. 北京:清华大学出版社,北京交通大学出版社,2015.

[13] 吴倩. Java 语言程序设计:面向对象的设计思想与实践[M]. 2 版. 北京:机械工业出版社,2016.

[14] 杨晓燕,李选平. Java 面向对象程序设计[M]. 3 版. 北京:人民邮电出版社,2015.

[15] 叶核亚. Java 程序设计实用教程[M]. 5 版. 北京:电子工业出版社,2019.

[16] 张海藩,牟永敏. 软件工程导论[M]. 6 版. 北京:清华大学出版社,2013.